INTRODUCTION PHILOSOPHIQUE

A L'ÉTUDE

DE LA GÉOLOGIE.

Paris.— Imprimerie de L. Martinet, rue Mignon, 2

INTRODUCTION PHILOSOPHIQUE

A L'ÉTUDE

DE LA GÉOLOGIE

PAR

A. GAUTIER.

Précieux instruments, séduisantes folies,
Qu'ai-je à faire de vous ? rouages et poulies,
Cames, pistons, compas, cylindres cannelés,
De la porte où je frappe ingénieuses clés,
Vous êtes bien pimpants, bien polis, bien huilés!
Vous fonctionnez à merveille,
Hochets des grands enfants, admirables joujoux :
Mais si je veux entrer et voir où l'esprit veille,
Vous ne suffisez point à tirer les verroux !

(GOETHE : *Faust*, 1re partie.)

PARIS

VICTOR MASSON, LIBRAIRE-ÉDITEUR

PLACE DE L'ÉCOLE-DE-MÉDECINE, 17

MDCCCLIII

AVERTISSEMENT.

Le travail que je soumets ici au jugement des hommes compétents renferme une idée que je crois nouvelle ; j'ignore si elle sera jugée digne de soutenir l'examen et de fixer un moment leur attention. Il ne m'appartient pas de décider si elle réunit en assez grand nombre et assez nettement prononcés les caractères de vraisemblance qui sont pour l'intelligence exercée comme le pressentiment de la certitude et de la vérité. Mais fût-elle aussi hasardée qu'elle le paraît, comme elle n'est que le résumé synthétique de faits incontestables et incontestés déjà introduits dans le domaine de la science, mais ne formant pas encore un faisceau assez fortement lié, si elle sert seulement à provoquer la discussion, je croirai avoir rendu un service ; de plus habiles en pourront tirer toutes les conséquences, en la mûrissant davantage. N'est-ce pas, en effet, aider au progrès que de montrer la possibilité de réduire le nombre des pouvoirs occultes, des agents mystérieux, des lois inexpliquées ou exceptionnelles qui régissent l'univers, et de les rapprocher autant que possible jusqu'à la dernière limite de cette unité inabordable vers laquelle tout gravite et converge ?

C'est en 1842, quelque temps après que j'eus quitté la fonderie d'Allemont et la montagne des Challanches (Alpes de l'Oysans), que je fus saisi avec une force irrésistible par l'idée que j'indique et qui, jusqu'à cette époque, sans me quitter jamais d'une manière absolue, et s'associant presque à mon insu à toutes mes pensées de géologie et de cosmogonie, m'avait de temps en temps illuminé comme un éclair ou plutôt comme une *nébuleuse* sujette à des éclipses, sinon totales, au moins partielles.

J'avais assisté depuis près de vingt ans, avec une curiosité impatiente, avec un pressentiment de conviction à peine contenu dans les limites de mon humble médiocrité, avec une aspiration ardente vers l'infini, à la lutte des neptuniens contre les vulcaniens, des disciples accrédités de Werner et de l'école de Freyberg, contre Léopold de Buch, Élie de Beaumont et leurs infatigables collaborateurs qui, n'ayant rien d'exclusif, me semblaient plus près de la vérité.

Cette lutte avait encore du retentissement en 1842, puisque Raspail, dans un de ses ouvrages (*Physiologie végétale*), consacra plusieurs chapitres d'une discussion large et grandiose à prouver la formation aqueuse des montagnes, sans distinction de roches cristallines ou sédimentaires. Alors de Saussure, qui ne voit dans le Mont-Blanc que des granites feuilletés et cristallisés par couches au fond des mers, et qui ne trouve dans les Alpes qu'il a si longtemps parcourues aucune trace de feu central, aucun vestige de fusion ignée, de Saussure jouissait encore de sa vieille autorité parmi les retardataires de la phalange neptunienne. Goethe, dans la seconde partie de son *Faust* et dans ses *Xénies*, traitait en novateurs excentriques ceux qui admettaient la plus modeste hypothèse d'ignition dans l'écorce de notre petit globe.

Sous l'empire de ces dogmes inflexibles, les doctrines exposées par Buffon, dans ses *Epoques de la nature*, passaient tout au plus pour des rêves admirables racontés avec une magnificence de langage qui rendait les incrédules plus incrédules encore, si j'ose le dire. Le temps, enfin, n'était pas bien éloigné où M. F. Arago, le grand astronome, et Cuvier lui-même, l'illustre paléontologiste, pour trancher dans le vif au nom de la science positive, noyant dans un même anathème les hérétiques et les orthodoxes, les neptuniens et les vulcaniens, comparaient les géologues de toutes les écoles à ces augures de Rome qui ne pouvaient se regarder sans rire.

On en était encore à ce point, que les plus hardis, tout honteux et baissant la tête, étaient obligés de s'abriter derrière le grand nom de Laplace, qui, faisant trêve un instant à la rigoureuse exactitude des calculs astronomiques, leur disait dans sa *Mécanique céleste :*

« Telle est la faiblesse de l'esprit humain, qu'il a souvent » besoin de s'aider d'hypothèses pour lier les faits entre eux ; en » bornant les hypothèses à cet usage, en évitant de leur donner » une réalité qu'elles n'ont point (ou qu'elles peuvent ne point » avoir) et en les rectifiant sans cesse, on parvient enfin aux » véritables causes ou au moins aux lois des phénomènes. »

Bien peu cependant osaient faire leur profit de cette tolérance du génie, et M. Th. de la Bèche, dans son *Manuel de géologie*, où il admet comme explication plausible de quelques faits la théorie des soulèvements qui n'avait pas encore triomphé des principales objections, quoique venu bien plus tard que Laplace dont il aurait pu s'autoriser, ne va pas aussi loin que lui, et il semble faire un pas en arrière lorsqu'il dit :

« Il est avantageux qu'on ait hasardé certaines généralisa- » tions; car elles ont provoqué des recherches et ont proba- » blement contribué, plus qu'on n'est souvent porté à le » croire, aux connaissances que nous possédons actuellement » et qui nous mettent en état de juger qu'elles ne sont pas » admissibles. »

Cette fin de phrase n'est pas encourageante, il s'en faut, pour ceux qui sont disposés à généraliser, surtout lorsque, relégués dans un coin profondément obscur, sans communication directe avec le monde savant, pressés d'objections que ne comprennent même pas ceux qui les font, ils ne peuvent invoquer aucune autorité, sans appréhender que cette autorité ne s'abandonne elle-même, après qu'elle aura prononcé que les généralisations mises en avant sont ou ne sont pas admissibles.

C'est cependant cette fin de phrase qui a fait cesser toutes mes irrésolutions et qui a dégagé le noyau de ma *nébuleuse* de l'atmosphère d'incertitude où j'étais plongé si misérablement depuis nombre d'années. Qu'importe, en effet, une hypothèse de plus ou de moins dans un système de faits indépendants les uns des autres, épars dans des chapitres sans liaison nécessaire et où la lumière n'est pas encore faite? Quand même la généralisation non admissible ne ferait que donner l'occasion d'ajouter un iota à la somme des connaissances acquises, elle aurait au moins le droit de reproduire dans la sphère étroite des possibilités où elle devrait se restreindre.

Complétement rassuré sur les conséquences de ma hardiesse, que ma position anonyme en présence des maîtres rendait tout à fait innocente, je me pris à comparer ce que, pendant vingt ans j'avais étudié en parcourant, seul en tête à tête avec ma fantaisie généralisante, les vallées et les collines, les plaines et les montagnes de la Côte-d'Or, depuis les bords de la Saône jusqu'aux terrains granitiques de l'Auxois, avec ce que j'avais pu observer pendant deux ans au cœur des Alpes de l'Oysans, comme avec les phases diverses des opérations métallurgiques auxquelles j'avais pris quelque part. Cette comparaison produisit en moi un choc électrique d'où jaillit une étincelle qui m'éblouit d'abord en traversant mes ténèbres; et quand, revenu à moi-même, je me sentis en état de réfléchir posément, ma conviction était déjà formée : il me fut démontré que si Werner, dans les montagnes de l'Erzgebirge et du Hartz; de Saussure, dans les Alpes du Mont-Blanc, du Mont-Rosa et du Tyrol italien, avaient pu constater quelques faits de cristallisation aqueuse, ils avaient donné à ces faits des conséquences et une portée qu'ils ne devaient pas avoir.

Voici, en effet, la série des déductions où je fus entraîné :

1° La structure des roches de la Côte-d'Or, dont l'origine aqueuse est indiquée par l'association intime de leur substance avec des êtres qui ont vécu dans les eaux et dont la postérité y vit encore lorsque la race n'est pas éteinte, est essentiellement différente de celle des roches de l'Oysans, dont la composition a du rapport avec la gangue fondue des minéraux, que j'ai observée dans les fourneaux de la fonderie.

2° M. Th. de la Bèche, malgré sa timide réserve, admet la théorie des soulèvements que l'école française, ayant à sa tête MM. Élie de Beaumont, Cordier, Beudant et autres, appuie sur une masse d'observations irrécusables.

3° Cette théorie suppose nécessairement le *feu central* de Buffon ; car il ne peut y avoir de soulèvement sans un effort d'expansion rayonnant du centre à la circonférence.

4° D'un autre côté, les lois de la *Mécanique céleste* mettent complétement hors de doute l'état primitif de fluidité du globe terrestre; or une masse liquide recouvrant un foyer central d'ignition présente une réunion d'idées incompatibles.

Donc la fluidité primitive du globe, que les lois mathématiques rendent indispensable, a été produite par ignition.

Mais où était la source de feu qui a produit cette ignition? où prend-elle son origine? Admettrons-nous la comète de Buffon ou ses fragments détachés du soleil? Mais ces hypothèses ne font que reculer la difficulté sans la résoudre : est-il bien certain d'ailleurs que le noyau d'une comète soit incandescent, tandis que sa chevelure n'est que phosphorescente? Et, dans ce cas-là même, d'où provient l'incandescence de la comète, aussi bien que celle du soleil?

Telle était l'impasse où je me trouvais enfoncé, lorsque M. Arago, le digne interprète d'Herschel, m'entraîna sur ses pas à travers les espaces peuplés de mondes innombrables. Mes yeux émerveillés s'ouvrirent tout à fait, et aussi loin que mon regard put s'étendre, je ne vis plus aucune trace de difficulté.

Il ne me reste plus maintenant, et c'est peut-être ce que ma tâche a de plus ardu, qu'à exposer avec tous les développements nécessaires l'idée fondamentale qui m'a si vivement impressionné ; je demande pardon de l'espèce d'enthousiasme qui perce dans toutes mes paroles, quoique je le contienne de toutes mes forces. Quelques uns diront peut-être que je ne suis pas aussi coupable que je voudrais en avoir l'air : c'est possible ; cela ne diminuera en rien la force de ma conviction. Et je n'ai qu'une peur, c'est de ne pas rencontrer toujours des expressions assez rigoureusement exactes pour me rendre aussi intelligible que je le désire ; j'y ferai mes efforts, et je crois fermement que l'idée depuis si longtemps couvée dans mon cerveau, quand elle aura été saisie avec force, mûrie et maîtrisée par un esprit supérieur, loin d'avorter, grandira en jetant une vive et splendide lumière sur la question cosmogonique, dont la géologie est le corollaire le plus intéressant pour nous.

Encore un mot essentiel avant que d'entrer en matière. Aller au fond des choses, en élucider, en connaître l'essence n'est pas donné à l'homme ; il a beau se plonger dans l'abstraction, se noyer dans l'absolu, se laisser absorber dans la lumière intellectuelle, son *moi* persiste ; sa pensée, quoi qu'il fasse, ne se peut séparer de ce *moi* : il ne peut donc aller qu'au fond de l'idée qui enveloppe ce *moi* indestructible.

Quand même l'individu pensant pourrait s'oublier lui-même et s'anéantir dans l'extase, il lui serait impossible d'entrer en communication avec un autre individu sans revenir au *moi* réel, en repassant par toutes les oscillations, par tous les mouvements de la pensée qu'il aurait eu à subir pour consommer son œuvre d'anéantissement. Lorsqu'il serait ainsi parvenu à se retrouver lui-même, lorsqu'il aurait repris conscience de toutes les vibrations éprouvées par son *moi*, il lui faudrait encore se créer des signes et un langage spécial pour s'entretenir avec sa pensée, à plus forte raison avec celle d'un autre.

Nous ne chercherons donc pas à aller au delà de l'idée qu'il est donné à l'homme de fouiller jusqu'au fond des entrailles pour arriver, de déduction en déduction, à la connaissance extérieure des choses. Nous nous arrêterons à l'extrême limite du possible, mesurée à nos forces, bien entendu; d'autres, sans doute, iront plus loin : il n'appartient qu'à Dieu de poser dans cette immensité la limite absolue.

Les amis du docteur Elliot, voulant le faire passer pour fou, afin de le disculper d'une accusation de meurtre, alléguèrent en preuve les opinions qu'il professait relativement à la constitution physique du soleil. *Ces conceptions d'un fou sont aujourd'hui presque généralement adoptées.* (F. Arago, *Annuaire de* 1842.)

PROGRAMME PHILOSOPHIQUE

POUR

SE PRÉPARER A L'ÉTUDE SPÉCIALE

DE LA

GÉOLOGIE.

LIVRE PREMIER.

DE L'UNIVERS.

CHAPITRE PREMIER.

PROLÉGOMÈNES MÉTAPHYSIQUES.

1. L'univers est l'ensemble de tout ce qui existe, de quelque point de vue et sous quelque face qu'il puisse être considéré.

2. L'existence de l'univers ne dépend d'aucune autre existence ; en d'autres termes, il n'y a point d'existence en dehors de l'univers, si l'on admet la définition qui précède.

3. L'existence absolue, c'est-à-dire *autonomique* et virtuelle de l'univers, exprimée avec une précision sublime par l'antique formule : *Ego sum qui sum*, est un fait qui n'a besoin d'aucun développement et qui n'admet aucune restriction ; mais cette existence ne peut devenir actuelle que pour l'Être, quel qu'il soit, qui, par concentration intuitive ou par expansion réflective, ou enfin par ces deux facultés à la fois, a la conscience de

l'ensemble et de ses parties, et peut-être faut-il dire une conscience plus positive encore des lois qui maintiennent l'équilibre et l'harmonie du TOUT.

Cet ÊTRE ne se peut séparer du TOUT ainsi compris, si ce n'est par abstraction *autodynamique*, sans perdre en même temps, comme il a déjà été dit, la conscience de son *moi*, c'est-à-dire sans que cet ÊTRE ne s'anéantisse lui-même et par un acte spontané, ce qui implique contradiction.

4. Le néant n'est donc qu'un mot sans aucune signification, même suivant les anciennes doctrines; puisque, dans cet ordre d'idées, il représente on ne peut pas dire la *chose*, mais *ce* dont on peut tout nier sans en pouvoir rien affirmer (Clarke, *De l'existence de Dieu*), véritable logomachie que nous avons dû signaler, mais à laquelle nous ne nous arrêterons pas.

5. L'idée de l'univers est une idée complexe, formée de trois idées générales ou élémentaires, qui sont :

L'idée de *matière*,

L'idée d'*espace*,

L'idée d'*intelligence*.

Ces trois idées fondamentales représentent à l'esprit de l'homme des *choses* qui sont douées d'une existence réelle, sous une forme propre à chacune d'elles et qui en constitue l'essence; il n'y a dans l'univers que ces trois modes d'existence, qui peuvent même se réduire à deux, comme nous le verrons tout à l'heure.

6. La *matière* existe; personne ne le conteste plus aujourd'hui. Les propriétés qui la caractérisent, suivant la manière de voir généralement adoptée, sont : l'*étendue*, l'*impénétrabilité*, la *divisibilité* et l'*affinité réciproque des parties*, lorsqu'elles ont été séparées jusqu'à certaines limites de la *divisibilité*.

L'étendue et l'impénétrabilité de la matière sont considérées comme absolues; la divisibilité est réputée absolue ou relative, suivant le point de vue où l'on se place; on peut la concevoir illimitée, on peut concevoir qu'elle a des bornes qu'il ne nous est pas donné jusqu'à présent d'assigner ni de fixer. Nous n'entrerons dans aucune discussion à ce sujet; mais il semble qu'il y aurait moyen de s'entendre, malgré toute contradiction apparente, si l'on consentait à regarder la matière comme *une des formes de l'intelligence*, et peut-être était-ce là tout ce que voulait dire l'évêque irlandais Berkeley, lorsqu'il niait l'existence de la matière pour échapper à l'infini, sans tomber dans le matérialisme absolu.

7. Pour mon compte particulier, j'accepte cette formule et je n'en crois pas moins, peut-être même j'en crois plus fermement que l'intelligence est le résumé réellement existant de l'univers, que Dieu n'est pas un vain mot et que l'âme de l'homme est en même temps perfectible et impérissable.

Si l'on me demande quelles sont les propriétés que j'attribue à l'intelligence, je répondrai que je ne trouve aucune expression dans aucune langue pour les indiquer, et cela parce que je suis un homme, c'est-à-dire une intelligence attachée à un organisme dépendant de la matière, une intelligence emmaillottée ou traînant le boulet, si je puis m'exprimer ainsi. J'ajouterai que c'est par l'intelligence que je suis parvenu à formuler les idées qu'on vient de lire, et enfin que c'est par l'intelligence que le lecteur en reçoit communication et est mis en demeure de les trouver justes et vraies ou folles, erronées, excentriques, suivant qu'elles ont ou qu'elles n'ont pas de l'affinité avec les éléments de son *moi* intellectuel.

En résumé, celui qui dépenserait beaucoup d'esprit et d'intelligence à me prouver que l'intelligence n'existe pas, me ferait le même effet que l'homme courant de toutes ses forces pour me convaincre que le mouvement n'est autre chose que l'immobilité.

8. Si quelques uns ont nié l'*intelligence* et la *matière*, d'au-

tres ont nié l'*espace*, et avec autant de raison. Et, en effet, ils ne font pas difficulté d'avouer que l'espace n'existant pas, ils ne comprennent rien à l'existence de la matière. N'importe! l'espace n'en est pas moins pour eux une négation; pour rien au monde, ils ne lui veulent accorder une existence qui lui soit propre: ce qui revient tout simplement à nier qu'il existe, si l'on ne tient pas à jouer sur les mots. Mais ne nous arrêtons pas à deviner des énigmes; et si nous ne reconnaissons à l'espace aucune des propriétés de l'intelligence, il n'en est pas de même des propriétés de la matière; l'espace en possède au moins deux, qui sont l'*étendue* et la *divisibilité*.

9. Nier l'espace, uniquement parce qu'on ne lui connaît que deux des propriétés de la matière, c'est, à plus forte raison, nier l'intelligence, à qui nous ne pouvons attribuer aucune des propriétés ni de l'espace, ni de la matière. Il y a plus : la matière amenée à l'état de division extrême remplit l'espace tout entier, je suppose; concentrez cette matière dans un point, vous aurez l'espace moins la matière, comme vous aviez tout à l'heure l'espace avec la matière. L'avez-vous détruit par cette concentration? Pas le moins du monde, puisque la matière, en se dilatant, peut le remplir de nouveau. L'espace peut donc exister sans la matière; il a donc une existence qui lui est propre, et l'on est d'autant mieux fondé à l'admettre, que la matière ne saurait exister sans l'espace, puisque l'une de ses propriétés essentielles est d'être étendue, c'est-à-dire, d'exister dans l'espace.

10. L'erreur que je combats ici provient de ce qu'on a confondu le vide avec le néant, deux choses très distinctes; car si le néant est *ce* dont on peut tout nier sans en pouvoir rien affirmer, le vide est *ce* dont on peut affirmer que l'idée d'étendue lui est applicable, et cette idée représente une réalité, puisque c'est une des propriétés de la matière.

11. Ces trois idées fondamentales et élémentaires se clas-

sent comme il suit, dans l'ordre d'indépendance qui est propre à chacune d'elles :

1° L'intelligence, dont l'indépendance est absolue, et qui ne dérive ni de l'espace, ni de la matière.

2° L'espace qui dépend peut-être de l'intelligence, quoiqu'on puisse aussi lui attribuer une indépendance complète; il serait téméraire de se prononcer à cet égard, vu les conditions d'existence où l'homme se trouve placé; mais l'incertitude paraît ici sans aucun inconvénient.

3° La matière, qui d'un côté dépend nécessairement de l'espace, puisqu'elle ne peut exister sans étendue, et qui, de l'autre, dépend de l'intelligence par la *divisibilité*, qui nous conduit, en dernière analyse, à la considérer comme un mode de l'intelligence.

12. De ces trois idées primordiales dont se forme l'idée de l'univers, dérivent nécessairement deux idées générales de second ordre, qui sont :

L'idée de *mouvement*, et celle de *temps*.

13. L'idée de *mouvement* dérive de l'espace et de la matière, en tant que l'on conçoit que telle partie déterminée de la matière occupe diverses parties de l'espace distinctes les unes des autres, lorsque cette partie de la matière est plus petite que l'intervalle qui existe entre les parties de l'espace devant être occupées par elle, en sorte que se trouvant confondue avec une de ces parties, elle n'est pas encore ou elle n'est plus confondue avec une autre.

14. L'idée de *temps* dérive à son tour de l'idée de mouvement.

15. Ces deux idées ne représentent aucune chose qui jouisse d'une existence propre; elles ne figurent que des rapports de la matière avec l'espace.

16. L'intelligence ayant une existence complétement indépendante de l'espace et de la matière, les idées de temps et

de mouvement ne peuvent lui être appliquées; il n'y a donc aucun motif de poser la question de savoir si l'intelligence a précédé ou suivi la matière dans l'ordre des temps incommensurables dont se compose l'éternité. Cette remarque m'a paru nécessaire pour donner toute satisfaction à ceux qui n'admettraient pas la formule posée (§ 6) là où il est dit que la *matière est un mode de l'intelligence.* Ajoutons, pour ne rien omettre, que si l'on veut absolument que la question dont il s'agit soit carrément posée et résolue, rien n'est plus simple; car l'intelligence étant d'une éternité absolue, puisque l'idée de temps ne lui est pas applicable, il doit sembler évident qu'elle a nécessairement précédé les deux autres essences élémentaires. Ce qui n'est pas moins manifeste, c'est que l'espace a précédé la matière.

17. Ce même ordre s'observe entre les trois essences, si on les compare, sous un autre rapport, qui sera celui de l'infini, abstraction faite du temps.

L'intelligence embrasse l'espace et la matière, de même que l'espace contient la matière; ou, en empruntant le langage des mathématiques:

La matière, en regard de l'intelligence humaine, est l'infini à la première puissance.

L'espace est l'infini de l'infini, ou l'infini élevé à la deuxième ou à la vingtième puissance.

L'intelligence, enfin, est l'infini absolu, ou l'infini élevé à une puissance dont l'exposant est lui-même l'infini de l'infini.

18. Nous ferons halte au milieu de toutes ces abstractions qui échappent même à la fantaisie la plus libre de tout frein, de toute entrave, de toute appréhension; une discussion prolongée sur de pareils objets ne saurait aboutir. J'avoue qu'il me répugne de scinder l'éternité en deux parties, dont l'une, antérieure à la matière, laisserait l'intelligence aux prises

avec le néant. Dira-t-on, pour ne pas rester court, que durant cette première période, l'intelligence, agissant sur elle-même, préparait ou opérait la transformation qui devait amener l'avénement de la matière, un de ses modes principaux? Je le veux bien, mais j'avoue en toute sincérité que toutes ces abstractions trop quintessenciées dont il a bien fallu dire un mot (*ab Jove principium*) sont pour moi profondément obscures, et je m'incline.

19. La question métaphysique étant donc laissée à l'écart, sous toutes réserves, nous n'avons plus à nous occuper maintenant que de la matière, et c'est ce que nous allons faire dans le chapitre suivant.

CHAPITRE II.

DE LA MATIÈRE.

20. Nous appelons *matière* tout ce qui est pour nos organes corporels une cause ou un objet de sensation, soit directement, soit indirectement; soit que nous en ayons conscience immédiate ou que les effets se développent à notre insu, jusqu'à ce que nous finissions par en percevoir les derniers résultats.

Tout le monde est assez d'accord sur les deux propriétés de la matière, qu'on nomme *étendue* et *impénétrabilité*; il y en a même plusieurs qui n'en reconnaissent pas d'autre, au moins d'une manière aussi absolue. L'*attraction*, dont nous ne voyons que les effets, sans pouvoir même en imaginer la cause, est pour beaucoup un mot conventionnel désignant une chose qui n'est peut-être qu'un rapport : nous la considérerons, nous, comme une force divisée de l'intelligence, et nous laisserons discuter ceux qui se trouveront de loisir ou qui, entraînés par une insatiable curiosité, peuvent prendre plaisir à remuer une question où tant d'intelligences d'un ordre supérieur se sont vainement usées et n'ont trouvé ni fond ni rive dans un océan d'incertitudes.

21. A plus forte raison, ne chercherons-nous pas à concilier toutes les opinions au sujet de ce qu'il faut entendre par *divisibilité*, *atomes*, etc. Ayant besoin par-dessus tout d'un point de départ, afin de fixer nos idées, et voulant le prendre dans la sphère la plus élevée où il nous soit possible d'atteindre, nous arrêterons la divisibilité sur la limite extrême de cet infini du vingtième ou du centième ordre, si l'on veut, où la matière est sur le point de n'être plus la matière et n'est pas encore l'intelligence.

Ce point établi, jetons les yeux autour de nous et consultons les faits.

22. Nous sommes journellement témoins d'innombrables, de merveilleux phénomènes où l'impulsion est donnée à ce que nous appelons vulgairement la matière par un ou plusieurs agents qui ne se manifestent que dans certaines circonstances spéciales, et qui, se dérobant à tous les moyens par lesquels nous constatons et mesurons la pesanteur, l'une des formes de l'attraction, sont pour ce motif nommés *corps impondérables*.

Si, au point où la science est arrivée, il nous est absolument impossible de connaître, de soupçonner, de comprendre et surtout d'exprimer la cause à laquelle doit être rapportée cette impulsion, si ce n'est à l'attraction elle-même dont nous n'avons pas une idée plus nette, il nous est également impossible de la nier; puisque, d'un côté, deux des principes impondérables, il serait plus exact de dire deux des modes d'action ainsi désignés, se manifestent sans cesse, tantôt en surmontant des résistances énormes, tantôt en imprimant à la matière pondérable des mouvements d'une rapidité qui surpasse tout ce qu'on peut imaginer : ce sont l'*électricité* et le *magnétisme;* tandis qu'au moins l'un des deux autres, la *lumière* et le *calorique*, éprouve des effets incontestables de cette impulsion, qui le détourne de sa route ou le fait rebondir contre les obstacles qu'il rencontre.

Ce que nous appelons *corps impondérables* est donc composé d'atomes soumis aux lois de l'attraction.

23. Un second fait non moins important, non moins incontestable, c'est que les atomes qui obéissent au pouvoir de l'attraction sont de deux espèces essentiellement différentes : les uns se manifestent par le frottement du verre, les autres par le frottement de la résine : voilà pourquoi les uns sont appelés *vitreux* et les autres *résineux*. On les nomme aussi *positifs* et *négatifs*, par suite de certaines idées théoriques dont nous n'avons pas à nous occuper ; nous préférons la première dénomination, parce qu'elle n'exprime qu'un fait, sans rien préjuger sur l'origine de ce fait.

Ces deux espèces d'atomes sont de telle nature, que ceux qui portent le même nom se repoussent entre eux et attirent ceux de nom contraire.

Deux atomes, l'un vitreux, l'autre résineux, étant réunis, constituent un atome de deuxième degré, que nous appellerons *atome copulé*, ou plus exactement *copule*, en abrégeant et simplifiant la formule. La *copule* est inerte ; les deux atomes composants se neutralisent l'un l'autre, en se faisant équilibre ; mais la copule conserve son énergie virtuelle, en sorte que si on la place entre deux atomes de nom contraire, elle sera attirée par tous les deux, mais en présentant à chacun une extrémité différente, et il en résultera deux nouvelles copules pourvues de deux pôles chacune, l'un vitreux, l'autre résineux.

24. Soient : a, b, c, d, ..., la série des atomes libres vitreux; a', b', c', d', ..., la série des atomes libres résineux; A, B, C, D, ..., une série correspondante de copules, en sorte qu'on ait $A = aa'$, $B = bb'$, $C = cc'$, $D = dd'$, ..., l'attraction s'exerce au contact ou très près du contact, dans les copules aa', bb', etc. Voyons si en unissant deux à deux les copules A, B, C, D, etc., on obtiendra le même résultat.

Soient $a—a'$, $b—b'$, deux copules A et B mises en présence l'une de l'autre par leurs pôles de noms contraires a' et b; examinons si ces atomes peuvent se toucher, comme se touchent respectivement (cette supposition est la plus défavorable) les atomes a et a', b et b'. Pour qu'il y ait équilibre dans ce système des quatre atomes qui s'attirent et se repoussent deux à deux, il faut que la résultante des quatre forces soit égale à zéro, c'est-à-dire que la somme des attractions soit égale à celle des répulsions; il est évident, du reste, que ces deux sommes seront dirigées sur une même ligne droite et en sens contraire l'une de l'autre.

Prenons pour inconnue x, la distance de deux copules, ou, ce qui revient au même, la distance des deux atomes a' et b; si nous trouvons zéro pour la valeur de x, nous en conclurons que ces deux atomes, et par conséquent les copules, sont en contact immédiat.

Cela posé, les forces attractives que nous avons à considérer sont : d'une part, l'attraction de a' avec b, représentée par $\frac{1}{x^2}$; d'autre part, l'attraction de a avec b', représentée par $\frac{1}{(x+2)^2}$ (1 représentant la masse ou unité atomique).

De même les forces répulsives sont : d'un côté, la répulsion de a à l'égard de b, ou $\frac{1}{(x+1)^2}$; d'un autre côté, la répulsion de a' à l'égard de b', ou $\frac{1}{(x+1)^2}$.

Enfin, à ces deux forces de répulsion, il faudra ajouter les deux forces de cohésion qui maintiennent les deux copules et qui sont égales chacune à 2, en sorte qu'on aura pour équation d'équilibre :

$$2x^6 + 12x^5 + 26x^4 + 24x^3 + 5x^2 - 6x - 2 = 0.$$

Sans discuter ni résoudre cette équation, qui n'est ici qu'un spécimen approximatif, il est facile de voir que x est plus grand que zéro, et que, par conséquent, les copules ne sont pas en contact immédiat et qu'il y a distance réelle entre celles qui sont les plus voisines. *La mécanique céleste* prouve rigoureusement que la distance que nous nous bornons ici à constater est plusieurs millions de fois plus considérable que le diamètre de chaque atome. Pour expliquer cette différence d'évaluation sous ce rapport, qu'il nous suffise de faire observer que nous n'avons considéré que deux copules A et B agissant l'une sur l'autre, tandis que Laplace a calculé, comme il devait le faire, sur une multitude indéterminée d'atomes dont les actions s'ajoutent les unes aux autres en divers sens.

25. C'est donc un fait reconnu que les corps ou substances nommés par nous *fluides impondérables* consistent en atomes *copulés*, unis ensemble et maintenus en équilibre par une force réciproque d'attraction et de répulsion, dont les effets se calculent avec une précision qui ne laisse aucune prise au doute, et séparés les uns des autres par des intervalles ou *vacuoles* relativement énormes, conformément aux mêmes lois, d'une rigueur mathématique.

26. Un quatrième fait modifie, en les complétant, ceux qui précèdent : c'est le mode *ondulatoire* qui sert à la *propagation* de la lumière (fluide impondérable), comme il résulte des expériences directes effectuées avec les soins les plus scrupuleux du génie qui ne néglige aucun détail, par les intelligences d'élite qui tiennent le sceptre de la science.

Il résulte de ce fait que les *vacuoles* reconnues tout à l'heure ne peuvent être complétement vides; autrement, le développement transmissif des ondes de *propagation* éprouverait en tout sens des solutions de continuité, et par conséquent des temps d'arrêt beaucoup plus considérables que ne permettent de le supposer les interférences observées, et qui ont mis l'intelligence humaine sur la voie de cette grande vérité.

Il est donc permis de croire, sans s'égarer dans des explications de détail qui aboutiraient et qui devraient aboutir en définitive au même résultat, il est permis de croire que les *vacuoles* atomiques sont en partie occupées, sinon complétement remplies par des atomes libres de l'une et de l'autre série (vitreux et résineux), qui, tour à tour attirés et repoussés, aident à la rapide propagation des *ondes;* peut-être par ce jeu alternatif contribuent-ils à l'immense agrandissement des *vacuoles*.

RÉSUMÉ DU CHAPITRE II.

27. De cet exposé sommaire on est en droit de conclure que la matière épanchée dans les immensités de l'espace y a été distribuée sous forme d'atomes d'abord libres, puis copulés en partie, composant ce que nous appelons la masse des fluides impondérables; et que l'action spéciale de ces fluides, ou plus exactement d'un fluide unique, sous quatre formes différentes, ne se manifeste sous chacune de ces formes qu'au moyen de *vibrations ondulatoires*, alternatives d'attraction ou de répulsion, propagées instantanément par l'intermédiaire des atomes restés libres.

En d'autres termes, qui nous rapprochent davantage de l'actualité des faits, ce que jusqu'à présent on est convenu d'appeler fluides impondérables, et plus particulièrement, *électricité*, *magnétisme*, *lumière* et *calorique*, n'est autre chose que la matière divisée à l'infini et manifestant son action de quatre manières différentes, suivant la rapidité, l'amplitude, la forme et l'intensité des ondes vibratoires qui servent à la propagation du mouvement.

Ce que nous avons appelé atomes libres, on l'a tout récemment appelé *éther*, ou *matière éthérée*, en lui assignant pour fonction de propager le mouvement qui produit la lumière; mais il paraît plus convenable, pour éviter toute équivoque, de l'appeler *matière diffuse*, comme l'a fait W. Herschell.

28. Tous les faits que nous venons de remémorer ont été vérifiés de la manière la plus positive et la plus exacte; et, bien que la démonstration absolue en soit encore toute récente, ils n'en ont pas moins les caractères précis de la certitude que l'on a coutume d'attribuer à la géométrie la plus vulgaire.

29. Mais poursuivons notre examen, et arrivons à un dernier fait capital qui doit servir de base à la cosmogonie rationnelle, et, par une conséquence immédiate, à la *Géologie philosophique*, la seule véritable science de la terre qui, de déduction en déduction, déroulera sous nos yeux toute l'histoire du globe terrestre, depuis son origine jusqu'à nos jours.

Ce fait si important, après la vérification de tous les autres, est la formation incessante des *nébuleuses*.

30. Tout ce que nous avons à dire sur ce point, nous l'emprunterons à la notice publiée par M. François Arago, dans l'*Annuaire du bureau des longitudes* pour l'année 1842, au sujet des travaux astronomiques de W. Herschell. Dix ans se sont écoulés depuis cette époque, et il n'est pas encore venu à ma connaissance que personne ait eu l'idée de rattacher les documents dont cette notice abonde à l'histoire du globe terrestre; comme si, en dehors de ses mouvements autour du soleil, ce pauvre petit globe relégué loin des sphères célestes n'avait plus rien à démêler avec les phénomènes astronomiques!

CHAPITRE III.

DE LA FORMATION DES AMAS DE MATIÈRE APPELÉS CORPS CÉLESTES.

31. Il est bien entendu que, dans ce chapitre considéré comme le point de départ de la véritable Géologie, nous nous abstiendrons de tout débat contradictoire, de toute exhibition de preuves, les laissant dans l'*Annuaire du bureau des longitudes*, où elles sont à leur place, et nous bornant à nous appuyer sur les résultats reconnus, vérifiés et garantis par W. Herschell, F. Arago, Tycho-Brahé, Halley, Galilée et vingt autres dont l'autorité ne saurait être contestée en pareille matière.

Mais, dira-t-on, ces hommes, tant recommandables soient-ils, ne sont pas des géologues! Non certainement, ils ne le sont pas dans l'acception restreinte qu'on donne encore aujourd'hui à ce mot, trop ambitieux peut-être pour le modeste emploi qu'on lui assigne; mais ils le sont à un degré éminent, au point de vue de la science réelle, lorsqu'au lieu de s'amuser à compter les grains de sable, qui, pour quelques uns sont pierres d'achoppement, ils rendent à notre globule le rang qu'un orgueil déplacé lui avait fait perdre dans l'armée des cieux; lorsqu'ils nous montrent qu'il vit, qu'il se transforme, qu'il circule dans les mêmes conditions d'existence que ces myriades de soleils resplendissants ou dépouillés de leur éclat, qui environnent dans une si majestueuse harmonie le trône de celui qui *est*.

Qu'on ne se méprenne pas cependant sur ma pensée; ce n'est pas à moi qu'on reprochera jamais de réhabiliter l'axiome de l'ancienne philosophie : *Magister dixit!* j'aime mieux dire, et je dis : *Magister probavit.*

Je n'ai pas davantage la présomption de nier, de dénigrer, de vouloir amoindrir les immenses et utiles travaux de cette élite infatigable qui ramasse de tout côté des faits et des preuves pour édifier les systèmes qui doivent conduire à la méthode naturelle: ils ont rendu de grands, d'incontestables services à la science, ils l'ont fait marcher à pas de géant, mais il leur a manqué jusqu'ici un but unique pour y faire converger leurs efforts; c'est ce but que je crois avoir entrevu, et sur lequel je prends la liberté d'appeler aujourd'hui leurs regards. Si je ne me suis pas trompé, ils le reconnaîtront: qu'ils soient mes juges.

Ces réserves posées, j'entre en matière.

32. On appelle *nébuleuses*, dit F. Arago expliquant les doctrines de W. Herschell, des taches diffuses que les astronomes ont découvertes dans toutes les parties du ciel. Herschell, qui, au moyen de forts télescopes, avait réussi à reconnaître de véritables étoiles au milieu de ces *blancheurs* informes, soutint d'abord qu'il n'y avait d'autre différence essentielle entre les *nébuleuses* les plus dissemblables qu'un plus ou moins grand éloignement, une plus ou moins grande condensation (agglomération) des étoiles composantes; mais il changea complétement d'opinion en 1771, et il reconnut qu'il existe dans les espaces célestes de nombreux amas de matière diffuse et lumineuse. Il fut bien entendu, dès cette époque, que la matière céleste non condensée, la matière céleste *plus voisine*, si l'expression m'est permise, de *l'état élémentaire*, n'était pas moins digne d'attention que les étoiles, les planètes et leurs satellites. En 1802, Herschell avait dressé un catalogue de 2,500 nébuleuses reconnues et enregistrées par lui.

33. Les nébuleuses se présentent sous les formes les plus variées et les plus bizarres, même celles qui peuvent se *résoudre*, c'est-à-dire, dans lesquelles de puissants télescopes

font découvrir des corps à contours nettement définis, et qui peuvent passer pour de véritables étoiles. Cependant les nébuleuses *résolubles* offrent le plus souvent la forme circulaire; les étoiles dont elles se composent paraissent être, à fort peu près, de la même grandeur; elles sont distribuées en couronne autour du centre de figure, avec une parfaite régularité: aussi, à des distances pareilles de ce centre, l'éclat est-il absolument égal dans toutes les directions. Mais cette forme circulaire n'est qu'apparente, et l'augmentation graduelle de densité que présente toute nébuleuse de cette forme peut être considérée comme la preuve manifeste de la forme globulaire, de la forme sphérique du groupe stellaire. Bien plus, l'augmentation plus rapide d'intensité vers le centre, la présence, à ce centre même, d'une sorte de noyau lumineux, prouvent que les étoiles sont plus condensées là que partout ailleurs. En examinant les choses de plus près, on est arrivé à reconnaître qu'une nébuleuse sphérique, dont l'étendue superficielle est à peine égale au dixième du disque lunaire, ne contient pas moins de 20,000 étoiles.

34. Herschell a observé que, dans les espaces célestes, les lieux les plus pauvres en étoiles sont voisins des nébuleuses les plus riches. Si l'on rapproche cette observation de celle qui nous a montré les étoiles très condensées vers le centre des nébuleuses sphériques, de celle où nous avons puisé la preuve que ces astres obéissent à une certaine puissance de condensation, nous nous sentirons disposés, avec Herschell, à admettre que les nébuleuses se sont quelquefois formées, par le travail incessant d'un grand nombre de siècles, aux dépens des étoiles dispersées qui primitivement occupaient les régions environnantes, et l'existence d'espaces vides, d'espaces ravagés, suivant l'expression du grand astronome, n'aura plus rien qui doive confondre notre imagination.

35. Occupons-nous maintenant des amas d'une matière

diffuse, lumineuse par elle-même, répandus çà et là dans le firmament. Herschell a publié, en **1811**, un catalogue de **52** nébuleuses diffuses qui n'offrent aucune apparence de noyau stellaire ; les formes de ces nébuleuses paraissent peu susceptibles de définition, elles n'ont aucune régularité. Il en existe à contours rectilignes, curvilignes, mixtilignes ; certaines taches se terminent nettement, brusquement, vivement d'un côté, tandis que du côté opposé, elles se fondent dans la lumière du ciel par une dégradation insensible ; il y en a dans l'intérieur desquelles s'observent de grands espaces obscurs. Toutes les figures fantastiques qu'affectent des nuages emportés par les vents les plus violents se retrouvent dans le firmament des nébuleuses diffuses. Quelquefois (et cette circonstance paraît très digne d'attention) il existe entre deux de ces nébuleuses diffuses, à formes arrondies, bien distinctes, bien circonscrites, un très mince filet de nébulosité qui en rattache les circonférences l'une à l'autre : on dirait une sorte d'indice, une sorte de témoin visible de leur commune origine.

Les nébuleuses dont il s'agit ici, composées d'une matière diffuse, continue, phosphorescente, ont un aspect tout spécial, indéfinissable, qui les distingue parfaitement des nébuleuses stellaires, et dont les premiers observateurs ont été singulièrement frappés. Voici comment Halley parle des nébuleuses de cette espèce qu'on voit dans les constellations d'Orion et d'Andromède :

« En réalité, ces taches ne sont rien autre chose que la » lumière venant d'un espace immense, situé dans les régions » de l'éther, rempli d'un milieu diffus, lumineux par lui- » même. »

36. La lumière de ces grandes taches laiteuses est généralement très faible et uniforme ; çà et là, seulement, on remarque quelques espaces un peu plus brillants que le reste. A quoi faut-il attribuer cette augmentation d'intensité? Dépend-elle d'une plus grande concentration, ou d'une plus grande profondeur (épaisseur) de la masse nébuleuse? La deuxième supposition n'est pas admissible (M. Arago en donne la raison géométrique); il faut donc reconnaître qu'il s'est produit une condensation, une augmentation de densité, sur certains points des espaces nébuleux, dont nous avons calculé tout à l'heure la vaste étendue superficielle ($\frac{1}{270}$ de la surface totale du firmament : voyez l'*Annuaire*).

37. Cette condensation est-elle l'effet d'une force attractive analogue à celle qui maîtrise, qui régit tous les mouvements de notre système solaire? Tel est le magnifique problème dont nous devons maintenant chercher la solution.

Cette solution se formule par une réponse affirmative, et voici les phénomènes successifs que doit amener l'existence de plusieurs centres d'attraction répandus sur toute l'étendue d'une seule et vaste nébuleuse :

1° Çà et là, disparition de la lueur phosphorescente; solution de continuité dans la masse de la matière diffuse; déchirures dans le rideau lumineux primitif, résultat nécessaire du mouvement de cette matière vers les centres attractifs.

2° Accroissement des déchirures, c'est-à-dire, transformation d'une nébuleuse unique en plusieurs nébuleuses distinctes les unes des autres, et liées quelquefois par des filets de nébulosités très déliés.

3° Arrondissement du contour des nébuleuses séparées; augmentation plus ou moins rapide de l'intensité, en allant de la circonférence au centre.

4° Formation à ce centre d'un noyau très apparent, soit par les dimensions, soit par l'éclat.

5° Passage de chaque noyau à l'état stellaire, avec la persistance d'une légère nébulosité environnante.

6° Enfin, précipitation de cette dernière nébulosité, et

pour résultat définitif, autant d'étoiles qu'il y avait dans la nébuleuse originaire de centres d'attraction distincte.

38. En combien de temps une seule et même nébuleuse pourra-t-elle subir toute cette série de modifications? On l'ignore absolument : ici il faudra peut-être des millions d'années; là, avec d'autres conditions d'étendue, de densité, et de constitution physique de la matière diffuse, des périodes beaucoup plus courtes seraient suffisantes, comme l'apparition subite de l'étoile nouvelle de 1572 semblerait l'indiquer.

L'inégale rapidité des transformations conduit à une conséquence importante. En partant de cette base, il est évident que les nébuleuses, fussent-elles toutes de même âge, doivent dans leur ensemble, offrir les diverses formes dont nous avons donné l'énumération: vers telle région, les siècles auront à peine amené une accumulation visible de la matière diffuse autour de quelques centres d'attraction; vers telle autre région, grâce à un mouvement de condensation plus précipité, nous trouverons déjà des groupes de nébuleuses à noyau; des étoiles nébuleuses s'offriront enfin çà et là, comme le dernier échelon conduisant aux étoiles proprement dites.

39. Tous ces états de la matière nébuleuse indiqués par la théorie, l'observation les avait révélés d'avance. L'accord est aussi satisfaisant qu'on puisse le désirer; seulement, au lieu de suivre les transformations pas à pas dans une nébuleuse unique, on en a constaté la marche et les progrès par des observations d'ensemble, en sorte que nous assistons journellement à la formation de véritables étoiles.

40. Mais y a-t-il, dans toute l'immensité des espaces, assez de matière diffuse pour suffire à la formation de toutes les nébuleuses enregistrées sur les catalogues? Quelques uns ont prétendu que la totalité de la matière observée ne composerait pas une étoile égale à notre soleil, en dimensions et en densité.

Un calcul d'Herschell réduit cette objection à sa juste valeur ; objection qui, du reste, consiste à marchander avec l'infini ! Quoi qu'il en soit, voici le calcul : Prenons une agglomération cubique de matière nébuleuse, dont le côté vu de la terre sous-tende seulement un angle de 10 minutes ; supposons que cette agglomération soit située dans la région des étoiles de huitième à neuvième grandeur : une règle de trois démontrera que le volume de cette masse est de plus de deux trillions ou deux mille milliards de fois supérieur à celui du soleil ; ou, en d'autres termes, que le volume de cette matière diffuse condensée deux millions de million de fois serait encore égal à celui du soleil. Que devient l'objection ?

41. On a demandé encore si la faible lueur éparpillée d'une nébuleuse serait suffisante pour donner lieu, par voie de concentration, à la lumière vive, pénétrante, scintillante d'une étoile. Après avoir nettement posé le problème à résoudre, M. Arago affirme que les calculs les plus rigoureux conduisent encore à la confirmation des idées produites, avec une hardiesse si complétement justifiée, par Tycho-Brahé, Képler et W. Herschell.

42. Parmi les nébuleuses les plus remarquables, au point de vue où nous sommes placés relativement à l'histoire de notre globe atomique, nous devons distinguer surtout la VOIE LACTÉE, dont l'aspect général, la forme, la composition stellaire, déduits des observations télescopiques, s'expliquent fort simplement, en admettant avec Herschell que des millions d'étoiles, à peu près également espacées entre elles, forment une couche, un strate (*stratum*) compris entre deux surfaces à peu près planes et parallèles, et peu distantes l'une de l'autre, mais prolongées à d'immenses distances ; que le strate est ainsi très mince, comparativement aux incalculables distances jusqu'où s'étendent en tout sens les deux surfaces

planes qui le contiennent; que notre soleil, que l'astre autour duquel notre terre circule et dont elle ne s'écarte guère, est une des étoiles composantes du strate; que notre place enfin est peu éloignée du centre de ce groupe stellaire; que nous en occupons à peu près le milieu, tant à l'égard de l'épaisseur que relativement aux autres dimensions.

43. Il faut nécessairement conclure de là que la formation de notre système, soleil, planètes, satellites, etc., a eu lieu dans les mêmes conditions que celle de toute autre portion de nébuleuse, par successive condensation résultant de force attractive, conditions que nous avons développées § 37, présent chapitre. En d'autres termes, que notre globe terrestre est une des molécules constituantes, un des atomes d'un degré quelconque de cet autre atome de degré supérieur que nous appelons pompeusement le monde planétaire, et qui roule confondu avec des millions d'autres atomes de même ordre, nommés étoiles, dans les nébulosités de la voie lactée, qui n'est elle-même qu'une très mince portion de la matière diffuse épanchée dans les infinis de l'infini.

44. Faisons halte un moment, pour reposer notre imagination, et consolons-nous de ne pas comprendre aussi nettement que le voudrait notre orgueil la divisibilité de la matière à l'infini; car nous comprenons peut-être un peu moins la hiérarchie des mondes qui, s'élevant de cieux en cieux, de trône en trône, et d'infini en infini, parcourent, entraînés les uns par les autres, la sphère sans bornes qui contient tout, la sphère dont le centre est partout et la circonférence nulle part. Consolons-nous, dis-je; car si l'homme atome de matière perdu dans la poussière des mondes est bien petit et pèse bien peu sur son globule presque imperceptible, l'homme intelligence est bien grand pour avoir entr'ouvert la porte du sanctuaire où est gravée la loi qui régit cet univers sans limites.

Faisons halte, ai-je dit, et, pour ne pas effrayer outre mesure ceux qui attendent la fin du monde, dans quelques milliers d'années, un peu plus tôt, un peu plus tard, gardons-nous bien de suivre Herschell dans ce terrible champ d'observations où il voit se lézarder l'immense édifice de la voie lactée. Aurons-nous le moyen d'éviter la catastrophe, lorsqu'il nous aura appris qu'une partie composée de 331,000 étoiles (entre β et γ du Cygne) se divise dès à présent en deux groupes à peu près égaux, marchant l'un à droite, l'autre à gauche? Il en conclut que dans quelques millions de siècles (il ne fixe pas la date bien précise), le pouvoir de concentration amènera inévitablement le fractionnement, la rupture, la dislocation de la voie lactée. Ne nous hasardons point sur ses traces, à travers ces effrayants calculs; il vaut mieux profiter des instants qui nous sont accordés jusque-là, pour préparer les matériaux qui doivent servir à une histoire du globe terrestre: ceux qui viendront après nous seront peut-être bien aises de voir quel usage nous aurons fait de la puissance intellectuelle que Dieu nous a départie.

Qu'on me pardonne cette innocente plaisanterie, et qu'on me permette de faire observer que si Micromégas avait raison de rire de nos prétentions micro-télescopiques, il n'avait pas moins raison d'admirer ce que peut faire d'un atome de matière un grain d'intelligence émané de l'éternelle substance de celui qui *est*.

CHAPITRE IV.

MOUVEMENTS HARMONIQUES DES CORPS CÉLESTES.

45. Si l'on a une idée bien exacte des faits développés dans le chapitre précédent, on conçoit sans peine que les phénomènes qui constituent la formation d'une nébuleuse se sont manifestés nécessairement en dehors et sur les limites de la sphère d'action des systèmes préexistants, ou, si on l'aime mieux, coexistants et déjà en pleine activité de fonctions; on conçoit de même que les noyaux centralisateurs qui appellent à l'envi les lambeaux encore flottants de la *matière diffuse*, agissant les uns sur les autres, commencent une vie de relation, suivant les lois générales qui équilibrent les forces antagonistes d'attraction et de répulsion.

46. Chacun de ces noyaux que W. Herschell et F. Arago s'accordent à nommer des *globules*, étant attiré en même temps par tous ses voisins et ne pouvant suivre néanmoins qu'une seule direction, dans un moment donné, se portera dans la ligne déterminée par la *résultante générale* de toutes les forces agissantes; et cette ligne, si elle est d'abord une ligne droite, ne tardera pas à se modifier sous l'influence de la masse la plus puissante.

Or, la mécanique céleste démontre que tout corps en mouvement, soumis à la loi d'attraction proportionnelle aux masses et inversement proportionnelle aux carrés des distances, décrit une ellipse autour de la masse qui l'attire et qui occupe un des foyers de cette ellipse.

L'ellipse est une courbe fermée, et voilà que, dès le premier instant, les orbites sont tracées pour l'éternité à ces globes irrévocablement fixés dans la route dont ils ne peuvent plus s'écarter, sans en excepter les comètes elles-mêmes, dont la parabole n'est qu'une ellipse excessivement allongée et dont l'équation n'est qu'approximative.

Il est bien entendu que ces considérations ne s'appliquent point à la trajectoire des corps soumis aux mêmes lois, mais dont le mouvement initial de projection n'est dû qu'à la force centrifuge provenant de la rotation du corps attirant; cette trajectoire est une véritable *parabole*, et l'attraction, triomphant bientôt de la force centrifuge, précipite le corps vers la masse qui le sollicite.

47. Si pour chacun des globes célestes la résultante des forces d'attraction, se résumant en une impulsion elliptique, passait précisément par le centre de gravité de ce globe, le mouvement dans la trajectoire fermée se ferait de la manière la plus simple, en sorte que la ligne qui unirait ce centre de gravité avec celui de la masse attirante passerait constamment par le même point de la circonférence du globe circulant. Mais une telle éventualité, d'un caractère tout spécial et pour ainsi dire exceptionnel, n'est réalisable que par un de ces hasards qui ne peuvent ni se prévoir ni se calculer; elle n'a rien d'impossible, mais nous n'en avons pas d'exemple. En s'avançant dans son orbite, sous l'impulsion d'une force dirigée en dehors du centre de gravité, le globe circulant est obligé d'obéir à un mouvement de *rotation* qui durera autant que l'impulsion reçue.

48. Nous verrons plus loin quelles sont les conséquences de ce mouvement de rotation, le seul dont nous ayons à tenir compte, le mouvement elliptique de translation étant plus particulièrement du ressort de l'astronomie.

CHAPITRE V.

DE LA CONSTITUTION MOLÉCULAIRE DES CORPS CÉLESTES. — VIBRATIONS SPONTANÉES, ONDES DE PROPAGATION.

49. Chacun des corps célestes ayant pris consistance et établi son individualité, comme nous l'avons exposé plus haut, dans l'orbite tracée par la loi des mouvements généraux qu'il doit exécuter, d'après sa position dans l'espace, n'en est pas moins soumis aux lois plus universelles encore qui agissent intérieurement sur ses molécules, suivant les alternatives d'attraction et de répulsion auxquelles est assujetti leur état d'équilibre. Cet équilibre ne peut être permanent, d'une manière absolue ; il est au contraire essentiellement variable dans certaines limites formulées d'une manière générale par le puissant génie qui a posé les principes de la mécanique céleste et qu'il est inutile de rappeler ici. De là il résulte que les molécules dont il s'agit sont constamment animées d'un mouvement vibratoire qui se communique de proche en proche et se propage au moyen d'ondulations successives. Ce mouvement vibratoire acquiert un surcroît d'énergie de la force centrifuge produite et entretenue par la rotation incessante, en sorte que la force de répulsion moléculaire va en augmentant du centre à la circonférence, en antagonisme avec la force d'attraction en vertu de laquelle la densité de la masse s'accroîtrait indéfiniment de la circonférence au centre.

50. On voit en même temps que la vitesse de rotation décroissant, par degrés insensibles, de l'équateur aux pôles ou extrémités de l'axe, où elle est nulle, il en résulte nécessairement un décroissement, dans le même sens, du mouvement vibratoire.

51. Les ondulations incessamment produites dans la masse

de la matière diffuse restée libre (26) constituent ce qu'on appelait *émission* ou *pouvoir émissif* de la lumière, avant la belle expérience de l'Observatoire. Est-il nécessaire de faire observer que, d'après le paragraphe cité, rien n'empêche d'admettre que la substance des corps célestes est formée uniquement d'atomes copulés, autrement dits de copules entre lesquelles peut librement circuler la double série d'atomes non copulés formant la matière restée diffuse?

52. Par analogie et similitude incontestable, en attendant une expérience directe qui ne peut faillir, nous rapporterons à ce mode de propagation le *rayonnement* du calorique, et nous ne craindrons pas de répéter une fois de plus que nous n'avons maintenant à reconnaître dans l'univers qu'une matière diffuse élémentaire se composant d'atomes libres non copulés, les uns vitreux, les autres résineux (*éther* ou *matière éthérée*), dont les ondulations, mises en mouvement par les oscillations vibratoires des molécules ou atomes copulés qui forment la masse des corps célestes, constituent les phénomènes de la lumière et du calorique; et parmi ces phénomènes, le premier rang est occupé, à notre point de vue, par la faculté éclairante et l'ignition.

53. Ce mode de propagation par vibrations ondulatoires des atomes copulés, ou molécules, ne peut être mis en doute, en ce qui concerne l'électricité; l'admirable invention du télégraphe électrique donne journellement la preuve irrécusable de ce fait important: les fils de fer qui servent de conducteurs éprouvent, en effet, quand l'appareil fonctionne, des vibrations instantanées sur toute leur longueur, assez vives et assez puissantes pour exciter dans l'atmosphère ambiante des ondes sonores qui se traduisent immédiatement par un son très aigu, si l'on tient compte de la grosseur. Ce son est absolument de même nature que le son d'harmonica que l'on tire d'une corde de violon en y promenant l'archet dans une direction parallèle

à l'axe. C'est une expérience que tout le monde peut faire aujourd'hui sans difficulté.

Réciproquement, les ondulations produites par les vibrations sonores que transmet l'atmosphère produisent aussi des vibrations moléculaires. Cette expérience est plus généralement connue que la précédente, et il n'est personne qui ne sache qu'on peut briser des vases de verre en produisant à proximité certains sons harmoniques.

54. Avant de passer outre, essayons de comprendre ce que, d'après cet aperçu, doit être le phénomène du rayonnement calorifique, et ensuite celui du refroidissement, qui en est la conséquence immédiate.

Rien de plus simple pour ce qui est du *rayonnement*, soit que l'ébranlement calorifique des molécules ait été excité par une impulsion ondulatoire venue du dehors, soit qu'elle ait son origine dans les vibrations spontanées de ces mêmes molécules sollicitées et dérangées de leur équilibre par l'attraction ou la répulsion, sous quelque forme qu'elles se manifestent.

Dans le premier cas, les ondulations calorifiques sont réflectives, et l'on pourrait leur appliquer sans inconvénient l'expression de *choc en retour* par laquelle on désigne certains phénomènes électriques.

Dans le second cas, elles sont *autodynamiques;* mais dans l'un comme dans l'autre cas il ne se passe rien qui ne se puisse expliquer facilement.

55. Un corps étant échauffé par choc et percussion, ou par communication avec une source de chaleur, suivant l'expression usitée, le refroidissement survient dès que l'équilibre intérieur est rétabli dans ses limites habituelles et que les vibrations spontanées s'arrêtent; ou, en d'autres termes, quand la cause extérieure cessant d'agir, la force du *choc en retour* est épuisée par la résistance de l'équilibre virtuel.

Mais le refroidissement d'un corps abandonné à lui-même, dans un milieu dont le pouvoir de vibration ne paraît pas actuel, et semble, au contraire, neutralisé par la tendance à l'équilibre permanent, offre à l'esprit quelque chose de moins facile à comprendre.

Car si l'on suppose un corps dont les molécules, placées dans un état de repos absolu, ne soient sollicitées ni intérieurement ni extérieurement, on ne voit pas comment elles pourront arriver à un repos encore plus absolu; il y a contradiction dans les termes. Mais la question, amenée sur ce terrain, apporte avec elle sa solution.

1° Nous n'avons aucun moyen de juger où commence le repos absolu, c'est-à-dire à quel moment la force répulsive est complétement anéantie dans l'intérieur d'un corps par la force attractive toujours croissante, à mesure que les molécules se rapprochent et que diminuent les vacuoles intérieures jusqu'au parfait contact. Il est donc clair que le refroidissement, dans le cas indiqué, n'est que le ralentissement progressif des vibrations, jusqu'à un terme inconnu dont on peut approcher indéfiniment sans jamais l'atteindre : comme il arrive aux branches de l'hyperbole, qui ne rencontrent les asymptotes que dans un éloignement infini.

2° Bien plus, quelque comprimée qu'on suppose la force de répulsion, elle est, comme celle d'attraction, essentielle à la matière; elle ne peut donc se supprimer, les vibrations ne peuvent être complétement arrêtées; il est démontré, d'ailleurs, que le contact n'existe jamais : il n'y a donc pas de repos absolu.

56. Il y a encore une difficulté essentielle à résoudre sur ce point. On dit : Placez en présence l'un de l'autre deux corps inégalement échauffés; celui qui l'est le plus cédera de son calorique à celui qui l'est le moins, jusqu'à ce qu'ils soient aussi chauds l'un que l'autre. Or, on conçoit sans peine que

les vibrations plus énergiques du corps le plus chaud sollicitent et activent celles du corps le moins chaud, et que celui-ci acquière une température de plus en plus élevée jusqu'à la limite indiquée ; mais on comprend moins facilement que le corps le plus chaud cède de son mouvement, jusqu'à ce qu'il y ait équilibre.

L'un n'est cependant pas plus difficile que l'autre : car tandis que l'un échauffe l'autre, il se refroidit, indépendamment de l'action qu'il exerce, par cela seul qu'il ne reçoit aucune impulsion nouvelle ni du dehors ni du dedans, effet qui a lieu jusqu'à ce que l'équilibre soit établi ; alors les deux corps se refroidissent en même temps, en demeurant toujours au niveau l'un de l'autre.

57. On aurait pu se borner à répondre que la perte de mouvement dont il a été question se remarque tous les jours dans le choc de deux corps élastiques ; l'équilibre s'établissant ici entre les ondulations de la matière diffuse interposée entre les deux corps mis en comparaison.

Une objection encore plus spécieuse a été faite. On a dit : Si vous faites vaporiser dans le vide de l'acide sulfureux liquéfié, il se produit un froid de —68 degrés : ce qui signifie que l'acide, en se dilatant, a pris aux corps avec lesquels il était en contact une somme de calorique égale à leur température, plus 68 degrés, ou si l'on veut, 68 degrés seulement ; à l'air libre, il fait descendre le thermomètre à —58 degrés. Cette expérience ne prouve pas ce qu'on voudrait lui faire prouver ; car il s'ensuivrait que le gaz sulfureux, dans le vide, aurait acquis une température de 68 degrés, à l'air libre une température de 58 degrés. Je sais bien qu'on aura recours au calorique latent ; mais tout cela n'est qu'apparent. L'acide sulfureux passe, de son état normal de gaz permanent, à l'état transitoire de liquide, à la température de 7 degrés, sous la pression de trois atmosphères. Si vous le placez dans le vide, vous le débarrassez de cette pression ; dans l'air libre, il s'affranchit de deux atmosphères ; dans l'un comme dans l'autre cas, lorsqu'il retourne à son état naturel, les copules dont se compose sa molécule constituante s'écartent les unes des autres, et perdant une partie de leur puissance vibratoire, cessent de produire les ondulations des atomes libres de la matière diffuse qui propagent les vibrations calorifiques dans les corps ambiants : les vibrations spontanées de ceux-ci, n'étant plus excitées du dehors, se ralentissent, et leurs molécules se rapprochant, ils passent à l'état solide.

On insiste, et l'on ajoute que les corps en contact, quoiqu'ils ne reçoivent plus le mouvement ondulatoire émané de l'acide sulfureux liquide, n'en reçoivent pas moins celui des autres corps avec lesquels ils sont également en contact. C'est vrai ; mais on ne prend pas garde qu'à une action instantanée succède une réaction non moins brusque, à laquelle ne peuvent obéir aussi promptement les molécules pondérables, amenées à l'état d'inertie par absence de vibrations ; il faut quelque temps pour que l'équilibre se rétablisse, et que les corps soumis à l'expérience reviennent à leur état normal : ce qui arrive nécessairement dans les conditions du § 56.

Au reste, il est facile de s'assurer que toutes les questions analogues, et qui sont plus spécialement du ressort de la physique, peuvent se résoudre très simplement dans le système des vibrations et des ondes ; nous ne nous y arrêterons donc pas davantage, et nous reprendrons la suite de nos développements.

58. Les ondulations communiquées à la matière diffuse par les vibrations intérieures des corps célestes peuvent différer en amplitude, en intensité, en rapidité ; nous l'avons déjà dit (27), mais il n'est pas inutile de le rappeler.

Il est évident que l'intensité ne change rien à la nature de ces ondulations, elle en augmente seulement la puissance de manifestation ; mais si elles ont beaucoup d'amplitude et peu de rapidité, elles produisent les phénomènes calorifiques. Quelle que soit l'amplitude, augmentez la rapidité, vous obtiendrez les effets lumineux, depuis la phosphorescence, jusqu'à la clarté splendide du soleil. Prenez enfin le maximum d'amplitude et de rapidité, il en résultera une manifestation électrique dont la puissance sera mesurée par le degré d'intensité, depuis la plus faible étincelle jusqu'à l'éclair et au phare le plus éblouissant, depuis le plus léger picotement jusqu'à la fusion des matières les plus réfractaires. Les phénomènes électriques sont en même temps les plus universels, ceux qui dépendent le plus immédiatement des lois de l'attraction élémentaire, qui a produit les atomes copulés à double puissance, et subsidiairement les diverses combinaisons de ces atomes.

59. Sur les variations d'amplitude, on peut concevoir une échelle ou *gamme thermaïque*, parcourant tous les degrés de nos instruments destinés à mesurer la chaleur ; puis la rapidité augmentant avec l'intensité, l'amplitude pouvant rester la même ou s'accroître parallèlement, on passera à la graduation des phénomènes lumineux (*ignition*) qui accompagnent la propagation du calorique.

60. De même on peut établir une gamme *photométrique*, dont les divers degrés seront uniquement en rapport avec la rapidité des ondes lumineuses, et proportionnels au nombre des vibrations constatées dans un intervalle de durée pris pour unité. on a ici pour point de départ l'expérience qui nous apprend que la lumière venant du soleil fait 77,000 lieues par seconde, pour arriver jusqu'à nous.

61. Une gamme accessoire pourra établir le diapason des couleurs ; tout me porte à croire qu'elle doit porter sur l'amplitude, la rapidité étant constante et égale à celle de la lumière. D'un côté, F. Arago prouve que les rayons de diffé-

rentes couleurs se meuvent avec la même vitesse dans l'espace; de l'autre, on sait que le rayon rouge du spectre solaire produit une chaleur sensible au thermomètre.

62. Enfin, une gamme *électrique*, réunissant l'amplitude, la rapidité et l'intensité, pourrait être établie, en prenant pour base le son donné par les fils conducteurs du télégraphe.

63. Ces idées paraissent peut-être excentriques et vagues, au premier aspect; mais qu'on veuille bien les examiner de près, on verra qu'il n'y a rien d'étrange dans cet exposé, qui n'est que le rapprochement synthétique d'une multitude de résultats déjà obtenus et vérifiés par la méthode analytique.

Ainsi, par exemple, on n'hésite plus à reconnaître que les actions et réactions chimiques peuvent se traduire par les déplacements que produisent les forces d'attraction agissant sur les molécules intérieures du corps; mouvement qui se manifeste au dehors par des effets presque toujours thermaïques et souvent lumineux.

Réciproquement, le mouvement vibratoire produit par une cause extérieure occasionne souvent des réactions chimiques et développe tantôt des phénomènes thermaïques, comme le choc et la percussion, tantôt des déplacements moléculaires qui changent la constitution intérieure des corps. En voici un exemple remarquable observé par Mitscherlich :

« Lorsqu'en été, on expose à la lumière solaire, dans un » vase clos, des cristaux de sulfate de nickel rhomboïdal, les » molécules changent de position dans la masse solide, sans » que celle-ci passe par l'état fluide, pour cristalliser de nou- » veau; et, lorsqu'au bout de quelques jours, on brise ces » cristaux, dont la forme extérieure n'a pas changé, on les » trouve composés d'octaèdres à base carrée, qui ont quel- » quefois plusieurs lignes de longueur, en sorte qu'il est sou- » vent possible d'en mesurer les angles. »

CHAPITRE VI.

NOTIONS GÉNÉRALES SUR LA MATIÈRE PONDÉRABLE.

64. Pour épuiser les généralités, afin de n'avoir plus à y revenir, il nous reste à exposer de quelle manière nous concevons la combinaison des atomes copulés, et comment nous en déduisons la formation des corps pondérables, simples ou composés, qui se groupent sous des types si variés dans ce que nous appelons le *règne inorganique*. Comme nous ne connaissons que par des faits extérieurs, souvent obscurs et complexes, les modes divers suivant lesquels s'exerce l'attraction moléculaire, nous nous bornerons à les constater, au moyen de noms impliquant des définitions aussi exactes que possible.

65. L'atome primordial appartient soit à la série vitreuse, soit à la série résineuse ; dans l'un comme dans l'autre cas, il est *hétérosympathique*, en même temps qu'*homœoparotique*.

Deux atomes primordiaux se copulant par l'affinité polarisante résultant de la propriété *hétérosympathique* constituent l'atome impondérable, ou, plus exactement, la copule.

Deux ou plusieurs copules, ou atomes copulés réunis, à des distances variables, par l'affinité polaire dérivée de l'affinité polarisante, forment ce que nous sommes convenus d'appeler un corps *simple*, ou la molécule constituante du premier degré.

Deux ou plusieurs molécules constituantes du premier degré, assemblées par affinité de cohésion, représentant en grandeur et en direction la résultante des forces moléculaires, donnent la molécule constituante du second degré, et celle-ci combinée avec d'autres molécules du même degré ou du degré précédent, par force d'inhérence, force toute superficielle, passe à l'état de molécule intégrante.

De là nous arrivons à la molécule similaire, composée de molécules intégrantes, qui ont été agrégées par force d'adhérence.

66. Toutes les molécules d'un corps simple sont, comme il vient d'être dit, des molécules constituantes du premier degré, ou molécules constituantes proprement dites.

Les composés ont à la fois des molécules constituantes et des molécules intégrantes.

Les molécules similaires ne sont, à parler exactement, que des molécules intégrantes, considérées au point de vue de la masse d'où elles ont été détachées ; la molécule dite similaire, par rapport à ses coagrégées, est comme la réalité matérielle dont la véritable molécule intégrante est l'idéal abstrait.

67. Dans l'ordre naturel des origines, les corps sont successivement *impondérables*, *gazeux*, *liquides*, *solides*, suivant l'énergie des forces d'attraction qui font successivement disparaître une partie des *vacuoles* ou distances entre leurs molécules de toute espèce, de toute dénomination.

Mais suivant l'ordre des idées généralement admises, procédant du connu à l'inconnu, par la méthode analytique, les corps sont pour nous *solides*, *liquides*, *gazeux*. Nous n'avons plus à nous occuper des impondérables ; ils n'existent pour nous que comme *modes d'action*, réglée par les lois de l'affinité attractive, qui s'équilibre par la force de répulsion placée en antagonisme.

68. Nous appelons *solide* un corps dont les molécules intégrantes ou similaires, agrégées par une force quelconque d'adhérence, sont ou peuvent devenir des individualités distinctes.

Si l'adhérence de ces molécules similaires est telle que la percussion ne puisse la vaincre que par un effort dont on ait nécessairement conscience, c'est le solide proprement dit, ou *olostère;* si, au contraire, les molécules similaires, faciles à désagréger, cèdent sans résistance au choc ou à la simple pression, le corps se nomme *friable*, *bolaire*, *terreux*, *pulvérulent*, ou enfin *arénoïde*.

Friable, s'il se divise en parcelles minces, ou dont une dimension (l'épaisseur) est contenue un grand nombre de fois dans la plus petite des deux autres.

Bolaire et *terreux*, si ces parcelles, sans être exactement orbiculaires, ont leurs angles émoussés et leurs dimensions sensiblement égales. Avant le choc ou la pression, surtout s'ils sont imbibés d'eau, on leur trouve une sorte de cohérence par agglutination, appréciable, quoique très faible; après le choc, s'ils sont secs, ils se trouvent réduits en poudre, et passent à l'état *pulvérulent*, c'est-à-dire que chacune des molécules similaires peut se mouvoir indépendamment de toutes les autres, dont elle se distingue sans peine en s'individualisant.

Si les parcelles, sensiblement polyédriques, manifestent une résistance anguleuse rappelant des formes cristallines, la masse totale cesse de s'appeler pulvérulente, pour prendre le nom d'*arénoïde* ou *aréneuse*.

Lorsque la surface du corps bolaire, quelquefois métalloïde, est d'une telle friabilité, ou plutôt si peu résistante au simple frottement qu'elle cède instantanément une légère couche pulvérulente au corps frottant, comme les doigts, on dit qu'elle tache, et nous la nommons *trepsiconile; trepsigraphile*, si elle laisse, toujours par le frottement, une trace en relief sur le corps frotté, comme le papier.

69. Les *masses liquides*, ainsi nommées pour exprimer un état particulier de la matière pondérable, se composent, comme les masses pulvérulentes, de molécules réduites à une ténuité extrême et d'une mobilité presque illimitée qui leur permet de glisser les unes sur les autres, en changeant continuellement

de place, sans opposer de résistance au moindre effort qui tend à les séparer.

Mais une première différence consiste en ce que les molécules de la masse pulvérulente peuvent se distinguer individuellement soit à la vue simple, soit au microscope, tandis que celles de la masse liquide échappent à toute perception de cette nature : abandonnées à elles-mêmes, elles coulent sans aucune solution de continuité ; mais il n'en est pas de même pour une poussière, quelque porphyrisée qu'on la suppose.

Une seconde différence encore plus essentielle, c'est que les molécules pulvérulentes, livrées à l'action de la pesanteur, contre-balancent en partie cette force par l'attraction que la masse totale exerce sur chacune d'elles, et la décomposent de telle sorte qu'elles en neutralisent une partie, et se rangent, appuyées les unes sur les autres, sur un plan incliné formant avec l'horizon un angle de 30 degrés, qui, en plusieurs circonstances, peut aller jusqu'à 45 ; tandis que les molécules à l'état liquide n'opèrent aucune décomposition de force sur la pesanteur, qui agit tout entière sur chacune d'elles, en sorte que la masse s'épanche uniformément dans tous les sens, et n'offre qu'une surface horizontale dont tous les points sont également éloignés du centre de pesanteur, qui se confond avec le centre d'attraction générale du globe.

De cette propriété essentielle dérivent toutes les autres propriétés des liquides, qu'il n'est pas nécessaire d'énumérer ici.

70. La plus liquide de toutes les substances connues est l'eau pure.

Ensuite viennent les acides, offrant un caractère particulier de viscosité qui diminue la mobilité de leurs molécules.

Puis les liquides gras, qui se coagulent aisément, jusqu'à revenir à la consistance bitumineuse, puis résineuse.

Enfin, parmi les métaux il y en a un qui demeure liquide à

la température ordinaire, tandis que les autres exigent un accroissement souvent très considérable dans la rapidité de leurs vibrations moléculaires pour y arriver : ce métal exceptionnel est le mercure, dont les gouttelettes séparées sont d'une mobilité extrême, et se confondent précipitamment en une seule, au moindre contact.

71. Toutes ces nuances si diverses de liquidité ont leur principe dans un rapprochement plus ou moins persistant des molécules intégrantes, dont les vibrations diminuent progressivement d'amplitude et d'intensité, à mesure que la force répulsive cède à l'énergie de la puissance d'attraction.

72. Remarquons en passant que, si l'on tire de certains faits spéciaux les conséquences dont ils peuvent être susceptibles, les atomes libres de nature résineuse semblent se repousser entre eux avec moins d'énergie que les atomes libres de nature vitreuse ; mais nous n'avons pas encore assez de données, ni des données assez positives, pour creuser à fond ces phénomènes jusqu'ici peu étudiés.

73. Si l'état liquide, comparé à l'état solide du corps, indique une plus grande rapidité dans les vibrations moléculaires, on conçoit de la même manière l'existence des *vapeurs* et des *gaz* permanents, en les rapportant à un nouvel accroissement d'amplitude et de rapidité, et cette explication se trouve pleinement confirmée par un fait journalier d'une généralité absolue : c'est que tout liquide passe à l'état de vapeur, aussitôt qu'on l'affranchit de la pression normale qui maintenait la force répulsive de ses molécules en équilibre avec leur force d'attraction.

74. En résumé, il est reconnu et admis que toute masse de matière pondérable peut être successivement solide, liquide et gazeuse : et cependant bon nombre de substances solides ont jusqu'à présent résisté à tous nos efforts pour les faire passer à l'état liquide ; de même, les gaz permanents persis-

tent dans leur forme et ne cèdent à nos moyens d'action que jusqu'à un certain point, au delà duquel il nous devient impossible de diminuer la distance de leurs molécules. Quelques expériences donnent lieu d'espérer que la puissance électrique parviendra à rendre fusibles les substances les plus réfractaires ; quant aux gaz, il n'y a encore ni compression ni refroidissement qui les ait liquéfiés. On se rendra aisément compte de cette différence, pour peu que l'on réfléchisse à l'état primitif où nous avons trouvé la matière, et dans quel sens ont eu lieu les métamorphoses qu'elle a subies pour acquérir successivement les formes qu'elle affecte aujourd'hui. Nous allons donner quelques développements à cette idée.

CHAPITRE VII.

REMARQUES SUR LES TRANSFORMATIONS DE LA MATIÈRE PONDÉRABLE.

75. C'est pour nous conformer au langage universellement adopté que nous avons suivi à rebours l'ordre successif des transformations de la matière pondérable, qui doit être la conséquence nécessaire de la concentration de la matière diffuse composant les globes célestes engendrés des nébuleuses, comme on l'a vu au chapitre III.

76. La matière, en effet, est devenue pondérable, sous la forme gazeuse, par une première condensation des atomes copulés ; puis, la force d'attraction devenant de plus en plus énergique, soit par le décroissement des distances au centre, soit en vertu de la pression exercée par les couches les plus éloignées sur celles qui le sont moins, les gaz sont devenus des liquides. Aux deux causes qui viennent d'être assignées,

il faut ajouter la combinaison des gaz de nature hétérosympathique, soumis à la puissance de l'électricité, et cette cause de liquéfaction est peut-être celle qui a produit les effets les plus généraux; enfin, les liquides sont devenus à leur tour des solides, par le ralentissement progressif des vibrations intérieures de leurs molécules, tendant à l'équilibre stable.

77. Il me semble qu'il y aurait à gagner d'admettre cette succession d'idées. Qu'on veuille bien y réfléchir, et l'on verra s'évanouir une foule de difficultés, jugées en ce moment presque insurmontables: certains faits de détail qui échappent aux théories, et qui paraissent exceptionnels, se laisseront docilement ramener aux lois générales. Par exemple, on cessera de s'étonner que la fusibilité de plusieurs substances ne soit pas exactement en raison inverse de leur pesanteur spécifique, c'est-à-dire, de leur densité : comme on le voit pour le mercure liquide, beaucoup plus pesant que le quartz, à peu près infusible; la densité étant rapportée au rapprochement des molécules, la fusibilité à leur mouvement vibratoire.

78. On comprendra sans plus de peine comment il peut se faire qu'il y ait des substances infusibles, c'est-à-dire des substances dont les vibrations moléculaires ne peuvent aller au delà d'une certaine limite déterminée; effet d'une combinaison particulière des forces d'attraction et de répulsion, tellement disposées par un arrangement définitif des molécules, que la résultante générale de ces forces passe par le centre de gravité de la masse, ou par tout autre point où, en vertu de l'équilibre stable, se rencontre une résistance invincible.

Comment les gaz permanents peuvent se laisser comprimer dans une certaine mesure, qui, en vertu de combinaisons analogues, ne peut être dépassée;

Comment, enfin, ces résistances, dans l'un comme dans l'autre sens, peuvent être vaincues par l'énergie de la puissance électrique, force d'attraction primordiale qui a produit les copules polarisées.

Et quand on se sera familiarisé avec cette manière d'envisager les choses, on pourra encore admirer, mais on ne sera plus frappé de stupeur en présence des merveilles que met au jour l'intelligence humaine, parvenue à maîtriser, en l'accumulant à volonté, à diriger cette puissance irrésistible de l'électricité sur les points d'inertie qui, dans les circonstances ordinaires, faisaient obstacle aux combinaisons que la nature opère sans effort apparent.

79. N'est-ce pas assister à la vérification authentique de cette idée, et lui donner la sanction de l'expérience, que de voir l'oxygène et l'hydrogène, deux gaz permanents, se résoudre en un liquide par la simple action d'une étincelle électrique? N'est-ce pas une confirmation non moins merveilleuse de cette merveilleuse expérience, que le phénomène journalier dans lequel ce même oxygène passe à l'état solide, par sa combinaison lente avec les métaux qui décomposent l'eau répandue dans l'atmosphère, pour devenir des oxydes, en augmentant leur poids de celui du gaz combiné?

80. Au surplus, ce n'est point ici le lieu ni le moment de nous engager dans des discussions spéciales qui nous entraîneraient à de trop longs détails. Et, pour éviter ces discussions, du moins dans la forme, nous appellerons comme tout le monde : *refroidissement*, ce que nous avons vu être le ralentissement des vibrations moléculaires ; et *ignition*, l'accroissement en intensité, en amplitude et en rapidité, de ces mêmes vibrations; accroissement sollicité par les vibrations d'un corps voisin, auxquelles servent d'intermédiaire les ondulations des atomes libres dont se compose la matière diffuse non copulée, ni condensée.

81. Une dernière observation pour clore ce livre. Une conséquence bien remarquable de la doctrine des nébuleuses, au

point de vue où nous l'avons envisagée, c'est qu'il ne répugne point de n'admettre que deux natures d'atomes libres, vitreux et résineux, tels que nous les montre l'expérience, et par suite, une seule nature de copules, dont les divers groupements ont constitué les diverses formes prises par la matière pondérable, pour engendrer les corps simples, ainsi nommés uniquement pour constater notre impuissance à les décomposer.

82. Il devient donc complétement inutile de chercher en quelle partie du globe se sont formés et de quelle source proviennent ici le calcium, plus loin l'aluminium ou le fer, etc. Quelques personnes s'amusent encore à bâtir des théories à ce sujet, pour expliquer d'où peut tirer son origine, soit l'une, soit l'autre de ces substances : « Mais, dit à ce propos M. Dufrénoy » dans son *Cours de minéralogie*, de pareilles explications rou- » lent dans un cercle vicieux. La profusion énorme de carbone » qui entre dans la composition du calcaire, me conduit à » penser que le carbone appartient essentiellement au globe, » comme tous les corps simples..... Dans cette supposition, » les dégagements de l'acide carbonique doivent, dans beau- » coup de circonstances, être des produits immédiats de la » nature inorganique. » C'est très bien, et je suis complétement de cet avis ; car c'est ce que j'ai toujours pensé depuis une quarantaine d'années, mais je n'osais le dire que tout bas ; et c'est encore tout bas que je hasarderai la question suivante : Pourquoi donc, lorsqu'en grattant l'écorce de notre petit globe, vous rencontrez des masses de carbone, sans aucune trace de débris organiques, allez-vous en chercher l'origine dans les catastrophes du règne organique? Pourquoi, par exemple, afin d'expliquer la formation de l'anthracite, carbone presque pur, sauf un peu de silice, allez-vous faire des abattis de forêts impossibles ? Pourquoi, lorsque vous trouvez un fragment de mellite cristallisée, vous obstinez-vous

à voir dans ce minéral un produit bitumineux de l'organisation, pour être obligé d'avancer gratuitement que la cristallisation a détruit tout vestige de la force organique?

83. Mais n'insistons pas, et contentons-nous de recueillir ce témoignage, qui nous permet enfin d'affirmer sans crainte de passer pour un fou, que tous les corps simples ne sont que des formes de la matière pondérable, variées dès l'origine par l'action des forces sous l'influence desquelles se groupaient, en nombre déterminé et dans des dispositions spéciales, les atomes constituants de cette matière.

84. Parmi ces substances élémentaires, nous aurons à distinguer plus particulièrement, comme nous étant spécialement connus ;

Sous la forme gazeuse : l'oxygène, l'hydrogène, l'azote, le chlore ;

Sous la forme liquide : le mercure, et toutes les combinaisons binaires du chlore, qui sont solubles dans l'eau, ainsi que l'ammoniaque;

Sous la forme solide : le bore, le carbone, le soufre, l'arsenic, la silice, l'alumine, la chaux, la magnésie, les alcalis et terres alcalines, le fer et les autres métaux.

85. Comme ces formes de la matière pondérable sont celles qu'elle revêt à la surface de notre globe, et les seules que nous lui connaissions, nous réserverons les détails pour le livre III, où nous traiterons spécialement de la terre et des diverses phases de son existence ; en attendant, nous exposerons en raccourci le système planétaire, afin de ne négliger aucun des horizons que la comparaison peut ouvrir devant nous, dans la recherche des faits purement géologiques.

LIVRE II.

DU SYSTÈME PLANÉTAIRE.

CHAPITRE PREMIER.

LIEU RELATIF DE LA TERRE DANS L'ESPACE ; SES MOUVEMENTS DANS L'INTÉRIEUR DU SYSTÈME.

1. La terre, comme nous l'avons vu, est un des globules à contours nettement définis dont se compose la *voie lactée*, nébuleuse résoluble ; elle appartient à un groupe particulier qui circule dans l'intérieur de cette nébuleuse autour de l'une des étoiles de la constellation d'Hercule.

2. Ce groupe, nommé système *planétaire* ou *solaire*, parce que l'homme, dominé par son *moi*, ne peut faire autrement que de rapporter à ce *moi* tous les faits qui se passent en sa présence ; occupe dans l'étendue un espace dont le diamètre doit être évalué à 1,500 millions de lieues au moins, si l'on s'arrête à la planète d'Herschell, et de 2,500 si l'on se décide à suivre M. Leverrier dans les eaux de son Neptune, qui se retrouvera sans doute ; ce qui ne présente aucune chance d'impossibilité, attendu que la voie lactée, si mince qu'on la suppose, en jugeant, d'après l'amplitude de l'arc qui la mesure à nos yeux, a pourtant une épaisseur au moins double de la distance du soleil à l'étoile d'Hercule qui lui sert de centre et de pivot.

3. La terre, l'un des globules les plus rapprochés de l'astre qui mène tout le système, en est encore à une distance moyenne de 38,000,000 de lieues, et décrit autour de cet

astre placé au foyer, une ellipse assez peu excentrique et qu'on est dans l'usage de considérer comme un cercle, pour la commodité des calçuls approximatifs ; c'est ainsi qu'on estime que le périmètre de l'orbite terrestre est d'environ 220,000,000 de lieues, que notre planète parcourt en 365 jours, à raison de 600,000 lieues par jour, ou de 25,000 lieues par heure, ce qui donne un peu moins de 7 lieues par seconde : vitesse énorme, dont nous ne pouvons avoir aucune idée, même en la comparant avec celle de nos chemins de fer, et qui pourtant reste bien au-dessous de la rapidité des ondulations lumineuses qui, en nous communiquant, après un intervalle de 7',5 les vibrations spontanées du soleil, indiquent un mouvement 12,238 fois plus rapide.

4. Ce que nous avons appelé *un jour*, est l'unité communément employée pour évaluer le temps que met la terre à revenir périodiquement à un point donné de l'ellipse qu'elle décrit autour du soleil; et cette unité est le temps que chacun des points de sa surface emploie à parcourir une circonférence entière autour de l'axe, en vertu du mouvement de rotation qui lui a été originairement imprimé. Or, le diamètre du globe terrestre étant de 3,000 et la circonférence de l'équateur de 9,000 lieues, en nombres ronds, il résulte de là que chaque point de ce grand cercle se meut avec une rapidité de 375 lieues par heure ou de 416,66 mètres par seconde ; chaque point du cercle parallèle à l'équateur, à 30 degrés de distance, ne fait plus que 360,82 mètres par seconde ; à 60 degrés, cette vitesse se réduit à 203,33 mètres, et au pôle elle est nulle.

Si l'on rapproche ces nombres et qu'on divise en 3 parties égales la distance du pôle à l'équateur, on voit que la diminution de la vitesse est progressive, à mesure qu'on s'éloigne du grand cercle; elle est de 55,81 mètres pour les 30 premiers degrés, de 157,49 pour les 30 suivants jusqu'à 60 degrés, et enfin de 203,33 pour ceux qui restent jusqu'au pôle.

Nous rechercherons, dans le livre suivant, quelle influence cette loi a dû avoir sur la forme primitive de la surface terrestre.

5. Les deux mouvements de progression dans la trajectoire elliptique et de rotation autour d'un axe, ne sont pas les seuls que doive exécuter le globe, dans les conditions où il a été placé par la loi de concentration; avant que son écorce extérieure ne fût consolidée, en vertu de la loi d'équilibre entre les forces antagonistes d'attraction et de répulsion auxquelles obéissaient tour à tour ses molécules constitutives, la puissance attractive du soleil avait amoncelé dans le voisinage de l'équateur, une protubérance, en forme de ménisque, dont le poids imprime encore aujourd'hui à l'axe un mouvement oscillatoire de pendule qui le force à varier son inclinaison sur le plan de l'orbite; mouvement qui dégénérerait en une rotation continue autour d'un axe perpendiculaire au premier, si la terre ne remplissait les lois d'équilibre stable, qui contiennent ces oscillations dans des limites qu'elles ne peuvent dépasser. Ce mouvement de pendule est ce qu'on nomme la *nutation* de l'axe.

6. Cette assimilation avec le pendule a donné lieu de vérifier une conjecture dont les conséquences ont amené l'explication d'un mouvement spécial, que jusqu'alors on ne pouvait rapporter à une cause déterminée, sans l'attribuer, contre toute probabilité, à une révolution en masse de toute la sphère céleste. On a donc calculé, et voici ce qu'on a découvert : En agissant insensiblement sur l'axe de rotation diurne, en même temps que sur l'axe de nutation, et sur chacun, à peu de distance de leur point d'intersection qui est voisin du centre de figure, la puissance d'attraction solaire détermine dans l'axe de rotation diurne un mouvement conique dont le sommet est au centre de la terre, et dont la base dans les espaces célestes, considérés comme sphère, est un cercle ayant un

diamètre de 50 degrés. Ce mouvement immense et lent, bien constaté longtemps avant que la cause n'en fût connue, détermine la *précession des équinoxes;* il ne s'accomplit que dans une période de 26,000 années environ : si l'on prend sur la surface de la terre, à partir du pôle, une surface correspondante à un cercle de 50 degrés de diamètre, qui représente la trace des points où l'axe de rotation rencontre successivement la surface terrestre ; c'est-à-dire, si l'on prend une calotte sphérique se terminant au 65e degré de latitude, on trouve une circonférence égale à un peu plus des 2/5 de l'équateur, c'est-a-dire égale à environ 4,000 lieues ou 17,000,000 mètres, qui étant parcourue en 26,000 ans, accuse un mouvement de 654 mètres par an, ou de $1^{m},87$ par jour.

7. Il ne paraît pas que ce mouvement, pas plus que celui de la nutation, ait une influence quelconque, ou appréciable, sur les phénomènes qui se manifestent à la surface du globe terrestre : il y a déjà 2,000 ans qu'Hipparque l'a observé et constaté pour la première fois ; et depuis cette époque la température moyenne du continent et des mers ne semble pas avoir diminué de $\frac{1}{100}$ de degré centigrade, et l'on peut ajouter qu'aucune autre modification d'aucune espèce n'a été remarquée dans les couches superficielles.

En est-il de même des couches intérieures plus rapprochées du centre? Rien ne nous autorise jusqu'à présent à affirmer le contraire : d'un côté, le mouvement de précession lent et continu, toujours à peu près égal et sans soubresaut, ne paraît pas de nature à occasionner de brusques changements, des éruptions soudaines sur tel point plutôt que sur tel autre. D'un autre côté, si le mouvement oscillatoire de l'axe de nutation permet de comparer les masses incandescentes cachées sous l'écorce terrestre à un liquide contenu dans un vase suspendu, et qui, à chaque balancement de retour, vient heurter vigoureusement les parois du vase, et jaillit souvent au dehors, il reste à examiner si la période d'oscillation offre les conditions nécessaires de durée, d'amplitude et d'intensité, pour correspondre aux phénomènes qui se sont traduits à l'extérieur par des soulèvements, des éruptions, des changements de niveau.

C'est une question que nous aurons à discuter, lorsque nous entrerons dans le détail des modifications éprouvées par l'écorce du globe, et dont nous rencontrons à chaque pas des vestiges et des témoins irrécusables.

8. Ce que toutefois nous pouvons affirmer dès à présent, c'est que, de même qu'il n'est pas douteux que les mouvements intérieurs du ménisque à l'état d'ignition ont dû être infiniment plus violents que ceux du ménisque liquide et extérieur, il ne l'est pas davantage que les intervalles entre deux changements successifs de directions doivent correspondre proportionnellement aux intervalles écoulés entre deux modifications successives à la surface. C'est cette proportionnalité que nous entreprendrons de discuter, pour tirer des faits les conclusions qu'ils comportent.

CHAPITRE II.

VUE GÉNÉRALE ET EN RACCOURCI DU SYSTÈME PLANÉTAIRE.

9. Peut-être sera-t-on moins disposé que je ne l'imagine à regarder ce chapitre et les suivants comme des hors-d'œuvre en géologie, si l'on veut bien considérer que la terre, étant une molécule intégrante du système solaire, jouit non seulement d'une vie qui lui est propre et qui constitue son individualité, mais encore d'une vie de relation avec les globes environnants qui font partie de la même masse et dont les

influences doivent apporter des modifications plus ou moins profondes, plus ou moins fortement prononcées, dans les conditions d'existence qui lui sont faites.

10. En se plaçant à ce point de vue, on se sentira entraîné à examiner plus sérieusement qu'on ne l'a fait jusqu'à présent, en dehors de l'astronomie, les rapports calculés et connus entre les masses, les distances, les vitesses, etc., des globes que le soleil tient sous sa dépendance, pour en former un groupe spécial dans l'intérieur de la nébuleuse dont il nous paraît comme un noyau de premier ordre. Ce groupe, envisagé dans son ensemble, sera tout simplement pour nous un de ces amas d'atomes pondérables maintenus en équilibre par force d'attraction et de répulsion à des distances réciproques, laissant libres des *vacuoles* dont les dimensions se mesurent par millions de kilomètres, au lieu de se mesurer par millioniémes de millimètre, comme on l'a vu au livre I, § 25 et suivants.

11. Sans autre justification, entrons résolument en matière; car, pour nous, cette étude ne peut être indifférente; il est possible, en effet, qu'il en jaillisse des lois encore inconnues qui jettent de nouvelles lumières sur les phénomènes qui dépendent de l'attraction. Dans le cas même où il ne se manifesterait actuellement aucune loi plus explicative que toutes celles que la science a déjà enregistrées, il nous serait peut-être permis de mettre fin à des inquiétudes, à des oscillations fâcheuses de la croyance universellement adoptée, de couper court enfin à des hypothèses qui, toutes rationnelles qu'elles paraissent, n'ont de prix que par le vague des opinions où flottent encore bon nombre d'esprits éminents, retenus dans les bornes d'une circonspection trop étroite, par la crainte d'arrêter l'essor du progrès et n'ayant pas assez de loisirs pour se livrer à ce travail préparatoire; peut-être serions-nous plus autorisés à tenir le même langage que Méphistophélès parlant

au feu follet, qui prétendait lui servir de guide, la nuit du sabbat sur le Brocken (*Faust*, 1re partie):

> Viens donc, et marche droit ! tout droit, de par le diable !
> Sinon, je souffle et je t'éteins.

12. De même que la voie lactée forme, au milieu de la matière diffuse, un strate dont l'épaisseur est peu considérable, relativement à ses deux autres dimensions (22 degrés au maximum), de même le groupe, que nous appelons *système planétaire* ou mieux *système solaire*, puisque le soleil en gouverne tous les mouvements, forme dans l'intérieur de cette nébuleuse un strate particulier dont l'épaisseur peut s'évaluer à cinquante-huit fois la distance de Sirius à la terre (voyez l'*Annuaire de* 1842). Le soleil, qui s'y trouve le plus gros des noyaux à contours définis, en occupe le milieu et forme le foyer commun des ellipses que décrivent, suivant les lois de l'attraction, les astres qui lui sont subordonnés : toutes ces ellipses ont un grand axe commun; mais elles ne sont pas toutes tracées dans un même plan.

13. Pour fixer les idées, au milieu de ces immensités où elles s'égarent facilement, on a coutume de se représenter trois plans dont chacun est perpendiculaire aux deux autres, et dont le point d'intersection commune est le centre même du soleil; l'un, qu'on nomme plan horizontal ou plan invariable, parce qu'on y rapporte la position de tous ceux qu'on peut imaginer dans la sphère céleste, pour suivre et indiquer d'une manière précise le lieu relatif des astres qu'on observe, sera pour nous le plan même de l'orbite terrestre; or, les plans des orbites que décrivent les autres planètes sont diversement inclinés sur ce plan de comparaison, mais d'une quantité généralement peu considérable et qui excède à peine sept degrés pour les planètes connues jusqu'à la fin du XVIIIe siècle; parmi celles que le télescope a fait découvrir depuis le commencement

du XIXe siècle, plusieurs dépassent cette limite ; il y en a trois qui ont un angle d'inclinaison qu'on pourrait considérer comme anormal, à savoir : Hébé, dont l'angle est de 14 degrés ; Égérie, de 16 degrés, et Pallas de 34 degrés.

14. Remarquons en passant que ces planètes nouvellement découvertes et qui semblent former entre elles un système différent de l'ancien, sont toutes d'un volume presque infiniment petit, si on les compare aux planètes de l'ancien système ; ajoutons que, parmi ces dernières, c'est la plus petite de toutes et la plus dense qui atteint la limite de 7 degrés 0',5".

15. Voici d'abord le tableau de l'ancien système où les planètes sont rangées dans l'ordre de leurs distances au soleil :

NOMS des PLANÈTES.	DISTANCE AU SOLEIL.	DISTANCE A LA TERRE.	INCLINAISON.	VOLUME RELATIF
Mercure. .	13 millions de lieues.	25 millions de lieues.	7°, 0', 5"	0,060
Vénus. . .	25 —	13 —	3°, 23', 29"	0,957
La Terre.	38 —	0 —	0, 0, 0	1,000
Mars. . . .	52 —	14 —	1°, 51', 6"	0,140
Jupiter. .	179 —	127 —	1°, 18', 52"	1414,2
Saturne. .	329 —	271 —	2°, 29', 36"	734,8
Uranus. . .	662 —	624 —	0°, 46', 28"	82,0

16. Outre les sept planètes dont se compose ce tableau et dont cinq seulement étaient connues des anciens (ils ne comptaient pas la terre pour une planète, et ils ne soupçonnaient pas Uranus ; le soleil et la lune complétaient le nombre sept, qui était pour eux un nombre mystérieux jouissant de propriétés merveilleuses) ; outre ces sept planètes, il en a été découvert, depuis le commencement du XIXe siècle, quinze autres beaucoup plus petites et qui ne peuvent s'apercevoir qu'au moyen de puissants télescopes ; les quatre premières, nommées Cérès, Pallas, Junon et Vesta, ont été trouvées

de 1801 à 1807, par les astronomes de Berlin et de Florence ; onze autres, qui sont Flore, Iris, Métis, Hébé, Astrée, Hygée, Victoria, Parthénope, Égérie, Irène et Eunomie, l'ont été dans l'intervalle des années 1845 à 1851 (Astrée est de 1847, Irène et Eunomie, de 1851). La plupart ont fait leur apparition dans des télescopes anglais ; trois seulement ont été signalées en France par M. de Gasparis.

17. Ces quinze planètes, dont les orbites occupent le champ compris entre Mars et Jupiter, formant une zone de 37 millions de lieues d'épaisseur, à 31 millions de lieues de Mars et à 59 millions de lieues de Jupiter, étaient depuis assez longtemps soupçonnées par les astronomes, car ils ne s'expliquaient pas l'énorme intervalle qui sépare Jupiter de Mars et qui leur paraissait hors de proportion avec tous les autres. Ceux de Berlin, s'autorisant de l'exemple de Copernic et de Képler qui, en procédant par induction sur les données du calcul, ont découvert, l'un le système des planètes subordonnées au soleil et les phases de Vénus, l'autre les lois fondamentales du gouvernement elliptique, si pleinement confirmées par l'observation et l'analyse rigoureuse, les astronomes de Berlin avaient cherché à établir, par calcul empirique, la loi des distances relatives, et Bode, l'un des plus distingués, avait imaginé la série suivante :

$$0+4 : 3+4 : 6+4 : 12+4 : 24+4 : 48+4 : 96+4, \text{ etc.},$$
$$\text{ou } 4 : 7 : 10 : 16 : 28 : 52 : 100, \text{ etc.},$$

qui représente, dans une limite approximative, les rapports des intervalles entre les planètes consécutives prises deux à deux ; 4 exprimant la distance moyenne de Mercure au soleil, en sorte que l'unité se trouvait égale en millions à $\frac{13}{4}$.

Or, en partant de cette donnée, on retrouve à peu près les nombres qui indiquent les distances respectives des anciennes planètes au soleil ; mais le nombre 28 de la série qui représente une distance de 91 millions de lieues, ne répondant à aucune planète connue alors, on avait conclu, de cette lacune, l'existence encore ignorée de nouvelles planètes.

18. Cette conjecture reçut un commencement de vérification, lorsqu'en 1801 et 1802 Cérès et Pallas furent découvertes à 105 millions de lieues, puis en 1804 Junon à 101 millions, et en 1807, Vesta à 89 millions de lieues. On chercha aussitôt à s'expliquer la formation de ces astres que leur petitesse avait jusque-là dérobés aux investigations de la science.

Quelques uns ont supposé que ces *astéroïdes*, suivant l'expression de W. Herschell, qui leur trouve des différences spécifiques avec les autres planètes, étaient les restes d'une ancienne planète qui avait éclaté tout à coup et lancé ses débris à travers l'espace; la force d'explosion avait dû être telle, que ces fragments s'étaient pour la plupart éloignés du soleil pour se rapprocher de Jupiter en sortant par la tangente de leur orbite primitive; un seul (Vesta) s'était écarté énormément de l'orbite de Mars, dont la masse, 2,000 fois plus petite que celle de Jupiter, a moins de puissance attractive. Ce calcul se trouva un peu dérangé, lorsqu'à partir de 1845 on découvrit successivement Hébé, Flore, Iris et les autres qui circulent à peu de distance en deçà comme au delà de l'orbite moyenne, au rayon de 91 millions de lieues.

19. Nous verrons au chapitre V quelles sont les objections qu'on peut opposer à cette hypothèse d'une planète unique circulant à 91 millions de lieues du soleil; ce que nous pouvons dire en ce moment, c'est qu'il nous semblerait plus rationnel de rapporter l'origine des astéroïdes à une concentration locale, contemporaine ou postérieure, de quelques parties de matière diffuse répandue dans l'espace resté vide en dehors des limites d'attraction de Jupiter et de Mars, trop éloignés pour les absorber dans leur masse.

Est-on certain en effet que, dans l'origine, les intervalles entre les planètes se soient établis suivant la série indiquée? Connaît-on quelque loi mathématique déduite de l'attraction, qui rende nécessaire cette série ingénieuse, mais assez grossièrement approximative? Aucune de celles que la science nous a révélées n'autorise à supposer que, dans une masse solide quelconque, les *vacuoles* entre les molécules doivent être toutes de dimensions proportionnelles ; la supposition de Bode était gratuite, quoiqu'elle ait eu des résultats si heureux.

20. Sans recourir à une pareille nécessité et nous appuyant du témoignage d'Herschell, qui trouvait aux astres dont il s'agit un aspect de corps stellaires arrivés au sixième degré de formation et se débarrassant de leurs derniers vestiges de nébulosité (voir ci-devant, livre I, chapitre 3), nous dirons tout simplement que ces planètes n'ont pas été découvertes plus tôt, parce qu'elles n'avaient pas encore acquis les dimensions nécessaires pour être accessibles à nos instruments. Cérès, en effet, qui est à 67 millions de lieues de la terre, n'a qu'un diamètre de 370 kilomètres, ce qui donne un volume à peu près 30,000 fois plus petit que celui de la terre.

21. D'ailleurs n'avons-nous pas, tout près de nous, un exemple de phénomènes analogues dans les météorites, pierres de tonnerre ou de tout autre nom qu'on veuille leur donner? Ne voyons-nous pas ces corps formés en dehors de notre atmosphère terrestre, après avoir circulé quelque temps sur les confins de cette atmosphère, en manière de globes incandescents, se briser tout à coup en faisant explosion, parce qu'à mesure qu'ils se condensent et se refroidissent, ils se contractent, diminuent de volume et acquièrent une vitesse de rotation, une puissance de force centrifuge qui, arrivée à son maximum, donne aux molécules une impulsion tangentielle à laquelle l'attraction proportionnelle à la masse ne peut plus faire équilibre?

22. Il se présente ici une objection que ne manqueront pas

de faire ceux qui jugent au premier aperçu. De deux choses l'une, diront-ils : si les météorites se forment comme il vient d'être sommairement indiqué, ils doivent circuler de la même manière que les planètes, et non pas se précipiter au bout d'un certain temps, en quittant leur trajectoire primitivement elliptique, pour entrer dans une parabole.

Ou bien, les planètes devraient pareillement se précipiter.

Voici d'abord la réponse à la seconde partie de l'alternative : « Il semble, dit Laplace, que les attractions mutuelles de » plusieurs corps primitivement immobiles doivent à la longue » se précipiter et se réunir en un seul corps à l'état de repos, » autour de leur centre commun de gravité (*Théorie dynamique de la philosophie allemande*) ; il n'en est rien. Ce ne » serait que par exception, s'ils sont plus de deux, qu'ils s'ag» gloméreraient dans une masse unique ; s'ils sont seulement » trois, les deux plus gros se réuniront en un ; et le troisième » tournera à l'entour. »

Dans le système solaire, le cas exceptionnel ne s'est pas présenté.

Le deuxième membre de l'alternative se trouve en même temps résolu ; car un météorite placé en face de la terre se trouve soumis à une attraction unique et qui n'est balancée par aucune autre ; il n'y a plus trois corps agissant réciproquement et dans le même sens, mais seulement deux ; le plus petit doit, en conséquence, être précipité et absorbé par le plus grand.

23. Remarquons en passant que si l'on applique la même alternative aux astéroïdes planétaires, on comprend sans peine comment leur attraction mutuelle empêche qu'ils ne soient absorbés par Jupiter d'un côté, par Mars de l'autre.

24. Outre les planètes principales que nous avons énumérées, on en remarque de moins considérables qui circulent, non plus directement autour du soleil, mais autour de ces

planètes elles-mêmes, en les accompagnant tout le long de leur trajectoire elliptique ; on les nomme *satellites*.

La terre en a un, considéré comme une planète avant que le véritable système du monde eût été révélé au génie de l'homme.

Jupiter en a quatre.

Saturne en a sept, outre un anneau formé de deux bandes concentriques, disposé comme la jante et la bande d'une roue autour du moyeu, entre la planète et ses satellites.

Uranus en a six.

Nous allons entrer maintenant dans quelques détails sur chacun des globes dont se compose le système solaire.

CHAPITRE III.

CONSTITUTION PHYSIQUE DU SOLEIL ; SES MOUVEMENTS.

25. Le soleil, principal noyau du groupe stellaire qui porte son nom, exerce sur les astres qui lui sont subordonnés une attraction proportionnelle à sa masse, et assez puissante pour les retenir dans les orbites qu'ils décrivent invariablement, en vertu des lois rigoureusement mathématiques formulées par Képler, comme déduites d'un rapprochement de nombres fournis par l'observation, puis démontrés par Newton, comme résultant des forces d'attraction agissant en raison directe des masses, et en raison inverse du carré des distances. Ces lois immuables, tant que l'attraction ne changera pas de nature, les voici :

1° Les orbites des planètes sont des ellipses, dont le soleil occupe un foyer.

2° Les aires comprises entre deux rayons vecteurs sont

proportionnelles au temps employé à parcourir les arcs compris entre ces deux rayons.

3° Les carrés des temps des révolutions sidérales sont proportionnels aux cubes des distances moyennes, des planètes au soleil.

26. Le volume et la masse du soleil sont chacun un millier de fois plus grands que le volume et la masse de toutes les planètes et de leur satellites réunis en une seule masse et en un seul volume; c'est ce qu'on peut aisément vérifier par la simple addition des nombres qui représentent ces volumes et ces masses; pour nous faire une idée de ces proportions, imaginons que le centre du soleil coïncide avec celui de la terre, sa circonférence non seulement atteindra la région dans laquelle se meut la lune, mais elle ira presque une fois au delà, son diamètre étant de 357,000 lieues de 4 kilomètres.

27. Il n'est pas nécessaire de répéter que le soleil, qui, entraînant toutes les planètes dans son mouvement, leur paraît immobile au centre de toutes les orbites, est néanmoins entraîné lui-même d'un mouvement de translation autour de l'une des étoiles de la constellation d'Hercule; mouvement qui semble très lent, mais qui peut donner l'explication de phénomènes très importants, en rapport avec l'influence du soleil sur la terre et les autres planètes; il y a, en effet, certaines années où la chaleur et la lumière du soleil paraissent notablement affaiblies; on dirait que le grand chef est malade, que ses rayons pâlis donnent le frisson, que ses vibrations moléculaires n'ont plus la même vivacité; c'est un fait dont on peut se rendre compte parfaitement en cet instant même (lunaison de juin 1852). Un astronome allemand, M. Nasmyth, pense que cet affaiblissement est réel, et il l'attribue à ce que le soleil dans sa course est obligé quelquefois de traverser des espaces, où il ne trouve plus assez de lumière et de chaleur pour réparer les pertes qu'il fait constamment (si

l'on raisonne dans le système de l'émission). Il y a grande probabilité en faveur de cette conjecture; seulement, pour la faire concorder avec la théorie des ondulations, qui doit paraître plus rationnelle, si l'on a bien suivi les déductions du livre 1er, et qui est appuyée sur des expériences positives, il faut l'exprimer d'une autre manière et dire que le soleil dans sa course, traversant des espaces *ravagés*, suivant l'expression de W. Herschell, ne rencontre plus la matière diffuse dans un état de densité suffisant pour nous *transmettre* avec la même vivacité ondulatoire les vibrations moléculaires de l'astre; ces vibrations spontanées peuvent n'avoir rien perdu de leur énergie; mais elles n'arrivent plus jusqu'à nous par des intermédiaires qui forment une chaîne aussi uniformément continue qu'auparavant; les communications se font plus mollement et avec moins de régularité.

28. Le soleil tourne sur lui-même en vingt-cinq jours et demi; en sorte que chacun des points de son équateur parcourt 1,625 lieues environ par heure, vitesse environ quatre fois plus grande que celle de la rotation terrestre.

29. Il est démontré aujourd'hui:

1° Que le soleil est un globe formé d'un noyau solide, à l'état d'incandescence, enveloppé de trois atmosphères; le noyau paraît obscur, par comparaison avec les atmosphères, parce que les molécules plus rapprochées y éprouvent des vibrations moins rapides et d'une moindre amplitude.

2° La première atmosphère, celle qui enveloppe immédiatement le noyau, est nuageuse, c'est-à-dire gazeuse et semblable à celle de la terre lorsque celle-ci est remplie, par couches, de gros nuages susceptibles de réfléchir la lumière, en répercutant par ondulations de retour les ondulations de la matière diffuse libre, mises en mouvement par les vibrations spontanées d'un corps extérieur.

3° La deuxième atmosphère, qu'on est convenu d'appeler

photosphère, et dans laquelle réside le pouvoir éclairant de l'astre, en raison de ses vibrations autodynamiques, détermine par son contour les limites visibles du soleil.

4° La troisième atmosphère, gazeuse comme la première, mais d'une densité beaucoup moindre, peut être considérée comme la couche supérieure et nuageuse de la photosphère; elle est parcourue par des nuages énormes proportionnés au volume du soleil, et dont les lambeaux lumineux par réflexion, sont les témoins visibles de l'existence de cette troisième atmosphère.

30. C'est aux modifications que subissent tour à tour ou en même temps ces trois atmosphères en vertu des vibrations moléculaires, qu'on rapporte des apparences qui avaient jusqu'ici causé de grands embarras aux astronomes; je veux parler des taches du soleil, pénombres, facules, lucules, qui s'expliquent très simplement dans l'hypothèse vérifiée des trois atmosphères. (Au lieu de s'obstiner à *pêcher à la ligne*, comme on les en a accusés, les astronomes se sont mis à jeter de tous côtés d'immenses filets dans l'océan des intelligences, et ils ont fait une pêche miraculeuse, car ils y ont recueilli le polariscope dont ils se sont servis avec une rare habileté.)

Quelqu'un dont le suffrage m'est précieux m'a fait observer que cette plaisanterie d'écolier était indigne d'un ouvrage sérieux; je suis complétement de son avis; mais c'est pour ce motif-là même que j'ai cru devoir la relever, l'ayant trouvée dans un livre très sérieux, fait *ex cathedrâ*, pour l'instruction des hautes écoles; celui qui l'a *laissé* imprimer ne s'en doute peut-être pas; mais on connaît la désinvolture de la *jeune sténographie*, qui a toujours une excuse à son service. Dans tous les cas, ce n'est pas moi qui en suis responsable.

Non nostrum est tantas componere lites.

31. On nous pardonnera de faire observer que cette constitution physique du soleil, telle qu'elle a été officiellement exposée devant l'Institut de France, par F. Arago, le 25 octobre 1850, dérive tout naturellement des idées que nous avons développées dans notre premier livre, en nous appuyant sur celles d'Herschell, relativement à la formation des nébuleuses.

En résumé, le soleil est un de ces globes formés par la concentration de la matière diffuse, condensée en copules et molécules de tous les degrés; globes que l'homme peut compter par quarantaines de millions, bien qu'il lui soit impossible de dire quelle minime partie du tout est ce nombre vertigineux de quarante millions de soleils, qui effraie notre imagination. Qui ne prendrait le vertige, en effet, en apprenant que la lumière que nous envoient ces soleils, peut mettre quatre mille ans à venir jusqu'à nous, en parcourant 77,000 lieues par seconde, le temps d'ouvrir et de fermer les yeux? Calculez qu'il y a 31,536,000 secondes dans une année de trois cent soixante-cinq jours, et par conséquent 126,144,000,000 de secondes dans quatre mille ans, et que chaque seconde répond à 77,000 lieues, vous arrivez au chiffre de 39,778,077,184,000,000,000 de lieues.

32. On peut se demander maintenant de quelles natures sont les substances dont se compose le noyau du soleil supposé obscur et solide, quoiqu'il ne le soit peut-être pas d'une manière aussi absolue que l'indique l'expression employée, ne l'étant que par comparaison avec l'excessive ténuité des trois atmosphères qui l'enveloppent. On a pu remarquer, en effet, que si le volume du soleil est égal à mille fois environ le volume de toutes les planètes prises ensemble, sa masse, qui est le produit du volume par la densité, n'est pas plus considérable que mille fois la somme des masses de ces mêmes planètes; or (si l'on en excepte Mercure, dont la densité est de 2°,94, celle de la terre étant prise pour unité, Vénus, pour laquelle

on a un chiffre de 0°,923 et Mars 0°,948), la densité des autres planètes principales est beaucoup moindre :

Pour Jupiter la densité est de. . 0,238
Pour Saturne elle est de. . . . 0,138
Et pour Uranus, elle est de. . . 0,180

C'est ce qui explique pourquoi celle du soleil n'est que de 0,252.

33. La densité moyenne de la terre ayant été trouvée de 5°,5 (celle de la terre étant prise pour unité), la densité moyenne du soleil se trouve de 1°,38 ; ce qui n'empêche pas qu'au centre elle ne puisse être cent fois plus grande que celle de la terre rapportée aussi à son centre ; attendu que le volume employé dans le calcul de la moyenne solaire comprend cette immense *photosphère* qui, par son état d'excessive dilatation, est voisine de ce que nous avons appelé jusqu'à présent corps impondérables : pourquoi serait-elle, en effet, beaucoup plus dense que la lumière ?

34. Ce qui autorise les réflexions qui précèdent, c'est que la force attractive du soleil, à sa surface (c'est ce qu'on nomme la *pesanteur*), est égale à vingt-huit fois celle de la terre.

C'est-à-dire qu'une masse abandonnée à elle-même, et tombant librement sur le soleil, à travers un espace absolument vide, acquerrait, dans sa chute, une vitesse vingt-huit fois plus grande que sur la terre, dans les mêmes conditions. Cette vitesse serait de 28 × 5 mètres à la fin de la première seconde de temps, en sorte qu'après une durée de 15 secondes, elle serait devenue de 7 lieues par seconde ; vitesse égale à celle du mouvement annuel de la terre.

35. Le chiffre de la densité moyenne permet aussi de croire que le soleil, dans les couches les plus voisines de la surface, est encore à un état de dilatation telle qu'on doit admettre qu'il est incandescent, et que les vibrations de cette surface ont encore la puissance d'une température très élevée. Les substances dont ce noyau est composé nous sont inconnues, mais elles ont certainement de l'analogie avec celles dont se compose notre globe; nous ne pouvons pas dire si elles sont ou ne sont pas identiques; car le nombre des combinaisons qui peuvent résulter de l'association des atomes et copules un à un, deux à deux, trois à trois, etc., étant indéfini, nous n'avons aucun moyen de distinguer toutes celles qui sont possibles, et par conséquent de dénombrer et de signaler tous les corps simples qui peuvent se former dans des conditions et des circonstances dont nous n'avons jusqu'ici aucune idée. Il est à croire que toutes celles que nous avons déterminées dans l'écorce du globe terrestre, et qui ne sont peut-être pas toutes celles qui existent réellement dans les couches plus voisines du centre, se trouvent aussi sur le soleil, outre celles qui nous sont complétement inconnues, dans l'une comme dans l'autre masse.

CHAPITRE IV.

DES PLANÈTES PRINCIPALES.

36. Les sept planètes principales du système solaire envoient au polariscope une lumière spéciale, dont les caractères sont ceux d'une lumière réfléchie par un corps solide ou liquide, mais jamais gazeux; elles n'ont donc pas une photosphère comme le soleil, quelques unes même paraissent dépourvues d'une atmosphère proprement dite. Elles sont toutes animées d'un mouvement de rotation, d'où l'on doit conclure l'aplatissement aux pôles, bien que, pour quelques unes, les

proportions de cet aplatissement ne permettent pas de l'évaluer avec précision.

Elles se partagent en deux groupes : l'un comprend Mercure et Vénus, nommées planètes inférieures, parce que leurs orbites sont enveloppées par celle de la terre ; le second, se compose de la terre (qui sera l'objet du troisième livre) et de Mars, Jupiter, Saturne et Uranus ou Herschell, nommées supérieures, parce que leurs orbites enveloppent celles de la terre.

37. Mercure et Vénus nous montrent tour à tour diverses parties de leur surface successivement illuminée par le soleil dont elles réfléchissent les rayons, et tour à tour aussi les parties qui restent dans l'ombre, parce qu'elles n'émettent aucune lumière qui leur soit propre : c'est ce qu'on appelle phases.

Copernic, avant que le télescope fût inventé par Galilée, examinant avec attention les divers aspects que lui présentait Vénus dont la clarté est sujette à des variations, jugea que cette planète avait des phases ; il publia sa découverte, qui ne rencontra que des incrédules ; on ne les aperçoit pas, lui dit-on. Faites-vous des yeux, répliqua-t-il, et vous les verrez. Soixante ans environ après sa mort (1610), Galilée inventa le télescope, et tout le monde put voir les phases de Vénus.

Les planètes supérieures n'ont pas de phases, parce que leur hémisphère visible est constamment tourné à la fois du côté du soleil dont il reçoit la lumière et du côté de la terre qui reçoit cette lumière par réflexion. Mais, durant la moitié seulement de l'année, elles sont visibles la nuit, au milieu du ciel étoilé, tandis que, pendant l'autre moitié, placées derrière le soleil et ne paraissant que le jour, elles sont effacées par la lumière éblouissante dont il les inonde.

38. Mercure, la plus petite des anciennes planètes, est aussi, de tous ces astres, le plus rapproché du soleil et le plus

dense ; sa densité rapportée à celle de l'eau est de 16,170 ; plus que le mercure et moins que l'or.

Le temps de sa révolution sidérale est d'environ quatre-vingt-huit jours, avec une vitesse approximativement évaluée à cinq lieues par seconde ; un peu moindre que celle de la terre.

Son mouvement diurne s'accomplit en vingt-quatre heures, à peu près comme celui de la terre, avec une vitesse de 160 mètres par seconde.

Ses dimensions, toujours rapportées à celles de la terre prise pour unité, sont les suivantes :

Diamètre réel. . . . . = 0,391
Volume . . . . = 0,060
Masse. . . . . = 0,175
Force attractive (pesanteur à la surface) = 1,15

39. Sa moindre distance à la terre est de 25,000,000, sa plus grande, de 51,000,000 de lieues, en sorte que la plus grande action qu'elle puisse exercer sur notre globe n'ajoute à la puissance du soleil qu'une fraction insignifiante dont le premier chiffre effectif, dans la série décimale, est au rang des millioniėmes. Ce résultat, qui nous dispense, dès à présent, de poursuivre nos recherches dans ce sens, à l'égard des autres planètes, nous prouve que les masses réunies de toutes les planètes du système restent sans aucune influence appréciable sur les phénomènes qui tendent à modifier la surface de la terre, à l'exception toutefois de la lune, qui, beaucoup plus rapprochée et circulant de conserve avec nous, pour ainsi dire, exerce une pression dont nous aurons à examiner les effets.

40. Mercure, à cause de son trop petit diamètre, ne présente aucune espèce de phase ; mais lorsque, dans sa trajectoire, il s'interpose entre la terre et le soleil, il s'aperçoit comme une très

petite tache noire sur le disque lumineux; cette tache semble parfaitement circulaire, ayant un contour nettement terminé, sans aucune espèce de couronne d'une teinte différente ou moins foncée, et l'on en conclut que Mercure n'est pas aplati aux pôles et n'a point d'atmosphère.

Pour ce qui est de l'aplatissement, on se gardera bien de rien affirmer qui soit contraire à la loi absolue, déterminant la forme d'une masse fluide animée d'un mouvement de rotation; mais on comprendra que l'aplatissement est trop peu considérable pour ne pas échapper à nos moyens d'observation; car si celui de la terre n'offre que 42 kilomètres de différence entre l'axe et le diamètre de l'équateur, cette différence, pour Mercure, serait tout au plus de 20.

Quant à l'atmosphère, nous devons faire observer que l'intensité des vibrations lumineuses et calorifiques à la surface du mercure y est exprimée par 6,67. Or le maximum pour la terre étant de 50 degrés centigrades, température du Sénégal, on trouve pour la température, à la surface de Mercure, 333 degrés; c'est peut-être ce qui explique pourquoi l'observation n'a pu parvenir à saisir les traces de son atmosphère, que cette énorme chaleur maintient dans un tel état de dilatation, que la déviation des ondes lumineuses émanées du soleil et les autres phénomènes caractéristiques ne peuvent s'y manifester.

41. La surface d'abord fluide de Mercure s'est hérissée en se solidifiant d'aspérités qui paraissent la conséquence nécessaire, mais non proportionnelle de la vitesse de rotation; car tandis qu'à la surface de la terre, les plus hautes montagnes, comme le Chimboraço, n'ont qu'une hauteur exprimée par $\frac{1}{1027}$ du rayon du globe, celles qu'on a observées dans Mercure atteignent des dimensions indiquées par $\frac{1}{126}$ de son demi-diamètre, ce qui équivaut à 20 kilomètres ou cinq lieues. Cette hauteur ne peut s'attribuer à un surcroît de force centrifuge, puisque celle-ci aurait agi dans le même sens sur le voisinage de l'équateur, en y accumulant un ménisque proportionnel, dont l'aplatissement au pôle aurait été le corollaire infaillible, et que, d'un autre côté, la vitesse de rotation de Mercure n'est que le tiers environ de celle de la terre; faut-il l'attribuer à des circonstances particulières, comme à des chocs plus violents entre les couches brisées de la première écorce, au moment de la solidification?

42. Vénus, dans l'orbite concentrique, se présente immédiatement après Mercure, en s'éloignant du soleil, en est à 25,000,000 de lieues, ce qui donne 13,000,000 pour sa plus courte et 63,000,000 pour sa plus grande distance de la terre.

Son diamètre est exprimé par 0,985
Son volume par. 0,957
Sa masse par 0,851

Sa densité est de 5,07 comme celle de la pyrite jaune de fer, et sa force attractive de 0,91 ; la température des ondes lumineuses venant du soleil y est de 1,91, presque le double de celle de la terre.

43. Son mouvement de rotation s'accomplit en 23 heures 21 minutes, et la durée de la révolution sidérale est de 224 jours; ce qui donne pour le premier une vitesse à peu près égale à celle de la terre, et pour le second, une moindre vitesse, qui n'est plus que de 3 lieues par seconde.

44. Bien que Vénus scintille fortement comme une étoile, c'est cependant une planète, brillant d'une lumière empruntée, comme l'indiquent ses phases (35), apparentes quelquefois à l'œil nu; et ce sont même les dentelures dont le croissant se trouve hérissé quelquefois dans les quadratures, qui ont fait reconnaître les montagnes qui se dressent à sa surface; ces montagnes, dont la hauteur est représentée par $\frac{1}{146}$ de son demi-diamètre, sont deux fois plus élevées que celles de Mer-

cure et atteignent environ 40 kilomètres de hauteur ; c'est presque celle de l'atmosphère terrestre. Ont-elles, comme dans Mercure, remplacé le ménisque équatorial d'où procède l'aplatissement des pôles? On ne saurait le dire, car cet aplatissement, qui doit être à peine égal à celui de la terre, n'a encore pu être ni observé, ni mesuré.

45. Il n'en est pas de même de l'atmosphère, l'existence en est parfaitement constatée par des effets crépusculaires, ou de réflexion des ondes lumineuses autour du disque de la planète. Herschell allait jusqu'à supposer que ces reflets, désignés sous le nom de lumière secondaire, accusaient, dans l'atmosphère de la planète, des propriétés phosphorescentes, qui, du reste, n'auraient rien de contraire à la doctrine des ondes lumineuses et des vibrations moléculaires.

Vénus ressemble assez à la terre, comme on le voit ; enveloppe gazeuse, où des taches diverses dénotent l'existence de vapeurs amoncelées en nuages, montagnes élevées par la contraction des rides formées sur une écorce de couches refroidies, et par conséquent, noyau incandescent dont l'existence doit être présumée ; tels sont les traits qui font ressortir les analogies ; mais, jusqu'à présent, personne n'a exprimé l'opinion que ces pics d'une si prodigieuse élévation puissent être assimilés à nos volcans.

46. Laissant à l'écart pour un moment encore la terre qui est pourtant le principal objet de cette étude, et à laquelle nous reviendrons tout à l'heure, pour ne plus la quitter, nous trouvons devant nous Mars qui en est à 14 millions dans son périgée et à 90 millions de lieues dans son apogée, le rayon moyen de son orbite autour du soleil étant de 52 millions de lieues.

Son diamètre est évalué à . .	0,519
Son volume à.	0,140
Sa masse à.	0,134

Sa densité est de 2,11, comme celle du quartz résinite ; sa force d'attraction 0,50.

Le mouvement de rotation étant achevé à peu près en 24 heures comme celui de la terre, est deux fois plus lent et ne donne qu'une vitesse de 215 mètres par seconde.

La durée de la révolution sidérale est de 682 jours avec une vitesse de 6 lieues par seconde.

L'intensité de la lumière et de la chaleur que Mars reçoit du soleil est exprimée par 0,43, moins de la moitié de celle qui se manifeste sur la terre. La lumière nous en revient singulièrement modifiée, sous une couleur *rouge*, faiblement scintillante, effet de réfraction qu'elle a éprouvé en traversant deux fois l'atmosphère de la planète ; c'est comme si l'on regardait Vénus ou Mercure dans le polariscope.

47. Mars est considérablement aplati aux extrémités de son axe de rotation ; et dans le voisinage de chacun des pôles, on remarque une tache blanche que les astronomes, qui adoptent les opinions de Maraldi, considèrent comme d'énormes amas de neiges et de glaces. Ce qui donne une grande probabilité à cette manière de voir, c'est qu'on a observé que ces taches augmentent à chaque pôle, proportionnellement à la longueur des hivers ; par exemple, en 1781, après un hiver de douze de nos mois (on n'a pas oublié que la révolution sidérale qui serait pour nous l'année, dure, sur la planète de Mars, pendant 682 jours, qui font 22,5 de nos mois de trente jours), en 1781, dis-je, le pôle sud de la planète ayant été privé pendant 12 mois des rayons du soleil, la tache de Maraldi s'était considérablement accrue, tandis qu'en 1783, après huit mois d'exposition non interrompue à cette lumière, elle était devenue très petite ; des observations analogues ont été faites sur la tache qui accompagne le pôle nord.

48. Quand même il n'en existerait pas d'autres témoignages, sans compter la couleur rouge du disque, les taches de Ma-

raldi, reconnues pour des glaces et des neiges, constatent l'existence d'une atmosphère assez dense et étendue; et cette conclusion se trouve corroborée par les observations télescopiques d'Herschell, sur les changements d'aspect qui affectent diverses bandes transversales remarquées sur les taches et produisant le même effet que des nuages qui parcourraient horizontalement cette partie du disque; ces preuves compensent surabondamment la fausse prédiction de Cassini, qui avait annoncé un changement d'intensité dans l'éclat des étoiles, dans le voisinage desquelles Mars se trouverait successivement amené, en parcourant son orbite; prédiction qui ne s'est pas vérifiée.

49. Les astronomes ne semblent pas s'être préoccupés des montagnes de Mars; elles sont en effet moins faciles à observer, puisque la planète ne présente jamais ces phases qui les mettraient en saillie sur les limites de l'ombre et de la lumière. Cependant l'analogie nous indique assez que la planète ne saurait être lisse ni manquer d'aspérités; mais la même analogie montre aussi, lorsqu'on tient compte de la moindre vitesse de rotation qui produit une moindre agitation à la surface, du moindre volume et de la diminution de la lumière réfléchie, au milieu de laquelle ne se trouve plus la même netteté d'apparence pour les contours et les saillies, l'analogie montre que les montagnes de Mars, fussent-elles plus élevées, seraient plus effacées et moins faciles à reconnaître.

Nous reviendrons au reste sur ce sujet, lorsque nous aurons à nous occuper des montagnes de la lune.

50. De Mars à Jupiter, nous avons à franchir un espace immense où circulent les 15 planètes, prétendues fragmentaires, dont nous remettrons l'examen au chapitre suivant, où nous les réunirons avec d'autres amas de matière diffuse, qui présentent les caractères les plus prononcés d'analogie et de similitude avec elles.

51. Jupiter, la plus grosse de toutes les planètes, est à 179 millions de lieues du soleil, et par conséquent à 141 millions de lieues de la terre à son périgée, et à 217 millions de lieues lorsqu'il est à son apogée.

Sa révolution sidérale est de 4,332 jours, ou de 11 ans 1 mois 17 jours, avec une vitesse égale à celle de la terre.

Son mouvement de rotation s'accomplit en 9 heures 55 minutes, à raison de 6,900 mètres par seconde, vitesse 15 fois plus grande que celle de la terre.

L'équation de son diamètre est	=	11,225
de son volume. .	=	1414,200
de sa masse. . .	=	347,500

Sa densité est 1,30 (densité de la houille), sa force d'attraction, 2,45 ; l'intensité des ondes lumineuses et calorifiques est réduite à 0,037, ce qui représente environ 1 degré centigrade, température bien au-dessous du maximum de densité de l'eau avant la congélation. La lumière qu'il nous renvoie du soleil est sujette à scintiller, comme par éclairs, dit un astronome du dernier siècle.

52. L'aplatissement de Jupiter à ses pôles est considérable, si on le compare à celui de la terre; il est de $\frac{1}{14}$ de son diamètre, tandis que celui de la terre n'est que de $\frac{1}{305}$; ce qui donne, pour les axes de Jupiter, une différence de 9,800 kilomètres au lieu de 42 qui est la différence des axes de la terre, et il en résulte le rapport de 235 : 1; aussi n'est-il fait aucune mention des montagnes de Jupiter, non plus que de celles de Mars, et sans doute par les mêmes raisons qui les rendent imperceptibles et les dérobent à nos instruments.

53. En revanche, Jupiter a quatre satellites qui circulent autour de lui avec une extrême rapidité, puisque le plus extérieur (le quatrième), placé à une distance moyenne de 4,536,000 lieues, achève sa révolution en 17 jours, à raison

de 18 lieues par seconde, et que le plus rapproché (le premier), qui se trouve à 1,016,148 lieues, accomplit la sienne en moins de 2 jours, avec une vitesse double.

Ces satellites ont aussi un mouvement de rotation qu'ils effectuent dans le même espace de temps que leur révolution autour de la planète principale, ce qui est cause qu'ils nous présentent toujours la même face, dont l'éclat et la couleur varient, suivant leur position dans leurs orbites respectifs.

54. Jupiter, en outre, est enveloppé immédiatement d'une atmosphère gazeuse où règnent constamment des vents très violents qui disposent en longues bandes des masses de nuages amoncelés au-dessus de l'équateur; ces vents chassent en même temps d'autres taches sporadiques regardées aussi comme des nuages épars sur d'autres points de l'atmosphère, avec une vitesse qui peut aller jusqu'à 96 lieues à l'heure, 8 fois plus vite que les chemins de fer à grande vitesse.

55. Saturne, qui roule à 329 millions de lieues du soleil, en parcourant une ellipse de 1,975 millions de lieues en 10,579 jours (28 ans 10 mois et 27 jours) à raison de 2 lieues et demie par seconde, se trouve, à son périgée, à une distance de 291 millions de lieues, et, vers son apogée, à 367 millions de lieues de la terre; il accomplit son mouvement de rotation en 10 heures 30 minutes, avec une vitesse de 8,000 mètres par seconde, 50 fois plus grande que celle de Mercure, 5 fois plus grande que celle du soleil.

Son diamètre a été trouvé de	9,022
Son volume, de	734,800
Sa masse, de.	101,410

Sa densité est de 0,7590; c'est à peu près celle de la pierre-ponce; sa force attractive est représentée par 1,09, tandis que l'intensité de la lumière et de la chaleur à sa surface ne répond plus qu'à la minime fraction 0,011 ou à un demi-degré centigrade au-dessus du terme de la congélation de l'eau ; la lumière qu'il nous renvoie polarisée est d'une couleur bleuâtre, comme le plomb, sans aucun signe appréciable de scintillation.

56. Saturne est aplati aux extrémités de son axe de rotation ; mais, par une singularité remarquable, cet aplatissement ne se manifeste pas au moyen d'un accroissement insensible du rayon osculateur, conservant au contour de la masse une forme régulièrement ellipsoïdale; c'est une véritable troncature aux extrémités du petit axe de l'ellipse génératrice, en sorte que la planète se termine au nord et au sud par un plan ; une particularité non moins remarquable, c'est que la même troncature se révèle également aux deux extrémités du grand axe et se combine avec la première, de façon que l'ensemble présente la forme d'un rectangle ayant ses quatre angles symétriquement arrondis.

Il résulte de cette disposition bizarre que l'axe équatorial (grand axe de l'ellipsoïde) n'est pas le plus grand des diamètres de la planète.

57. Suivant cette observation que l'on doit à Herschell, la forme de Saturne est celle d'un cylindre, d'une hauteur moindre que le diamètre de sa base et dont les angles dièdres ont été supprimés à la couronne inférieure comme à la couronne supérieure pour faire place à ce qu'on appelle *astragale*, en terme d'architecture ; on peut comparer la planète à une meule de moulin dont les arêtes circulaires ont été arrondies.

58. D'après les lois de la mécanique céleste, une masse fluide soumise au mouvement de rotation prend nécessairement la forme d'un ellipsoïde de révolution, tournant autour de son petit axe : Saturne, fluide comme tous les corps célestes au moment de la condensation des nébulosités, a donc eu originairement cette forme, et l'on est ainsi forcément

amené à conclure que lorsqu'il était encore à l'état ductile de la matière pâteuse assez fortement conglutinée, une partie des couches superficielles perpendiculaires au plan horizontal qui passe par le grand axe, se sont détachées simultanément de la masse totale, et que, projetées par la force centrifuge du mouvement de rotation, elles ont été lancées dans l'espace où, en se dilatant, sans éprouver aucune solution de continuité, en vertu de la ténacité des matières, elles se sont arrangées en une zone circulaire à distance de la planète, au mouvement de laquelle elles n'ont pas cessé de participer.

Les couches perpendiculaires à l'extrémité du grand axe ont dû quitter leur position primordiale pour affluer dans le vide laissé à l'équateur à la place du ménisque normal qu'appelait le mouvement de rotation; puis, à leur tour, obéissant aux mêmes causes et entraînées dans la voie déjà ouverte par les couches qu'elles devaient remplacer, elles ont formé une nouvelle zone au-dessous de ces premières couches.

59. Mais quelle a été la cause de cette double séparation? Remarquons, avant de répondre à cette question, que les témoins du double fait existent et n'ont rien d'illusoire; d'un côté, la forme cylindroïde de la planète, de l'autre l'anneau; ils s'expliquent mutuellement; ils parlent un langage assez clair et qui laisse peu de prise au doute, et ce doute ne peut porter que sur la manière dont ils ont été accomplis et non sur les faits eux-mêmes; or ces faits une fois admis, la cause se présente tout naturellement; il suffit d'une brusque différence au lieu d'une diminution graduelle de densité entre deux couches voisines, d'un changement soudain de texture produisant une extrême ductilité dans la couche supérieure et une extrême rigidité dans l'inférieure, et la force centrifuge qui fait 8,000 mètres par seconde, aura bientôt achevé la séparation; le ménisque équatorial restera isolé (voyez chap. 1, § 4 du présent livre, et liv. III, chap. IV, § 61).

60. Au lieu de la projection du ménisque ductile, aimez-vous mieux l'affaissement, ou, pour parler avec plus d'exactitude, le dégonflement, la contraction de la couche rigide ramenée vers le centre par la force d'attraction? Cette explication paraît encore plus simple et plus naturelle, et c'est celle que nous admettons le plus volontiers.

61. Il n'est pas nécessaire, comme on le voit, d'aller chercher bien loin l'origine du double anneau qui distingue Saturne des autres planètes. Cet anneau, qu'Herschell voulait faire considérer comme la cause de l'aplatissement équatorial, en serait au contraire la conséquence et le résultat. Ce qui vient corroborer cette conclusion, c'est une remarque d'Herschell, qui n'a pas été assez suivie, dit Arago, et que voici : D'après le grand astronome anglais, « l'ombre de l'anneau sur la » planète n'est pas parallèle à l'anneau; à ses deux extrémités » elle paraît plus large que dans le milieu. » Cette modification tient sans doute à une différence d'épaisseur aux deux extrémités de l'axe équatorial, différence dont il est aisé de se rendre compte et de se figurer les effets en supprimant deux calottes ellipsoïdales aux extrémités du grand axe.

62. L'anneau de Saturne se compose de deux zones concentriques nettement séparées par un vide complétement obscur; ces zones, tout en restant l'une et l'autre plus vivement illuminées que le corps de l'astre, diffèrent d'éclat; la plus intérieure ayant l'éclat de l'argent poli par le brunissoir, et l'extérieure l'éclat de l'argent mat. Cet anneau est pourvu de son atmosphère particulière qui se distingue de celle de la planète; celle-ci se reconnaît aux bandes qui la traversent et qui, sujettes à de fréquentes et subites variations, changent de teinte et d'aspect vers les pôles, suivant qu'elles ont été plus ou moins longtemps éclairées par le soleil.

63. Au delà du singulier anneau qui forme une voûte continue au-dessus de la bande équatoriale, Saturne est encore

accompagné de sept satellites dont le plus rapproché est à 45,000 lieues, décrivant une orbite de 270,000 lieues en 22 heures 37 minutes, avec une vitesse de 3 lieues par seconde; et le plus éloigné est à 1,740,000 lieues, décrivant une orbite de 10,400,000 lieues en 80 jours, avec une vitesse de 36 lieues par seconde.

Au sujet de ces satellites, Arago fait la réflexion suivante : « Une lune faisant sa révolution entière en moins d'un jour » n'est pas une des singularités les moins remarquables de la » plus singulière planète que le firmament ait offerte aux re» gards des hommes. » Ce qui n'est pas moins singulier, c'est que la planète principale exécutant son mouvement de rotation en 10 heures et demie, il en résulte qu'on a tous les jours pleine lune à minuit et nouvelle lune à midi, si, comme il est probable, le mouvement de projection du satellite a commencé au même instant que le mouvement de rotation de la planète.

64. Uranus, situé à 662 millions de lieues du soleil, et par par conséquent à 624 millions de lieues de la terre, à son périgée, et à 700 millions de lieues à son apogée, fut découverte le 13 mars 1781, par W. Herschell, qui le prit d'abord pour une comète. Cet astre nouveau attira aussitôt les regards des savants les plus illustres de l'Europe, qui employèrent deux années à tracer son orbite autour du soleil et à lui donner la place qu'il occupe sur les confins de notre système, où il restera le plus élevé, jusqu'à ce que M. Leverrier retrouve son Neptune, qui semble faire une absence un peu longue.

Uranus accomplit sa révolution sidérale en 30,686 jours (84 ans et 27 jours), avec une vitesse de 1 lieue et demie par seconde. La durée de sa rotation n'a pas encore été déterminée, mais Herschell s'est assuré qu'elle est très rapide.

Les autres éléments calculés sont :

Le diamètre . . . . = 4,34
Le volume . . . . = 77,50
La masse. . . . . = 19,90

Sa densité est de 0,990, un peu moindre que celle de l'eau.

Sa force attractive est de 1,05, et l'intensité de la lumière venant du soleil n'est plus que de 0,003.

65. C'est seulement en 1792, 11 ans après sa première découverte, qu'Herschell put constater l'aplatissement des pôles, mais sans déterminer le rapport des axes : cette détermination paraît difficile, en effet, à raison de la position de l'axe, qui paraît couché sur le plan de son écliptique, se présentant de bout en bout aux yeux de l'observateur placé sur la terre.

Plusieurs fois Herschell crut apercevoir autour d'Uranus, non pas seulement un anneau analogue à celui de Saturne, mais deux anneaux se croisant à angle droit; cependant, après vérification, il s'arrêta à croire qu'il n'y avait aucune espèce d'anneau : ce qui a occasionné l'erreur, c'est sans doute l'aspect que présentent quelquefois des bandes transversales qui parcourent l'atmosphère de la planète.

66. Herschell a reconnu aussi que sa planète était accompagnée de satellites; mais il n'y en a que deux (les deux premiers signalés par lui) qui aient reparu depuis: de même qu'aucun astronome, il n'a pu retrouver les quatre autres.

67. En attendant que le Neptune se retrouve, en voici les éléments calculés :

Distance au soleil, 1,141 millions de lieues.

Durée de la révolution sidérale, 60,127 jours (164 ans 8 mois), avec une vitesse d'un peu plus d'une lieue par seconde.

Diamètre.	=	4,719
Volume.	=	110,600
Masse.	=	24,570

Sa densité est de 1,220 (densité du jayet ou à peu près); sa force attractive, de 1,10 ; la lumière et la chaleur, de 0,001.

CHAPITRE V.

DE LA LUNE.

68. Donnons maintenant quelques détails sur le satellite de la terre, que les anciens astronomes considéraient comme la plus merveilleuse et la plus considérable des planètes (le soleil étant considéré à part), et qui n'est descendue de ce rang élevé pour rester subordonnée à la terre que depuis le commencement du XVIe siècle, époque à laquelle Copernic établit dans le *Système du monde* l'ordre aussi simple qu'admirable dont Galilée posait en même temps les principes mathématiques.

69. La distance moyenne de la lune à la terre n'est que de 95,000 lieues, et elle décrit autour de la planète une trajectoire elliptique en 29 jours 12 heures 44 minutes 2 secondes 9 tierces, avec une vitesse d'un quart de lieue par seconde ; sa durée de rotation étant la même, avec une vitesse de 46 mètres, l'aplatissement au pôle est à peine sensible, et elle nous montre constamment la même face. Cependant sa forme, grossièrement sphéroïdale, est loin d'être régulière ; car l'attraction exercée par la terre, lorsque son satellite à l'état de fluidité ignée commençait à se solidifier, a ramassé de chaque côté de son équateur une protubérance ou ménisque dont l'épaisseur, s'ajoutant au diamètre équatorial, lui donne une longueur

quatre fois plus considérable que celle de l'axe de rotation. Ce ménisque est comme un corps allongé vers la terre, qui tend à précipiter la lune et qui y parviendrait, si elle n'était placée sous les lois de l'équilibre stable; il n'en résulte qu'un mouvement oscillatoire de pendule qu'on nomme *libration*, et qui se manifeste en nous montrant et nous cachant tour à tour quelques taches aux deux extrémités opposées de l'axe de rotation.

70. La lune est entièrement solide; on n'y reconnaît ni atmosphère ni liquide, bien qu'on ait donné le nom pompeux de mers à diverses taches qui lui font prendre quelquefois un aspect si bizarre.

Ces taches plus ou moins obscures, sans être des mers, sont néanmoins des dépressions plus ou moins profondes dont les parois projettent des ombres sur le fond inégal de mers desséchées; le jour de la pleine lune, il se trouve quelques unes de ces dépressions qui se montrent éclairées jusqu'au fond : d'où les hommes étrangers à la science ont conclu qu'il y a là des puits qui traversent la lune de part en part. Ils n'ont pas compris que la lune ne nous renvoyant qu'une lumière réfléchie, l'existence d'un trou dans la masse ne peut se manifester que par une obscurité des plus épaisses.

71. Mais si les trous dans la lune sont imaginaires, il n'en est pas de même de ses montagnes dont la hauteur est exprimée par $\frac{1}{214}$ du rayon, d'où il résulte une élévation maximum de 8,000 mètres, à peu près le double du Mont-Blanc. Cette énorme disproportion dans la hauteur des montagnes lunaires provient sans doute de la puissance d'attraction de la terre agissant sur la matière encore incandescente; de même que celle des montagnes de Mercure et de Vénus est due à leur moindre éloignement du soleil et à l'action de cet astre, soulevant dans les masses fluides des lambeaux que grossissait encore le flux de la force centrifuge.

72. Quant aux volcans de la lune, malgré les détails précis donnés par Herschell dans un moment d'enthousiasme surexcité par une première observation, ils sont retombés à l'état de pure hypothèse, ou plutôt ils semblent pour toujours éteints ; car il ne peut être douteux qu'il n'y en ait eu à l'époque de la fluidité ignée des couches que recouvrit la première couche solidifiée ; les hautes montagnes du numéro précédent attestent le *rochement* de cette époque, s'il est permis d'employer cette expression prise du vocabulaire métallurgique des ouvriers qui travaillent à la coupelle pour séparer l'argent du plomb. Les apparences qui ont occasionné l'erreur d'Herschell se rapportent à des différences d'intensité lumineuse, provenant de ce que toutes les parties de la surface lunaire n'ont pas à un degré égal la puissance de réflexion ; pas plus que la terre, la lune n'est un miroir uniformément poli, et ces différences peuvent tenir en certains endroits à la forme, en d'autres endroits à la matière qui renvoie les ondes lumineuses.

73. Ceux qui croient encore aux volcans lunaires imaginent des réactions chimiques pour galvaniser une ossature décharnée. Sans doute il serait hasardeux de nier directement et péremptoirement la possibilité de ces réactions entre des solides, réactions qui consisteraient, dans notre théorie, à raviver des vibrations moléculaires plus ou moins rapprochées du terme où s'établit l'équilibre absolu ; mais ceux qui y tiennent *quand même* ne réfléchissent pas que le premier effet de ces réactions sous l'influence des vibrations solaires provoquant l'ignition serait la dilatation des matières solides, puis la régénération et l'expansion des gaz bientôt réunis en atmosphère ; or, il est démontré que la lune s'est dépouillée de son atmosphère.

74. Quelque chose de plus positif, c'est l'action de la lune sur l'enveloppe liquide qui recouvre une partie du globe ter-

restre ; je veux parler des marées, et je dois me borner à rappeler le fait sans entrer dans des calculs que de plus habiles ont faits et enregistrés au livre de la science. Qu'il me suffise de remémorer en passant que toutes les marées ne sont pas égales, et qu'il arrive quelquefois, par le concours de circonstances qui se renouvellent plus ou moins fréquemment, comme le passage de la lune au périgée en même temps que la terre est au périhélie et le minimum de déclinaison, l'arrivée au nœud des orbites qui contraignent toutes les forces disponibles à se diriger dans un même plan ; il arrive, dis-je, que les marées sont d'une extrême violence et hors de toute proportion avec ce qui se passe habituellement.

CHAPITRE VI.

ASTÉROÏDES OU PETITES PLANÈTES, ÉTOILES FILANTES, MÉTÉORITES, COMÈTES.

75. Les quinze masses télescopiques découvertes depuis 1801, dans l'intervalle des 127 millions de lieues compris entre les orbites de Mars et de Jupiter, continueront d'être pour nous des astéroïdes, comme les appelait Herschell, qui ne voulait pas les reconnaître pour des planètes véritables ; il leur trouvait un facies très reconnaissable à l'œil exercé de l'astronome, et comme un air de famille avec ces amas de matière nébuleuse qui, après s'être suffisamment condensés pour se faire un noyau à contour défini, n'ont pas encore su se débarrasser de la nébulosité qui les enveloppe par-dessus leur atmosphère. N'est-il pas remarquable, en effet, qu'avec un diamètre de 200 kilomètres, Cérès ait une atmosphère de 800? De même que Pallas, dont le diamètre n'est que de 60,

a une atmosphère de 500 kilomètres. N'est-il pas évident, ici, que la condensation n'est pas arrivée à son terme? que la solidification des premières couches du noyau est à peine commencée, si elle l'est? Si ces astéroïdes sont les fragments d'une planète qui a fait explosion, l'état rudimentaire où se trouvent encore la plupart de ces fragments nous autorise à croire que cette planète brisée était elle-même une nébulosité arrivée à son deuxième degré de formation. (Livre I, chap. III.)

76. Placés entre Mars et Jupiter, en sorte que leur distance à cette dernière planète soit double de leur distance à l'autre, c'est-à-dire à 42 millions de Mars et à 84 millions de lieues de Jupiter, ils se trouvent en équilibre entre ces deux forces d'attraction qui les sollicitent en sens contraire, avec une puissance égale; la force attractive de Jupiter étant à peu près équivalente à quatre fois celle de Mars, et sa distance étant double, il y a compensation : si l'une de ces deux planètes venait à disparaître subitement, les télescopiques se précipiteraient sur l'autre ou peut-être entreraient-ils dans sa sphère d'activité dont ils parcourent les limites.

77. Ceux qui admettent la théorie d'Herschell sur les nébuleuses ne doivent se faire aucun scrupule de reconnaître que ces astéroïdes ont la même origine que les autres corps célestes, et se sont formés spontanément de la concentration de quelques amas de matière diffuse trop éloignés de Mars et de Jupiter pour se joindre à l'une, en surmontant l'attraction de l'autre; rassemblés sur la frontière commune des deux domaines, et ne pouvant servir de satellites ni à l'une ni à l'autre, ils ont obéi nécessairement à l'impulsion plus générale de l'astre qui gouverne tout le système.

78. Si l'on admet la loi des distances que nous avons exposée plus haut d'après Bode (§ 17), il semblerait que l'existence d'une planète intermédiaire, à la distance cotée 28

dans la série, est nécessaire à l'équilibre du système solaire. Mais que devient cette nécessité si l'on réfléchit :

1° Que cette loi présumée des distances suppose une autre loi corrélative réglant la proportion des masses planétaires, loi qui n'existe pas, comme il est aisé de le voir en prenant le tableau de ces masses, cette loi étant remplacée par la deuxième et la troisième de Képler;

2° Que la loi existant, l'équilibre aurait été nécessairement détruit par la diffraction de la planète unique, qui aurait produit un choc violent, tandis qu'il se modifie insensiblement et sans secousses dans l'hypothèse d'une formation successive par condensation de la matière diffuse;

3° Qu'on ne peut échapper à cette conséquence, qu'en faisant observer que la somme de tous ces astéroïdes réunis en une seule masse n'égale pas la millième partie de la masse terrestre, observation qui donne plus de force à l'objection exposée dans le n° 1 ci-dessus;

79. 4° Que, si au fond de la loi empirique de Bode il y avait quelque chose de réel et de nécessaire à l'équilibre général, on la trouverait observée à l'égard des planètes fragmentaires aussi bien qu'à l'égard des planètes principales; or, un coup d'œil suffit pour s'assurer qu'il n'en est rien. Mettons d'abord à l'écart cette considération que ces fragments circulent dans la même orbite, ce qui est inexact, quoiqu'on affecte quelquefois de le répéter, attendu que les 37 millions de lieues qui séparent Flore d'Hygée ne forment pas une fraction qui se puisse négliger; puis examinons comment ces 37 millions de lieues se distribuent de chaque côté de l'orbite occupée autrefois par la planète dont il ne reste plus que les débris.

Du côté de Mars, Flore, à 8 millions de lieues de cette limite n° 28 de la série Bode, termine la zone comprenant cinq planètes fragmentaires.

Du côté de Jupiter, Hygée, à 29 millions de lieues de la même limite n° 28, termine la zone qui en comprend dix.

Or, la série des distances observée dans la première zone, en comptant pour un seul fragment ceux qui circulent sensiblement dans la même orbite, est $\frac{1}{2}$: 1 : 5, ou 1 : 2 : 10.

Pour la deuxième zone, on trouve la série $\frac{3}{2}$: 1 : 5 : 2 : 1 : 4, ou 3 : 2 : 10 : 4 : 2 : 8. Où est la série croissante de Bode ?

80. Il n'y a donc aucun motif de croire à la planète unique tout à coup volant en éclats, et il y en a mille pour admettre que les astéroïdes télescopiques se sont formés comme tous les corps célestes, par condensation successive de la matière diffuse ; rien ne s'oppose à ce que l'on conçoive qu'ils sont de formation récente, comme l'indique leur facies de nébuleuses en voie d'achèvement, conformément à ce qui est admis pour les transformations qui s'opèrent en dehors du strate où se meut le système solaire.

81. C'est ce qui résulte encore de la nullité relative de leur masse, qui est sans aucune influence appréciable sur les perturbations que Jupiter occasionne en dessous comme en dessus de son orbite sur les mouvements de Mars comme sur ceux de Saturne.

82. Si l'on examine de plus près encore cette hypothèse d'une planète unique brisée par explosion, il est impossible qu'on ne se figure pas ces fragments lancés en tout sens avec violence, dans des trajectoires nécessairement paraboliques et non pas elliptiques, retombant d'un côté sur Mars, de l'autre côté sur Jupiter, ou du moins les rejoignant à titre de satellites, au lieu de se dérober à leurs influences absorbantes pour suivre leur course autour du soleil, comme s'il ne leur était rien arrivé.

83. Ces déductions ne sauraient sembler étranges à ceux qui les posent en principes, sans toutefois les approfondir

suffisamment, pour expliquer la chute sur la terre des bolides ou météorites qui n'y arrivent que par fragments, comme pour nous donner un échantillon de ce que deviendrait une planète qui éprouverait le même accident. Il me semble, en effet, assez difficile de concilier cette forme anguleuse et polyédrique avec la simplicité de mouvements que suppose une trajectoire elliptique dont on peut calculer jusqu'à la courbure et l'excentricité.

84. Les météorites, pierres de foudre, pluies de pierres, sont généralement considérés aujourd'hui comme les fragments éparpillés de ces bolides, globes de feu, météores enflammés, dont l'apparition a précédé leur chute, et que l'on accepte pour des planètes en miniature qui, s'étant égarées en venant on ne sait de quelles régions de l'espace, tombent dans la sphère d'attraction de la terre. On a mis complétement à l'écart l'opinion de Laplace qui les faisait arriver des volcans de la lune, et l'on a eu raison, puisqu'il est reconnu aujourd'hui que la lune n'a plus de volcans en activité; il est vrai qu'on repousse également toute idée de formation spontanée, parce que d'un côté la doctrine d'Herschell sur les nébuleuses est admise uniquement pour les espaces indéfiniment reculés où l'homme ne pénètre que par l'intelligence : il semble que le système solaire, confiné dans un coin de l'univers, n'ait plus rien de commun avec le *tout* dont il fait partie; tout ce qu'on peut imaginer de rationnel sur les espaces où le télescope ne pénètre pas est pure affaire de spéculation, dont il n'est pas utile, dont il est presque défendu de tirer les conséquences. D'un autre côté, on ne sait où prendre la matière pondérable dont les météorites sont composés. Cette matière ne peut exister toute formée dans notre atmosphère, et comme on a calculé qu'en dehors et au-dessus de cette atmosphère, il règne un froid de —140 degrés centigrades, ce que nous n'avons pas l'intention de révoquer en doute, on ne comprend pas

comment il pourrait s'y former des masses incandescentes, à la température de 2 ou 3,000 degrés.

85. Un feuilleton scientifique du journal *la Presse* (14 juillet 1852), rappelle une notice historique sur le tonnerre (1838), où sont consignés des faits attestés par MM. Séguier et Babinet, constatant, sous le nom de foudre globulaire, la formation de bolides lumineux ou enflammés dans les couches inférieures de notre atmosphère, et qui s'expliquent facilement dans notre théorie.

Il annonce en même temps un rapport du même M. Arago, sur les voyages de l'intrépide Abbadie, qui dans les hautes montagnes de l'Abyssinie, a pu être témoin de 1,900 orages dont un grand nombre furent accompagnés de phénomènes analogues.

Il me semble apercevoir, à travers tous ces témoignages que personne ne pensera sans doute à taxer de crédulité excessive, une éclatante confirmation de la théorie que nous avons développée dans le livre précédent, en nous autorisant des faits qu'Arago a si bien développés d'après Herschell. Si on l'admet, on ne trouve plus aucune difficulté; les hypothèses compliquées s'évanouissent en présence d'un fait unique et fondamental : condensation par force attractive de la matière diffuse répandue dans toutes les régions de l'espace. Alors la formation des bolides et météorites, comme celle des astéroïdes, n'est plus un fait exceptionnel dérogeant aux lois immuables de l'univers, c'est tout simplement un cas particulier de ces mêmes lois rigoureusement appliquées. Il n'est plus besoin de chercher l'origine des phénomènes électriques dont l'apparition des bolides est quelquefois accompagnée; ils ne sont que la conséquence naturelle des mouvements alternatifs dérivés de l'attraction.

86. Nous n'avons pas d'autres explications à donner au sujet des étoiles filantes, et elles nous paraissent aussi satis-

faisantes ; d'autant plus qu'elles nous dispensent d'une hypothèse toute gratuite et qui ne sert qu'à compliquer les difficultés inhérentes au sujet : car on suppose que des amas d'astéroïdes qui circulent autour du soleil sont assez rapprochés du plan de notre orbite pour entrer en contact avec notre atmosphère et s'enflammer en y pénétrant. Mais cette supposition ne peut être justifiée d'aucune manière.

D'abord, on pourrait citer plus d'un bolide enflammé qui a été vu en même temps à des distances telles que sa hauteur excédait celle des couches de l'atmosphère dont la densité était capable de provoquer l'ignition du fer ou des éléments granitoïdes qui formaient la substance de ce bolide.

En second lieu, une fois arrivé sur les confins de notre atmosphère, en supposant qu'il éprouvât un temps d'arrêt pour reprendre sa vitesse à partir de 0, en vertu de la pesanteur seule, il ne mettrait pas trois minutes à parcourir les 30 lieues d'épaisseur qu'on attribue à l'atmosphère tout entière ; à plus forte raison, animé d'une vitesse initiale pareille à celle qu'on peut attribuer à un corps tombant de quelques milliers de lieues, n'aurait-il pas le temps d'arriver à l'incandescence.

Enfin, s'il est en ignition au premier instant où il se précipite, comment se fait-il que ses fragments soient si complétement refroidis lorsqu'on les ramasse presque immédiatement après leur chute ?

87. On n'a point à résoudre toutes ces questions, lorsqu'on s'en tient à la loi générale des nébuleuses : le bolide, en se refroidissant au terme de sa condensation, se contracte et diminue de volume ; sa vitesse de rotation en augmente proportionnellement, jusqu'à ce que, devenue excessive, elle détermine une explosion de la même manière qu'en faisant tourner une meule de grès avec trop de rapidité sur son axe, on la fait voler en éclats.

88. Ainsi, astéroïdes télescopiques, étoiles filantes et bolides, sont des masses de matière devenue pondérable, placées dans les mêmes circonstances et arrivées à des conditions d'existence dont la loi de concentration rend compte aussi exactement qu'on peut le désirer.

C'est dans les mois d'avril et de novembre, aux deux extrémités d'un diamètre faisant un angle de 60 degrés avec le grand axe de l'orbite, que la terre arrive dans les régions de l'espace où les étoiles filantes se trouvent rassemblées en plus grand nombre : ainsi dans la nuit du 12 au 13 novembre 1833, on en a observé 2 ou 300,000 dans l'espace de sept heures, à Boston (Amérique du Nord).

89. *N. B.* Qu'il me soit permis de donner en passant un spécimen des curieuses hypothèses où l'on est réduit, quand on se résigne à en imaginer une pour chaque phénomène qu'on observe. Après avoir dit que « le frottement qui se » produit contre l'air et la compression que ce gaz éprouve » suffisent pour dégager une quantité de chaleur assez grande » pour enflammer ou du moins pour rendre lumineux les bo- » lides et les étoiles filantes qui finissent par éclater avec un » bruit de tonnerre et se dispersent en éclats, » l'auteur d'une [*Cosmographie* publiée en 1849 ajoute un peu plus loin : « La distance des étoiles filantes à la terre, déterminée » à l'aide de leur parallaxe, peut s'élever à 800 kilomètres, » nombre plus de dix fois plus grand que la hauteur supposée » de l'atmosphère ; mais à cette distance peuvent se trouver » des couches d'air d'une densité très petite. » L'auteur ne dit pas où ces couches vont se mettre en magasin après que les étoiles filantes ont fait leur traversée.

90. Des étoiles filantes nous passerons aux comètes, nébuleuses d'une espèce particulière qui paraissent se former en dehors du système planétaire où elles pénètrent sous l'influence attractive de l'astre central qui les contraint à entrer

dans l'ellipse qu'elles auront désormais à parcourir; tirant leur origine de diverses régions de l'espace en dehors de tout système, elles n'ont point une direction commune à l'instar des planètes et des astéroïdes qui naissent dans les domaines parfaitement circonscrits du soleil, mais elles y entrent chacune de son côté, sans autre loi que d'obéir à l'action centrale et de plier leur course suivant la règle du carré des distances.

91. Mais comment germent-elles dans les espaces indéfinis? Pour nous en faire une idée, souvenons-nous de ces espaces *ravagés*, signalés par Herschell, et où le soleil perd de sa vigueur, suivant M. Nasmyth (§ 27). La loi d'équilibre qui dans l'infini matériel domine toutes les autres nous fait suffisamment comprendre que la matière diffuse épanchée dans les autres espaces tend incessamment à remplir les vides laissés par l'absorption des astres centralisateurs; il en résulte des courants dans tous les sens qui se croisent, s'enchevêtrent, se heurtent et se *feutrent*, s'il est permis d'employer cette expression. Si l'on reconnaît la possibilité du fait, il ne répugne pas à la raison d'admettre qu'à la rencontre de ces courants, comme au confluent de deux fleuves, il se forme des *bancs* de matière diffuse, ou, plus exactement, des nodules qui deviennent centres d'attraction, puis comètes après une condensation suffisante. Arrivées au point convenable en tourbillonnant sur elles-mêmes, dans le sens de la résultante des afflux dont elles se forment, elles ne tardent pas à sentir, à éprouver, à subir l'influence des systèmes stellaires dont elles se sont le plus rapprochées pendant leur période d'indépendance absolue; elles y entrent par la première ouverture qui se présente, y pénètrent profondément, en y occasionnant quelquefois des perturbations passagères; puis leurs allures se plient aux lois inflexibles de Képler et de Newton, et leur marche périodique est désormais fixée.

92. Herschell ne pouvait manquer de s'occuper des comètes, et voici ce qu'il en pensait :

« Sur les seize comètes télescopiques que j'ai examinées, » quatorze n'avaient aucun noyau ou corps solide à leur cen- » tre. Dans les deux autres, il existait une lumière centrale » très mal terminée, qu'on pourrait bien à toute force appeler » un noyau, mais assurément cette lumière ne méritait pas le » nom de disque. »

93. Ce paragraphe est incontestablement une application directe de la théorie des nébuleuses. (Voy. livre I, chapitre III.) Mais voici qu'entraîné par les idées de positivisme astronomique, ou intimidé peut-être par le renom, qui lui avait été fait à l'étourdie, d'esprit excentrique visant à l'extraordinaire et au gigantesque, le grand astronome semble ne plus se souvenir de ses magnifiques inspirations et jeter un voile sur les doctrines qui sont au fond de ses convictions ; car, pour démontrer que la comète de 1807 brillait d'une lumière propre, il remarque d'abord que de très petites étoiles paraissaient s'affaiblir beaucoup, lorsqu'on les voyait à *travers* la chevelure ou à travers la *queue* de la comète, puis il ajoute :

« Cet affaiblissement pouvait n'être qu'apparent et dépendre » de la circonstance que les étoiles se projetaient alors sur un » fond lumineux ; un milieu gazeux capable de *réfléchir* assez » de lumière solaire semble aussi devoir posséder dans cha- » que tranche assez de matière pour être une cause d'affaiblis- » sement réel des lumières transmises. »

Cet argument, suivant M. Arago, n'a pas beaucoup de force en faveur du système qui présente les comètes au titre d'astres lumineux par eux-mêmes ; j'oserai ajouter qu'il n'en a aucune et qu'il est complétement inutile, dès qu'on admet la doctrine des nébuleuses qu'Herschell n'aurait pas dû perdre de vue, puisqu'il l'a si solidement établie ailleurs sur des faits positifs. Nous sommes d'autant plus fondé à tirer cette conclusion, qu'il y revient à propos de la belle comète de 1811, et qu'après avoir décrit plusieurs remarquables changements d'aspect qu'elle lui présenta, il termine ainsi :

« La matière du demi-anneau servant d'enveloppe à la co-
» mète parut se précipiter petit à petit et se tamiser, pour
» ainsi dire, à travers l'atmosphère diaphane placée entre le
» noyau et la demi-enveloppe sphérique (espèce de photo-
» sphère dont l'anneau était la projection qui l'entourait à la
» distance de 129,000 lieues) ; à la longue, elle atteignit le
» noyau ; les premières apparences s'évanouirent, la comète
» n'était plus qu'une nébuleuse globulaire. »

94. Remarquons en passant que cette description contient en germe une explication de l'anneau de Saturne, qu'on pourrait trouver suffisante si l'aplatissement rectangulaire de la planète n'en autorisait une autre plus naturelle, parce qu'elle est plus complète. J'ai la conviction que l'observation assidue des comètes donnera aux astronomes la clef de bien des mystères qui sollicitent encore l'intelligence humaine.

95. En comparant attentivement la comète de 1811 à celle de 1807, sous le point de vue des changements de distance au soleil et des modifications physiques qui en dérivèrent, Herschell a mis hors de doute que ces modifications ont quelque chose de spécial et d'individuel relatif à un état particulier de la matière nébuleuse : sur tel astre, à tel degré de condensation présumable, les changements de distance produisent d'énormes effets ; sur tel autre, à un degré plus avancé, les modifications paraissent insignifiantes.

96. On n'a pas trouvé de phases aux comètes, et il n'y a pas lieu de s'en étonner. Il ne peut en arriver autrement pour le plus grand nombre, et il est certain qu'on en aurait trouvé à la comète de 1811, si elle n'avait brillé de sa lumière propre : car on n'a pu en découvrir aucune apparence, en un moment où les $\frac{7}{10}$ seulement du noyau pouvaient recevoir la lumière

du soleil ; les $\frac{3}{10}$ complémentaires auraient dû rester dans l'ombre.

97. La comète de 1807 était, le 28 février 1808, à 102 millions de lieues du soleil et à 110 millions de lieues de la terre ; elle s'en retournait après son passage au périhélie.

98. Les astronomes ont enregistré sur leurs catalogues environ 200 comètes, dirigées dans tous les sens, qui ont traversé à diverses époques notre système planétaire, avec des vitesses plus ou moins considérables, qui peuvent s'élever jusqu'à 13 fois celle de la lune, ou à 26 lieues par seconde (comète de 1842).

99. Parmi ces 200 comètes observées, il y en a seulement 3 dont on a calculé les orbites et vu se vérifier les époques de retour. Ce sont les suivantes :

1° La comète d'Encke, à courte période, qui achève sa révolution en 1,204 jours ou 3 ans et demi ; elle est télescopique, et la grandeur de son orbite est de 168 millions de lieues, se prolongeant plus loin que Mars et plus près que Jupiter.

2° La comète de Biéla, réputée aussi à courte période et qui revient au périhélie au bout de 2,460 jours (6 ans 9 mois). Comme la précédente, elle est télescopique et elle est passée au périhélie le 4 mai 1832.

Ainsi, la première a paru successivement en décembre 1835, en mai 1839, en 1842, 1846, 1849, 1852, et elle reparaîtra en décembre 1855. La seconde a paru en 1838, 1845, 1852, et reviendra au périhélie en 1859.

3° La comète de Halley, ou à longue période, revient tous les 75 ans ; elle est visible à l'œil nu. Son orbite s'étend bien au delà d'Uranus. Son dernier passage au périhélie a eu lieu vers le 15 novembre 1835 ; elle doit y revenir en 1910.

On suppose aussi, sans avoir la même certitude que pour ces 3 comètes, que celles de 1807 et 1811 sont périodiques. La première accomplit sa révolution en 1,713 ans ; elle doit revenir dans le cours de l'année 2520 ; l'autre, n'exécutant la sienne qu'en 3,583 ans, ne reparaîtra que dans l'année 4394.

La comète de Halley est regardée comme la même que celles qui ont été observées en 1760 et en 1685 ; elle était, à son périhélie, à 200,000 lieues seulement du soleil, et elle a dû éprouver une chaleur 2,000 fois plus élevée que celle du fer rouge.

100. Les comètes, à cause de leur peu de densité, n'exerceraient aucune influence sur les mouvements de la terre, si elles passaient dans son voisinage ; à peine éprouvent-elles quelques perturbations de la part des planètes dont elles se rapprochent momentanément. Aucune de celles qui nous sont connues n'est exposée à rencontrer la terre, et l'on conçoit que celle qui viendrait s'y heurter, bien loin de s'y résoudre en eau, pourrait bien échauffer outre mesure la contrée où elle se mettrait en contact avec le globe pour y être incorporée.

LIVRE III.

DE LA TERRE.

CHAPITRE PREMIER.

FORME GÉNÉRALE DU GLOBE TERRESTRE.

1. Les Indiens, nos aînés en civilisation, et, si l'on en croit Bailly, l'un des hommes dont s'honore la science véritable, héritiers directs d'une race aujourd'hui éteinte, mais qui a imprimé ses pas sur toutes les parties du continent asiatique; les Indiens, initiés aux mystères de Brahma, se représentaient la terre comme une vaste plaine d'une étendue sans bornes, divisée en sept continents au delà desquels se trouvaient les royaumes des îles, habités par les génies.

Au centre, s'élevait une montagne énorme appelée *Mérou*, que les Grecs ont désignée par le nom d'Immaüs, et que quelques uns de nos modernes antiquaires ont voulu retrouver dans les Himalaya du Thibet. Passons : nous n'avons point à nous en préoccuper autrement.

Cette montagne de Mérou se soutenait sur trois prodigieuses colonnes faites chacune d'un seul diamant, avec piédestal en or, que supportait une grande tortue à cheval sur l'éléphant Ganéça, qui fut le père de tous ceux dont on retrouve aujourd'hui l'ivoire et les crins éparpillés sur le continent septentrional, des monts Altaï à la côte de l'Océan dont les eaux ont été glacées par le souffle du nord.

Et l'éléphant? — Ah! l'éléphant Ganéça! C'est le secret de Brahm, l'intelligence créatrice; c'est le grand mystère qu'il n'a jamais voulu communiquer ni à son fils Brahma, le fécondateur, ni à Vishnou, le conservateur, ni à Sivah, le destructeur et reconstructeur du passé.

2. Les Grecs, entrés plus tard dans le grand courant humanitaire où ils ont trop servilement obéi au souffle des traditions locales, sanctifiées par Homère, et que Thalès et Pythagore n'initièrent qu'à demi aux grandes révélations des épopées hindoustaniques, faisaient de la terre un disque parfaitement circulaire et entouré de tous côtés par un océan immense dont les rivages septentrionaux se perdaient dans les brumes des ténèbres cimmériennes; tandis que, du côté du sud, les rocs atlantiques où ses flots venaient se briser étaient séparés de la demeure des hommes par la zone torride inhabitée et inhabitable.

Ce disque, pareil au bouclier d'Achille, et pour quelques uns c'était ce bouclier lui-même, était suspendu par des chaînes d'or, en regard du bouclier d'Hercule, développé comme un dôme à la voûte cristalline du firmament parsemé d'étoiles, que soutenait sur ses épaules le vieil Atlas, transformé en montagne aux confins de l'Hespérie.

3. Mais laissons de côté ces ingénieuses et puériles fantaisies de l'esprit humain qui bégaya trop longtemps les fables dont il fut bercé dès le jour de sa naissance; laissons au seuil des sanctuaires les emblèmes qu'il prenait pour des réalités, lorsque ses maîtres lui faisaient admirer, sans qu'il cherchât à les comprendre, les merveilles sans nombre que dans sa magnificence déployait sous ses yeux le spectacle de l'univers.

Surtout ne rions pas trop fort de sa crédulité d'enfant; quoique les peuples se vantent aujourd'hui d'être arrivés à l'âge de raison, il ne faudrait pas remonter jusqu'à la naissance d'un vieux chêne de la forêt de Fontainebleau pour se souvenir de Galilée faisant amende honorable, la torche au poing, et cruellement puni d'avoir osé enseigner que la terre est ronde et qu'elle tourne autour du soleil, en tournant sur elle-même.

Aujourd'hui encore, vous rencontrez plus souvent que vous ne l'imaginez de fort honnêtes gens qui, après avoir fait semblant de comprendre cette vérité élémentaire, ne s'avouent pas à eux-mêmes leur conviction de complaisance et en ont presque honte, aussi longtemps que vous ne leur avez pas fait toucher au doigt et à l'œil l'exemple d'une mouche se promenant à l'envers autour d'une orange, comme si elle avait des éponges engluées ou des ventouses aux pattes!... Les braves gens! parce qu'ils ne voient pas comment l'attraction attire, il leur répugne de croire à l'attraction; mais, en revanche, ils ont peur, sans se permettre une objection, lorsqu'on leur fait peur du vampire et du loup-garou, et ils courent les yeux bandés pour faire queue à la porte du magnétiseur.

4. Mais revenons à la réalité. Lorsque les subtils commentateurs et continuateurs de saint Augustin taxaient encore d'hérésie au premier chef la croyance aux antipodes, le Génois Christophe Colomb, qui jusque-là s'était fait la réputation d'un rêveur assez peu orthodoxe, malgré les calculs très positifs qu'il fondait sur sa longue expérience de navigateur; Colomb, qui n'avait converti qu'à grand'peine à ses théories les princes d'Espagne, en excitant leur cupidité par l'espoir de mettre la main sur les trésors de l'Inde avant les Portugais, Colomb revenait tout à coup de Guanahani et rapportait en Europe des nouvelles incroyables d'un monde nouveau qu'il avait pris d'abord pour l'extrémité orientale des rivages d'Asie, qu'une mer de goëmons et de sargassos séparait de l'Atlantique baignant les côtes occidentales d'Europe: erreur toute naturelle, conséquence inévitable de l'idée préconçue; vérité déguisée par un rapprochement nominal de deux réalités confondues en une seule.

5. On doit avouer que cette découverte si merveilleusement

décevante ne prouvait pas que la terre fût ronde ; car il pouvait arriver que ces archipels aussi riches que les Indes en or, en fruits délicieux, en végétaux admirables, habités par des races d'hommes qui ressemblaient à Adam au sortir du paradis terrestre, qu'on croyait y retrouver, s'étendissent en avant à l'infini, sans rencontrer les rivages du Gange qui se seraient prolongés en sens contraire. N'importe ! on n'y regarda pas de si près dans le premier moment d'enthousiasme : on appela Indes occidentales les îles où le hardi navigateur avait pris terre ; on crut fermement que la terre était ronde, c'est-à-dire sphérique, et qu'on allait incessamment rejoindre sur les bords de l'Indus le Portugais Vasco de Gama, qui luttait encore autour du cap des Tempêtes, à l'extrémité méridionale de l'Afrique, contre le terrible géant Adamastor. La croyance déjà universellement répandue comme par un effluve électrique ne fut pas le moins du monde ébranlée, quand Balboa, conduisant l'avant-garde des Pizarres à Cusco, découvrit du haut des grandes Cordilières, après avoir traversé l'isthme de Panama, l'océan sans bornes qui se déployait devant lui, encore plus immense, éclairé d'une lumière plus vive, frappé des rayons d'un soleil plus lointain que l'Atlantique traversé à la suite de Christophe Colomb : « L'Inde est là-bas ! » s'écria-t-il, en étendant la main vers l'horizon où le soleil allait disparaître, à 90 degrés de chacun des deux pôles, dont le plus anciennement connu s'élevait à peine au-dessus des flots : « L'Inde est là-bas ! » lui fut-il répondu de toutes parts.

6. Magellan, quelques années plus tard, acheva de résoudre la question et mit complétement fin à tous les doutes, à toutes les objections, à toutes les incertitudes. Les vaisseaux qu'il avait heureusement conduits de Lisbonne aux îles Mariannes, en doublant le cap des Patagons, géants plus positivement semblables à l'homme, mais moins redoutables que l'Africain,

rentrèrent dans le Tage, sans lui, il est vrai, puisqu'ils l'avaient laissé mort dans son sang sur une plage inhospitalière, mais certains que le pavillon de leur audacieux et habile capitaine venait le premier d'accomplir le tour du monde, comme le soleil qui s'était levé constamment derrière eux, et qui, chaque jour les ayant dépassés, leur avait servi de guide pour retourner au port d'où ils étaient partis. Ils avaient longé en passant les rivages de l'Inde et les grands archipels et touché au cap de Bonne-Espérance, en compagnie de leurs compatriotes portugais qui, sous la direction du pilote Barthélemy Diaz, avaient triomphé des tempêtes et tracé la route.

7. C'est donc une vérité de fait incontestable aujourd'hui, que la terre est un globe isolé dans l'espace, qui, obéissant aux lois de l'attraction, décrit périodiquement une ellipse autour du soleil, dans le même temps qu'il tourne 365 fois autour d'un axe qui passe par son centre de gravité.

C'est en vertu de ces mêmes lois qu'au lieu d'être une sphère, ce globe est un ellipsoïde aplati aux extrémités de l'axe et renflé à l'équateur.

Si la masse fluide, au moment où a commencé le mouvement de rotation, avait été homogène et libre de toute influence extérieure, le globe en voie de formation n'aurait pu être que l'ellipsoïde de révolution lui-même engendré par l'ellipse tournant autour de son petit axe; l'équilibre ne pouvant s'établir et subsister dans une masse de cette nature, si elle tournait autour du grand axe de l'ellipse.

8. Mais, d'un côté, le mode de formation des masses stellaires par condensation progressive de la matière diffuse; de l'autre, le mouvement de rotation autour d'un axe, éloignent toute idée d'homogénéité. La force centrifuge qui se développe à mesure que le mouvement devient plus rapide se joint subsidiairement à la force de répulsion placée en antagonisme pour contre-balancer la force d'attraction, et il est évident que

les molécules, sollicitées par deux forces contraires et obéissant à la résultante de ces forces, doivent s'arranger en couches de densités diverses, suivant une progression décroissante du centre à la circonférence.

9. Car l'effet de la force centrifuge sur une couche fluide est de la dilater progressivement pour la distribuer d'une manière toujours uniforme, tant que la force ne varie pas, sur une surface dont l'accroissement est en raison du carré de la distance; et de là on peut tirer trois conséquences importantes :

1° Le décroissement de densité entraîne le décroissement de la quantité de mouvement sur chaque point de la surface; or, la masse totale restant la même pour chaque couche de densité uniforme, il en résulte que la vitesse doit diminuer proportionnellement à la densité.

2° La loi de ce décroissement est modifiée par la pression qui, dans les fluides, croît comme la hauteur, et qui vient en aide à la puissance attractive des couches centrales contre l'antagonisme de rotation et de la force répulsive.

3° Dans l'intervalle qui sépare les deux limites extrêmes, il se trouve une couche de densité moyenne où l'équilibre se fait entre les quatre forces, à savoir : l'attraction et la pression d'un côté, et la répulsion et la dilatation de l'autre.

10. A ce point d'équilibre, les vibrations moléculaires se réduisent elles-mêmes à un minimum qui permet aux atomes restés libres de se rapprocher des copules, et aux copules de s'unir en nombre variable pour constituer, sous des formes aussi diversifiées que le comporte leur nature, l'individualité ou molécule constituante des corpuscules matériels primitifs qui persistent, chacun sous sa forme initiale, tant qu'il n'est pas sollicité par une cause spéciale venue du dehors.

Nous verrons bientôt quels doivent être les effets de cette loi d'équilibre appliquée à la couche de densité moyenne nécessairement formée dans la masse définie du globe terrestre: qu'il nous suffise en ce moment d'ajouter que c'est cette couche d'équilibre, parvenue au minimum de vibrations spontanées, qui a déterminé la solidification, dans son voisinage, de la matière fluide qui s'est étendue comme une pellicule infiniment mince sur tous les points où s'est opéré le rapprochement indiqué, en multipliant les centres d'attraction moléculaire.

11. Cette pellicule d'équilibre doit être considérée comme la limite en deçà de laquelle, par rapport au centre, la force d'attraction toujours croissante, à mesure que la distance diminue et que la pression augmente, porte la vitesse des vibrations à leur maximum, passé lequel l'excès de la pression neutralisant la force répulsive, celle-ci n'est plus que virtuelle.

Au delà ou en dehors de la surface d'équilibre, la vitesse de rotation porte et maintient les molécules à des distances qui sont comptées parmi les conditions d'existence des substances gazeuses, jusqu'au terme où ces distances rendent nulle la puissance d'attraction réciproque entre les molécules bientôt éparpillées en copules et transformées peut-être en atomes libres, comme l'indiquent un assez grand nombre de phénomènes. Toute vibration cesse alors là où il n'y a plus qu'une matière diffuse dont la présence est manifestée seulement lorsque, sollicitée par l'action solaire, elle se change en ondulations, ou qu'elle se réunit de nouveau en masses d'atomes libres obéissant à l'attraction du noyau central ou poussées par les vibrations spontanées de l'astre qui fait vivre tout le système.

12. Ainsi le globe terrestre se divise en trois parties distinctes:

1° Noyau central, où les vibrations lumineuses et calorifiques sont comprimées et n'existent plus que comme principe d'élasticité absolue, état virtuel du corps solide, variable proportionnellement à la pression,

2° Zone fluide enveloppant ce noyau, où les vibrations maintenues en activité constituent l'état normal de mobilité des molécules contenues dans cette zone qui se termine à une pellicule très mince recouvrant la surface d'équilibre, et qui est l'ÉCORCE, que nous avons à étudier.

3° Zone gazeuse où les vibrations spontanées ne peuvent se manifester à cause de l'éloignement des molécules constituantes, mais où se propagent, au moyen des ondulations de la matière diffuse répandue entre ces molécules, les vibrations qui proviennent de l'influence du soleil.

Au delà de cette zone, jusqu'aux limites de l'atmosphère solaire, il n'y a plus rien que la matière diffuse.

La puissance de vibration peut être rendue temporairement aux molécules des gaz atmosphériques par une pression brusque et instantanée qui les rapproche suffisamment; on le démontre sans peine, au moyen d'une expérience presque puérile, qu'on appelle *briquet atmosphérique*, et qui peut servir de type à toutes celles qui, regardées comme plus sérieuses, ont pour but de manifester l'existence du *calorique latent*.

13. Nous n'avons et ne pouvons avoir aucune idée exacte de l'état où se trouve le noyau central ou solide élastique du globe terrestre; nous ne pouvons le comparer qu'au noyau central du soleil. Il ne nous reste donc qu'à examiner les deux zones qui l'enveloppent et dont la plus intérieure est à l'état de fluide incandescent et l'autre à l'état gazeux.

La première comprend deux parties, à savoir, la masse fluide ou pyrosphère, et la pellicule qui la contient.

Nous examinerons l'enveloppe gazeuse dans le chapitre suivant, et nous terminerons celui-ci par les conclusions de Laplace, relativement à la forme générale de la masse solide à l'extérieur, qu'on nomme plus particulièrement le *globe terrestre : orbis terrarum*, comme disaient les philosophes de l'antiquité latine ; Σφαῖρα επιχθονιη, comme disaient les Grecs.

« Il résulte de diverses observations azimutales, faites sur » l'arc du méridien terrestre de Dunkerque à Barcelone, que » l'ellipsoïde osculateur n'est pas exactement un solide de » révolution ; d'autres observations prouvent que les méridiens » ne sont pas semblables ; et si l'on compare le degré du cap » de Bonne-Espérance aux degrés mesurés au nord de l'équa- » teur, il y a lieu de croire que les deux hémisphères, austral » et boréal, sont différents entre eux : la figure de la terre est » donc très composée, comme il est naturel de le penser, » lorsque l'on fait attention à la différente densité des parties » qui la recouvrent, aux irrégularités du contour et à la pro- » fondeur des mers. Cependant l'hypothèse qui doit servir de » point de départ pour la simplicité des calculs est celle d'un » ellipsoïde de révolution, sauf à y introduire ensuite les cor- » rections nécessaires. »

CHAPITRE II.

DE L'ATMOSPHÈRE TERRESTRE.

14. L'atmosphère contemporaine du mouvement de rotation s'est irrévocablement séparée de la masse fluide qu'elle enveloppait, au moment où la pellicule s'est solidifiée à la surface d'équilibre. Elle se compose de deux gaz préexistants à cette formation, et qui, pour être de densité différente, ne se sont pas moins intimement mêlés ensemble dans le tourbillonnement où ils étaient entraînés, de telle façon qu'ils persistent encore dans cet état où ils semblent se dissoudre mutuellement, sans agir l'un sur l'autre, sans entrer en combinaison

spontanée, si ce n'est dans des circonstances tout exceptionnelles, dont nous aurons à nous occuper un peu plus tard.

Ces deux gaz sont l'*oxygène* et l'*azote*. Nous ne parvenons guère à les différencier, si ce n'est par leurs effets les plus ordinaires, et en rappelant les circonstances où ils manifestent le plus habituellement leur action; effets que nous avons traduits par les noms sous lesquels ils sont entrés dans la nomenclature scientifique.

L'azote se nomme encore *nitrogène*, parce que lorsqu'il se combine avec l'oxygène, il en résulte une substance que l'on a appelée *acide nitrique*.

15. Ces deux gaz peuvent cependant se distinguer encore par d'autres caractères que les sensations qu'ils nous causent, par leur densité, par exemple, et par le poids de leurs atomes, suivant le langage adopté par la chimie : c'est ce que, dans notre théorie, nous appelons *molécules constituantes*.

Ainsi, le poids de la molécule constituante de l'oxygène étant représenté par 100, celui de l'azote l'est par 88,610, et la densité de l'oxygène comparé à l'air atmosphérique pris pour unité, étant exprimée par 1,106, celle de l'azote l'est par 0,972.

16. Le rapprochement de ces nombres conduit à une conséquence aussi importante qu'inattendue :

Si l'on suppose que chacune des 100 parties que l'on a imputées arbitrairement à l'oxygène soit une de ces copules élémentaires formées de deux atomes hétérosympathiques (vitreux et résineux), on trouve, par une simple règle de trois, que les 88,610 parties de l'azote sont également des copules de même ordre.

On objectera peut-être que ces copules ne peuvent se fractionner, j'en suis d'accord; mais cette difficulté s'évanouit, si l'on réfléchit que les 88 copules de l'azote peuvent être placées à de moindres distances réciproques que celles de l'oxygène, et que c'est cette diminution de volume qui a modifié les résultats du calcul donnant le poids de la molécule d'azote.

Quoi qu'il en soit, appliquons le même procédé à l'hydrogène et au chlore, nous trouvons la même concordance entre le poids atomique et le nombre des copules.

Voici le résumé de ces rapprochements :

Chaque atome d'oxygène pesant 100, un volume comparé, sous le rapport de la pesanteur spécifique, à un volume égal de l'air atmosphérique pesant 1, aura pour poids 1,106;

Chaque atome d'azote pesant 88,61, 1 vol. pèse 0,972;

Chaque atome d'hydrogène pes. 6,2398, 1 vol. pèse 0,691;

Chaque atome de chlore pes. 221,326, 1 vol. pèse 2,470.

Or, si nous supposons que l'atome, c'est-à-dire la molécule constituante de l'oxygène soit composée de 100 copules, la molécule constituante de l'azote formée de 88, celle de l'hydrogène de 6, celle du chlore de 222, nous trouvons que le poids de la copule obtenu, en partant de la densité de l'oxygène, est de 0,01106.

On aura aussi :

Densité de l'azote, $88 \times 0,01106 = 0,973$, et non 0,972;
— de l'hydrog., $6 \times 0,01106 = 0,0664$, et non 0,0691;
— du chlore, $222 \times 0,01106 = 2,455$, et non 2,470.

Les différences qu'on peut remarquer ici sont moins considérables que la plupart de celles qu'on trouve entre la densité d'une substance donnée par l'observation directe et la densité de cette même substance calculée d'après la théorie. Par exemple :

Pour le brome, densité observée 5,540, par calcul 5,390;
Pour le soufre, la première est 6,617, la seconde 6,650;
Pour l'arsenic, l'une est 10,600, l'autre 10,360.

Nous sommes donc autorisé à dire, sauf la correction réservée, que le poids de la copule composée de deux atomes primitifs (l'un vitreux, l'autre résineux) est de 0,01106, la pesanteur spécifique de l'air étant prise pour unité, et que le nombre qui exprime le poids atomique d'un gaz représente en même temps le nombre des copules dont se compose la molécule constituante de ce gaz.

17. Cette loi n'est pas applicable dans sa simplicité aux solides dont les copules doivent être soumises à un autre mode d'agrégation, où les distances réciproques sont réduites en proportions très considérables; quelques essais de calcul nous permettent de croire qu'on peut arriver à des résultats approximatifs satisfaisants, en prenant pour unité de comparaison, non plus 100 copules d'oxygène, mais un multiple de 100 réduit à 1 par le rapprochement des distances. C'est surtout en calculant la densité des vapeurs de soufre, d'arsenic, de phosphore, qu'on se croit près de saisir une loi qui semble se rattacher à l'isomorphisme; mais je n'insisterai pas davantage sur cette idée peut-être prématurée.

18. Le mélange d'azote et d'oxygène dont se compose essentiellement l'atmosphère terrestre constitue, dans la proportion de 79 parties du premier et de 21 du second, ce qu'on est convenu d'appeler l'air atmosphérique, dont la densité, comparée à celle de l'eau pure et dans des conditions toujours identiques (0° du thermomètre centigrade, sous la pression de $0^m,76$), est exprimée par $\frac{1}{773,28} = 0,0012931$.

En y appliquant notre calcul, nous trouvons:

0,79 azote fais. $0,79 \times 88,60 = 69,52$ cop., à 0,01106, ou 0,7688912
0,21 oxyg. fais. $0,21 \times 100 = 21,00$ cop., à 0,01106, ou 0,2322600

1,00 air atmosphérique faisant 90,52 cop., à 0,01106, ou 1,0011512

Cette différence n'est pas appréciable et peut se négliger.

En supprimant les fractions de copule, nous aurions obtenu 0,9954000.

19. Un autre caractère qui distingue l'azote de l'oxygène, c'est que celui-ci, tant qu'il n'a pas été séparé par la pellicule d'équilibre des substances encore moléculaires qui roulaient dans la masse pyrosphérique, s'est uni en diverses proportions avec chacune de ces substances, comme il le fait encore aujourd'hui sous nos yeux, quoique moins promptement peut-être; tandis que l'azote ne s'est uni qu'avec un très petit nombre, comme avec l'hydrogène, pour former le radical de l'ammoniaque et avec le carbone pour se transformer en cyanogène; et toutefois, dans la série électro-chimique, il est placé entre le soufre et le fluor. Il y a là sans doute l'action de quelque cause particulière qui reste encore ignorée; cause d'autant plus difficile à découvrir, qu'en s'unissant avec l'oxygène dont il diffère sous ce point de vue par une moindre puissance électro-négative, il forme un des acides les plus énergiques. Remarquons cependant que cet acide est de toutes les substances analogues celle qui cède le plus facilement une partie de son oxygène.

20. L'épaisseur de l'enveloppe gazeuse est évaluée à une vingtaine de lieues; les couches supérieures en sont extrêmement raréfiées, au point, peut-être, que les molécules constituantes des gaz y existent à peine sous la forme de copules groupées et se décomposent plus généralement en atomes primitifs (vitreux et résineux) de la matière diffuse.

En se plaçant à ce point de vue, il est aisé de comprendre comment se trouvent dépouillés de leur action spontanée ces atomes libres, disséminés à de trop grandes distances les uns des autres, dans les mêmes conditions que la matière diffuse, dont la force attractive ne se manifeste, comme celle des deux gaz atmosphériques, que sous certaines influences spéciales qui provoquent en même temps la combinaison de ces gaz.

Dans l'état normal, ces molécules désagrégées, pour ainsi dire, ne s'ébranlent sous forme ondulatoire que dans les occasions où viennent les solliciter les vibrations solaires qu'elles contribuent à nous transmettre.

21. Cette inertie des vibrations propres dans les hautes régions de l'atmosphère se remarque même dans des couches moins élevées et moins disposées à se désagréger, où elle se manifeste par un froid qu'on a cru pouvoir estimer à —140 degrés centigrades. Plus près de nous encore, après certaines combinaisons auxquelles succède brusquement une violente réaction de la force répulsive, elle se révèle par la formation de la grêle en été, du givre et de la neige en hiver.

En général, les gaz atmosphériques, naturellement inertes en raison de leur peu de densité et de la grande distance réciproque des copules dont se trouvent composées leurs molécules constituantes, sont peu sensibles à l'action des ondes de la matière diffuse mise en mouvement par les vibrations spontanées du soleil ; car il est démontré qu'en aucun lieu de la terre et en aucune saison, un thermomètre élevé de 2 ou 3 mètres au-dessus du sol, et à l'abri de toute réverbération, ne peut atteindre 46°,25 de l'échelle centigrade.

22. Les conditions qui doivent se réunir pour réveiller les vibrations spontanées des copules dont se composent les molécules des gaz atmosphériques ne nous sont pas connues ; mais il ne répugne pas de croire que les éléments de ces copules se séparent quelquefois, en formant des couches distinctes d'atomes libres, ici vitreux, là résineux ; en sorte que si les vibrations solaires plus vives, plus rapides, plus intenses, après avoir triomphé de quelques résistances accidentelles dans les régions plus ou moins élevées de l'atmosphère, viennent à les solliciter par des ondulations plus énergiques, il en résulte un rapprochement des deux espèces d'atomes hétérosympathiques ; ils reprennent la puissance de leurs vibrations sponta-

nées, et comme conséquence probable se manifeste un développement extraordinaire des phénomènes électriques. Il en résulte aussi, comme accessoire occasionnel, la combinaison de l'oxygène avec l'azote, qui, suivant les circonstances où elle se produit, donne lieu à la formation du gaz nitreux et des aurores boréales ou à celle de l'acide nitrique.

23. Dans le cas où il se rencontre de l'hydrogène dans l'atmosphère, il se combine aussi avec l'oxygène et se liquéfie en se transformant en eau. C'est une opinion assez généralement répandue que cette combinaison, surtout quand l'hydrogène est mêlé avec des vapeurs de carbone et s'exhale sous forme de proto-carbure, produit un ébranlement général dans les couches de l'air, et y occasionne ces vibrations par masses, d'où procèdent par ondulations spéciales une sonorité violente, de terribles détonations, un fracas épouvantable qui roule en grondant et se propage en explosions redoublées à travers l'atmosphère en feu. Mais ces explosions, si formidables qu'elles paraissent, le sont moins en réalité que ces éclats soudains qui déchirent et fracassent en frappant à coups précipités et qui ne peuvent se comparer à aucun autre mode de vibration ; ils proviennent, non plus de la combinaison de deux gaz, mais de l'effort incalculable que les atomes libres accumulés en un point font simultanément pour se réunir à leurs hétérosympathiques, en brisant la résistance que leur oppose leur force de répulsion mutuelle, en même temps qu'ils arrachent en lambeaux les couches de l'atmosphère placées devant eux en obstacles.

Ces phénomènes dont les causes et les effets sont contenus dans les limites de l'atmosphère ont la plus grande analogie, s'ils ne sont pas identiques, avec ceux qui, dans les espaces sans limites, en dehors de cette enveloppe gazeuse, contribuent à la formation des météorites, étoiles filantes, etc. (comme nous l'avons expliquée livre II), bien qu'ils ne les accompagnent que rarement dans leur trajectoire à travers nos couches gazeuses.

24. La mobilité excessive et la moindre densité fractionnaire jusqu'aux millièmes des gaz atmosphériques laissent peu de prise sur l'ensemble de leur masse à l'action directe des forces attractives du soleil et des astres les plus voisins de la terre, comme la lune, Mars et Vénus. Cette action, dont la puissance la plus énergique viendrait de la lune, est cependant si faible, qu'elle ne communique à l'atmosphère que des mouvements imperceptibles et beaucoup moindres que ceux que peuvent lui imprimer l'élévation et l'abaissement alternatifs de la mer qui lui sert de fond mobile. Le passage même de la lune au périgée et à l'équateur n'y occasionne aucun mouvement extraordinaire et violent, quoiqu'il puisse être mis au rang des causes prochaines capables d'amener un pareil mouvement par contre-coup.

Il y a cependant un fait qui m'a toujours préoccupé : c'est que toutes les fois qu'un dérangement quelconque dans l'équilibre de l'atmosphère a provoqué la crise d'une lunaison pluvieuse, le commencement quotidien de l'ondée coïncide presque toujours avec l'arrivée de la lune à une position déterminée (le méridien, par exemple), et sa marche se règle par conséquent sur la marche du satellite qui est tous les jours en retard de trois quarts d'heure (0^h, 48^m 46^s) sur le jour précédent. Cela n'indiquerait-il pas une influence appréciable sur les masses nuageuses qui parcourent l'atmosphère, et déterminant soit une condensation brusque des vapeurs aqueuses qui y sont tenues en suspension, et dont la densité, à 100 degrés centigrades, est exprimée par 0,6235, soit un décroissement de densité dans les gaz dont elle est formée?

25. L'influence de la lune sur l'atmosphère est encore nulle, relativement aux ondes lumineuses qu'elle nous renvoie par réflexion, comme un miroir convexe illuminé par le soleil.

Plusieurs expériences faites à l'Observatoire de Paris ont donné ce résultat : que la lumière de la lune condensée au foyer d'une très forte lentille n'avait pas altéré des produits chimiques très sensibles à l'action de la lumière solaire non condensée.

L'influence de celle-ci sur l'atmosphère n'est pas douteuse : par l'intermédiaire des ondulations de la matière diffuse, elle excite les vibrations spontanées des molécules gazeuses ; l'air *bout* sous la zone torride, pour me servir d'une expression vulgaire aussi exacte, en cette circonstance, qu'elle est énergique ; les couches inférieures, dont le mouvement est centuplé peut-être par la réverbération du terrain, se dilatent, deviennent plus légères, se tamisent à travers celles qui leur sont immédiatement superposées, et sont remplacées de proche en proche par celles qui, venant du pôle, ont à peu près conservé leur densité normale, et qui, subissant à leur tour les mêmes influences, se trouvent bientôt dans les mêmes conditions. Il se forme ainsi, sous l'équateur, un ménisque gazeux qui, suivant la loi d'équilibre, se déverse de chaque côté, dans la direction des pôles ; de là proviennent dans chaque hémisphère deux courants inverses : l'un, inférieur, du pôle à l'équateur ; l'autre, supérieur, de l'équateur au pôle, et procédant l'un et l'autre du courant ascendant qui ne s'arrête jamais entre les tropiques.

26. Par une conséquence inévitable de ces doubles courants, il règne constamment un vent du nord très vif dans l'hémisphère boréal ; un vent pareillement polaire balaie incessamment l'hémisphère austral. Mais la rotation diurne d'occident en orient infléchit vers l'ouest la direction de ces vents à mesure qu'ils s'éloignent de leur source, attendu que l'atmosphère, emportée d'un mouvement moins rapide que la masse du globe, en raison de sa moindre densité, reste en arrière, ce qui produit le même effet que si elle allait en sens contraire. C'est ainsi qu'il arrive qu'entre le tropique du Cancer et l'équateur, s'établit le vent de nord-est, dont la direction devient de plus en plus orientale, à mesure qu'il se rapproche de l'équateur; de même, entre le tropique du Capricorne et l'équateur, on trouve constamment le vend de sud-est, qui subit de son côté des modifications identiques.

Ces vents, invariables comme la cause qui les produit, se nomment les *vents alizés*. Ce sont ces vents qui, avec une énergie toujours croissante, poussèrent Christophe Colomb dans la route illuminée par son génie, à travers les flots et les sargassos de l'océan Atlantique; ce sont eux qui le déposèrent vainqueur des obstacles et des périls sans cesse renaissants, sur le rivage de San-Salvador, avant que les Portugais partis les premiers du littoral d'Europe, mais ayant à lutter contre les mêmes vents qui amoncelaient les tempêtes à l'extrémité méridionale d'Afrique, parvinssent à franchir cette barrière si terrible.

27. D'autres causes moins générales, moins universelles que les grands courants polaires, mais qui toutes se résument dans un changement plus ou moins soudain, plus ou moins progressif de la densité, engendrent sur une foule de points spéciaux, tantôt ici, tantôt là, un vent local et passager dont il suffira de citer quelques exemples.

Quelquefois le vent est produit par la pression qu'exerce une masse de nuages subitement concentrés sur un point où se réunissent toutes les vapeurs aqueuses épanchées dans l'atmosphère. Cette pression, agissant de haut en bas sur les couches encore immobiles, les ébranle, les pousse en avant, dans tous les sens, autour du noyau nuageux, et le vent rayonne comme d'un centre mobile.

Ou bien encore, si ce noyau est un amas d'atomes libres de même nom, emprisonné dans la masse des vapeurs aqueuses, ces atomes, agissant sur la circonférence en vertu de leur répulsion mutuelle, engendrent la tempête qui tourbillonne à la lueur des éclairs, au bruit du tonnerre, aux éclats de la foudre, qui témoignent assez de l'intervention de la puissance électrique dans ces phénomènes.

Au bord de la mer, suivant les expositions, on a un vent d'est le matin, un vent d'ouest le soir provenant d'une simple différence de densité.

En quelque lieu de la terre que ce soit, du reste, l'apparition du soleil sur l'horizon est précédée chaque jour d'un vent d'est rafraîchi et épuré des exhalaisons de la veille, comme après qu'il a disparu, s'élève le vent frais du soir qu'on attribue quelquefois à l'influence de la lune, dont il est l'avant-coureur.

28. Il règne presque toujours un vent plus ou moins fort dans l'atmosphère, ne fût-ce que celui que doit produire la différence de vitesse entre la masse gazeuse et la partie solide du globe. Le calme ou repos absolu est infiniment rare; sur mer, il provient sans doute d'une cause accélératrice qui pousse l'atmosphère en avant pour la mettre au pas, et qui se décèle presque toujours, lorsqu'elle revient à son état normal, par un mouvement giratoire durant lequel les flots soulevés s'élancent en hélice dans l'intérieur d'un cône renversé, en faisant jaillir de tous côtés d'innombrables éclairs. Sur terre, le calme est presque toujours le sombre précurseur des plus violents orages; c'est pendant sa durée, ordinairement assez courte, que se forment ces livides amas de nuages plombés où se couvent les tempêtes.

29. Quand le vent est à peine sensible, il parcourt $0^m,5$ par seconde; il devient tout à fait sensible et courbe les épis au lieu de les faire seulement frémir, lorsqu'il parcourt 1 mètre par seconde,

A 2 mètres de vitesse, il est modéré;

A 5,5, il est trouvé assez fort;

A 10, il est fort;

A 20, il est très fort;

A 22,5, il se fait tempête;

A 27, grande tempête;

A 36, ouragan;

A 45, le vent ne connaît plus de résistance; il renverse les édifices et déracine les arbres.

CHAPITRE III.

DE LA ZONE FLUIDE INCANDESCENTE COMPRISE ENTRE LE NOYAU CENTRAL ET L'ÉCORCE SOLIDE.

30. Au-dessous de l'atmosphère, zone gazeuse extérieure, se trouve la zone fluide à l'état d'ignition, qui s'étend du côté du centre jusqu'au noyau solide élastique, formant et maintenant parmi les corps stellaires l'individualité constituée du globe terrestre. Mais le contact de ces deux zones n'est pas immédiat; elles sont séparées, comme nous l'avons vu, par une surface d'équilibre où s'est formée une écorce, pellicule d'abord très mince où la force de vibrations moléculaires, contre-balancée par la vitesse de rotation, est réduite à son minimum. C'est cette écorce, partie accessoire de la masse totale, qui avait été jusqu'ici considérée comme la véritable expression de la forme et de la substance de la planète placée par les anciens philosophes au centre de l'univers: rien de plus naturel, au reste. Il n'y a pas un être, si petit qu'il soit, qui ne rapporte tout à lui-même, et en restituant à cette écorce le rang qu'elle occupe de fait dans l'ordre

positif des choses, nous ne prétendons pas en diminuer l'importance relative, nous ne faisons que constater la position d'un infiniment petit dans l'économie générale de l'ensemble matériel des réalités existantes.

Cette écorce, qui d'ailleurs, au point de vue purement humain, est un tout si multiple, si vaste et si imparfaitement connu dans ses détails, nous l'examinerons dans les chapitres qui vont suivre avec toute l'attention dont nous sommes capables; mais il est nécessaire d'étudier d'abord, non pas l'essence, mais au moins les mouvements de la zone fluide, où les vibrations ne sont ni amorties par l'équilibre, ni dissimulées sous forme d'élasticité par la compression.

Pour abréger les formules, nous demandons la permission de donner quelquefois à cette masse fluide le nom de *pyrosphère*, qui signifie *sphère de feu*.

31. L'épaisseur de la pyrosphère se maintient à peu près constante, à raison de l'élasticité du noyau central; car, si d'un côté elle perd quelques unes de ses couches extérieures qui se solidifient successivement en vertu de leur adhérence à la pellicule d'équilibre, de l'autre le noyau se dilate proportionnellement et remplace les couches perdues par des couches plus intérieures, en sorte qu'il y a compensation ou à peu près. Il est évident, au reste, que si, par suite de l'épaississement de la pellicule et de la diminution du noyau, la densité de celui-ci était amoindrie d'une manière sensible, il en résulterait nécessairement quelques modifications dans l'équilibre actuel.

Ces modifications peuvent avoir eu lieu à des époques antérieures qu'il ne nous est pas donné de fixer; mais, comme on le verra par la suite, les choses en sont arrivées à ce point qu'il s'est fait un équilibre définitif entre certaines limites d'oscillations qui ne peuvent plus être dépassées.

32. Quoi qu'il en soit, la pellicule d'équilibre, en se con-

tractant par le rapprochement des molécules, d'où résultent la moindre vitesse, la moindre amplitude, en un mot l'amortissement des vibrations ou le refroidissement, tend sans cesse, en proportion de l'épaisseur qu'elle acquiert, au raccourcissement du rayon du globe, et fait effort sur la pyrosphère, dans tous les points où elle est en contact avec elle; de là une lutte sans trêve ni relâche, un frottement continuel qui froisse, qui plisse, ride et contourne les couches limitrophes en voie de solidification, entre la pellicule déjà durcie et la partie encore fluide de la sphère qui résiste à la contraction.

33. Allons plus loin. De la même manière que l'atmosphère gazeuse retarde sur la marche diurne de la masse plus dense qui l'entraîne dans le mouvement de rotation, de même la pyrosphère retarde sur le mouvement diurne du noyau central, et il n'y a pas harmonie complète entre la marche de ses molécules mobiles et celle de l'écorce solidifiée sur la surface d'équilibre et qui est emportée tout d'une pièce. De là, dans cette sphère, courants supérieurs de l'équateur aux pôles, contre-courants inférieurs des pôles à l'équateur, et, par une conséquence inévitable, nouveaux frottements auxquels les couches de la pellicule en voie de formation ou déjà formées ne résistent d'abord que par une force de contraction bientôt épuisée, sans doute, mais aussitôt renouvelée; et plus tard, par une force d'inertie qui croît avec l'épaisseur, mais qui cédera à son tour à d'autres mouvements de la pyrosphère (comme nous le verrons en son lieu), jusqu'à ce que l'épaisseur soit devenue telle, que l'écorce définitivement constituée ait assez de solidité pour résister à tous les efforts d'élasticité, mouvements et chocs possibles.

En attendant, elle craque, se fendille, se disloque en tous sens et dans toutes les directions, et c'est ainsi que, dès l'origine de la consolidation extérieure, la matière fluide, poussée en haut par la force d'élasticité du noyau, s'échappe de l'intérieur par toutes les issues qui lui sont ouvertes, en jets, en filets ; elle jaillit à droite, s'insinue à gauche, s'infiltre, s'épanche en clapotant de tous côtés, en filons, veines, veinules, ramifications ; entre les tables, feuillets et lames de la première écorce, à tous les degrés de solidification.

34. Mais ce n'est pas tout. Le mouvement rétrograde de la pyrosphère est à chaque instant modifié par les perturbations qui résultent de la réciprocité des lois auxquelles obéissent toutes les individualités du système solaire, et d'où proviennent, pour le globe terrestre, et la *précession des équinoxes*, et la *nutation de l'axe*, et l'*inclinaison de l'écliptique*, en ce qu'elle a de variable.

Le premier de ces trois mouvements est lent, mais uniformément progressif et toujours dans le même sens, en vertu de la continuité d'action de la force qui l'engendre ; il produit, par conséquent, dans la pyrosphère, une vitesse soumise à la même loi et dont l'accélération irait à l'infini, si la loi d'équilibre stable ne lui opposait périodiquement des obstacles qui anéantissent instantanément la progression accélératrice et la ramènent aussitôt à la vitesse initiale.

Les deux autres mouvements indiqués ci-dessus, étant périodiques avec retour, manifestent l'existence et la puissance des obstacles dont il s'agit et qui sont une des conséquences nécessaires des lois générales de l'attraction qui gouvernent et l'univers et le système solaire. Les retours périodiques ne peuvent s'effectuer qu'après des *temps d'arrêt*, à chaque changement de direction dans le mouvement oscillatoire ; et il en résulte évidemment, dans l'intérieur de la pyrosphère, des chocs énormes qui réagissent par contre-coup sur l'écorce consolidée.

35. Ce n'est pas ici le lieu de décrire, même sommairement, les effets de pareils chocs, dont on ne pourrait d'ailleurs donner qu'une description en miniature, même en réu-

nissant dans un seul tableau tous les traits que l'imagination des poètes a prodigués dans les allégories relatives aux phénomènes les plus terribles. Sans nous arrêter un instant à la guerre des géants contre les dieux, nous nous contenterons donc d'indiquer par des chiffres approximatifs au minimum, et les intervalles qui séparent les chocs en retour, et la puissance de la force perturbatrice dont ils déterminent l'explosion. C'est à ceux qui ont l'habitude de calculer les phénomènes des grandes marées, d'examiner si, vu la différence de densité qui existe entre les eaux de l'Océan et les flots de la zone pyrosphère, les effets et les causes présentent un caractère de proportionnalité satisfaisante.

Nous ajouterons seulement que ces bruits effroyables qui semblent rouler sous terre quelques instants avant que fasse explosion, s'il doit faire explosion, le phénomène dont ils annoncent l'existence menaçante, n'ont plus rien que de très naturel, quand on considère ce phénomène, volcan ou tremblement de terre, comme la conséquence d'un choc de la pyrosphère emportée par le mouvement de rotation.

36. Un mot encore, pour nous justifier du reproche qui pourrait nous être fait de nous enfoncer trop avant dans un ordre d'idées purement spéculatives et sans application possible. Il y en a qui, trop accoutumés à attacher un sens rigoureusement absolu aux mots d'ordre immuable, de régularité invariable, de majestueux équilibre, de suprême direction, ne tiennent compte ni des inégalités de mouvement, ni des perturbations réciproques qui dérivent nécessairement des lois générales, seules immuables; se croyant les maîtres de la nature et ne s'apercevant pas des continuels dérangements d'équilibre qui n'ont aucune prise sur l'infiniment petit où ils vivent, ils se révoltent contre toute idée de changement périodique, de bouleversement brusque et subit. Les chiffres qu'ils ont sous les yeux les font sourire et les laissent incrédules; ou

bien les effraient, ou encore leur causent une admiration stérile, suivant la disposition d'esprit où ils se trouvent. Il ne me paraît pas inutile, en conséquence, de leur montrer que les phénomènes qu'ils ne peuvent nier et qu'ils attribuent à l'intervention constante de l'Être tout-puissant ne sont pas inexplicables lorsqu'on se borne à déduire les corollaires les plus rigoureux des lois établies par cet Être tout-puissant, suprême intelligence qui n'a pas besoin de remettre à chaque instant la main à l'œuvre pour corriger, modifier, perfectionner ce qu'il a soumis aux variations d'un équilibre éternel.

Poursuivons cependant.

37. Le mouvement de l'écliptique, dans le sens du changement d'inclinaison, a pour limite angulaire 2 degrés 40 minutes, à raison de 48 secondes par siècle, avec retour en sens contraire, comme nous l'avons dit. La période du mouvement d'aller, jusqu'au premier temps d'arrêt, sera donc de $100 \text{ ans} \times \frac{2^\circ,40'}{48''} = 100 \times \frac{7200 + 2400}{48}$ ou $100 \times \frac{9600}{48} = 20{,}000$ ans.

Le mouvement de nutation de l'axe s'accomplit de son côté en 18 ans et demi.

Si ces deux mouvements coïncident, on obtient une période de $20{,}000 \times 18{,}5 = 370{,}000$ ans.

Ainsi voilà, par le seul fait de ces deux mouvements qui ne peuvent être contestés, trois retours de chocs périodiques éprouvés par l'écorce superficielle :

1° Période de 18 ans et demi pour la nutation de l'axe.

2° Période de 20,000 ans pour l'inclinaison de l'écliptique.

3° Période de 370,000 ans pour ces deux mouvements simultanés.

38. Mais ne nous arrêtons pas là. Nous avons vu que la lune est sans influence, ou peu s'en faut, sur l'atmosphère terrestre, en raison de la moindre densité de cette atmosphère

gazeuse, et nous savons en même temps qu'elle en a une très considérable sur les mouvements de la mer, dont la densité est encore assez éloignée de celle de la pellicule solide; à plus forte raison, doit-elle en avoir une plus considérable encore sur les mouvements de la pyrosphère, dont la densité augmente à mesure que ses couches sont plus voisines du centre.

Si quelqu'un pensait, ce que je suis loin d'imaginer, à m'opposer l'épaisseur de l'écorce du globe comme obstacle à cette dernière influence, je me contenterais de lui rappeler le spectacle enfantin du *canard magnétique* dont un aimant d'une force médiocre dirige tous les mouvements sur la surface d'un lac en miniature, à travers l'épaisseur de l'eau qui forme ce lac et le fond métallique du bassin où elle est contenue.

39. Mais n'insistons pas et reprenons le fil de nos déductions. Les mouvements de la lune ont une influence très grande et bien constatée sur l'intensité des marées; les plus fortes, pendant la durée d'une révolution lunaire, ont lieu à l'époque des syzygies, c'est-à-dire 2 fois par mois, ou 24 fois par an. Si l'on demande que ces grandes marées coïncident avec la plus tardive des périodes fixées précédemment, on devra observer que les syzygies elles-mêmes sont assujetties à un retour périodique et ne reviennent dans le même ordre qu'au moment où la terre arrive à son périhélie, juste au même point de son orbite; ce qui constitue une quatrième période qui est de 19 ans (cycle de Méthon). Cette période, combinée avec les trois premières, coïncide avec elles après chaque intervalle de $370,000 \times 19 = 7,030,000$ ans; nouvelle époque où concourent trois forces dont la résultante ne peut jamais être égale à zéro, à cause de la direction constamment variable de l'une d'entre elles, subordonnée à la marche ininterrompue de la lune.

40. Enfin, le mouvement des nœuds, c'est-à-dire l'instant

et l'endroit variable où l'orbite de la lune rencontre celle de la terre, amène encore une époque de perturbation où se modifient les mouvements de la masse fluide subordonnée au noyau de notre planète. Car, lorsque les mouvements de nutation et d'inclinaison qui avaient lieu jusque-là dans un sens déterminé, s'arrêtent brusquement pour revenir en sens contraire, juste au moment où la terre étant au point le plus près du soleil, la lune est de son côté au point le plus près de la terre et dans le plan de son orbite, toutes les forces attractives, agissant de concert dans un même plan et dans la position la plus favorable de leur résultante, doivent arriver à leur maximum d'effet. Or ce mouvement des nœuds de la lune s'achève en 18 ans et demi (révolution sidérale), et l'on a ainsi une cinquième période de $7,030,000 \times 18,5 = 130,155,000$ ans.

41. En étudiant davantage les mouvements respectifs de la terre et de son satellite, on obtiendrait sans doute un plus grand nombre de périodes intercalées, et sans doute aussi des périodes encore plus longues. Mais les développements qui précèdent suffisent pour de simples aperçus. C'est aux successeurs de Galilée qu'il appartient d'agrandir, pour livrer passage à un faisceau de lumière, cette échappée fortuite par où j'ai saisi à la dérobée un rayon qui m'a ébloui.

A l'œuvre donc! vous qui avez pour mission de scruter les mystères de la terre et des cieux; unissez vos efforts et Dieu les bénira! Le temps est passé des brodequins de fer qui ont brisé les os du grand initiateur, et il ne reviendra plus! Bien loin de nous est le chevalet qui lui déchirait les reins pendant qu'on lui faisait subir l'examen rigoureux; loin de nous le brasier dont Micanzio remuait les cendres sans y retrouver les pages complémentaires de l'idée condamnée au feu!

Mais vous en avez retrouvé une partie, vous! car elles n'étaient pas perdues, ces pages pleines de merveilles. L'*enfer même*, comme disait le Vénitien, *aurait reculé devant la pensée de les anéantir*. Vous retrouverez le reste ; car *l'enfer même, en eût-il la pensée, ne viendrait pas à bout de les anéantir !* Elles sont encore tout entières écrites là où les avaient lues, et Galilée, et Képler, et Copernic ; elles brillent encore du même éclat au grand livre où les a gravées le doigt du Tout-Puissant. Galilée en était illuminé, lorsqu'il s'écriait : *E però si muove !*

A l'œuvre donc, je le répète, à l'œuvre, maîtres ! Mettez le comble à la joie de ceux qui, aspirant à la grande révélation, tiennent les yeux constamment fixés sur vous et n'ont jamais cessé de confondre dans la même admiration et dans le même respect les Galilée et les Élie de Beaumont, les Copernic et les Cordier, les Képler et les Beudant, les Arago et les Humboldt, les Herschell et les de Buch.

Car, pour être tard-venu, on n'est pas nécessairement de ceux qui, à l'aspect de la moisson préparée par les esprits d'élite, tranquillement assis au bord du champ, incapables de mettre la main à l'œuvre, ne cessent néanmoins de crier à tue-tête que les princes de l'intelligence, endormis à l'ombre des lauriers, parmi les sinécures, ne rêvent que de loisirs, quand ils ne sont pas en proie au cauchemar d'une ambition cupide ! Traînards de la grande armée, qui aimez tant à crier, posez-vous donc d'aplomb en face d'un miroir, et dites-moi si vous connaissez un demi-dieu qui ne soit homme par quelque endroit.

Mais reprenons modestement notre métier de glaneurs, et, pauvres ouvriers de la dernière heure, suivons, courbés sur le sillon de l'humanité, les pas du Génie à qui Dieu a confié le soin de guider les intelligences de ceux qui s'appliquent à sonder ses mystères.

42. Si nous voulons apprécier d'une manière grossièrement approximative la force de soulèvement que peut acquérir la

matière incandescente mise en mouvement dans la pyrosphère par les perturbations qui proviennent de la précession des équinoxes, se poursuivant avec régularité, tandis que l'inclinaison oscillatoire de l'écliptique et la nutation font retour, calculons quel doit être le choc, tous les 18 ans et demi, période de la nutation.

Souvenons-nous qu'il s'agit ici d'une masse fluide mise en mouvement par l'attraction, force incessante, comme la pesanteur qui n'en est guère qu'un mode, et appliquons à cette masse les lois de cette pesanteur accélératrice imprimant au mobile une vitesse proportionnelle au carré des temps.

Nous trouvons ainsi qu'au bout de 18 ans et demi, c'est-à-dire au bout de 583,416,000 secondes de temps, la vitesse acquise est de $2(583,416,000)^2 = 680,748,458,112,000,000$, la vitesse initiale pendant la première seconde étant 1; en supposant que cette vitesse initiale soit, comme à la surface de la terre, de 5 mètres, on aura le nombre 3,403,742,290,560,000,000. Mais supposons qu'en vertu de l'inclinaison excessive du plan où agit cette force de pesanteur, la vitesse initiale ne soit que la cent millionième partie de 5 millimètres, la vitesse acquise sera encore de 3,403,742,290 mètres, nombre qui, étant pris pour coefficient de la masse, donnera la quantité de mouvement. Mettons une pareille force d'impulsion en antagonisme contre une force égale; pourrons-nous avoir une idée même approximative d'un pareil choc et des effets qui doivent en résulter par contre-coup sur l'écorce du globe terrestre?

43. Or, nous n'avons pas oublié qu'au moment où cette énorme vitesse se trouve anéantie, la précession des équinoxes qui poursuit son cours dans le même sens, ou en sens contraire, continue à pousser la masse, et de là le choc.

Nous avons sans doute beaucoup trop amoindri la vitesse initiale, et néanmoins nous sommes arrivé à des chiffres qui ne nous permettraient pas de croire que le globe terrestre ait pu exister un instant sous une forme définie quelconque : de là il résulte évidemment que l'accélération de la pesanteur ne se poursuit pas régulièrement durant les 18 ans et demi de la période de nutation. Il est à croire que les influences lunaires, traduites en marées quotidiennes, ralentissent la progression accélératrice; il faut tenir compte aussi de la viscosité des matières, qui s'oppose à la mobilité complète des molécules, et peut-être aussi de quelques autres circonstances tirées du frottement continu. Mais quelques nombres qu'on obtienne comme retranchements à faire de celui que nous avons trouvé, il restera toujours en définitive un chiffre plus élevé qu'il ne faut pour représenter les 900 atmosphères que M. Beudant assigne comme puissance nécessaire aux éruptions de l'Etna et les 1,500 qu'il attribue à celles de l'Antisana ; il en restera assez pour déterminer le soulèvement de quelque chaîne de montagnes que ce soit.

Il faut considérer néanmoins que les nombres donnés par M. Beudant sont probablement trop petits, comme on pourra s'en convaincre par notre § 81, chapitre V du présent livre; mais je ne crois pas qu'il soit à craindre que la force nécessaire fasse défaut en aucun cas.

Les époques indiquées dans les §§ 37-41 n'en subsistent pas moins comme périodes de retour au maximum des forces émanées de la zone pyrosphère.

44. Si l'on m'accuse de présomption aveugle et tâtonnant au hasard, en me voyant hésiter et comme reculer devant les chiffres énormes que le calcul fait ressortir de la nouvelle théorie, avant de répondre, je réclamerai un peu moins de sévérité pour une insuffisance qui n'est pas celle de la théorie, comme on pourra s'en convaincre si l'on prend la peine de l'examiner d'ensemble et de près; puis je prendrai la liberté d'ajouter :

1° Que personne jusqu'à présent ne sait quel degré de résistance la matière peut acquérir en prenant la forme sphéroïdale sous l'influence de l'attraction ;

2° Que des faits incontestables prouvent que des forces intérieures dont notre théorie explique l'existence ont soulevé à diverses époques, dont on ne comprenait pas le retour, des masses qui semblaient ne pouvoir être ébranlées par aucune des forces connues, à moins que le hasard ne réunît sur un point donné toutes les matières explosibles qui peuvent se rencontrer dans l'écorce du globe ; et encore n'ai-je vu nulle part qu'on ait cherché à calculer combien il faudrait de milliers de poudre à canon et de machines à vapeur à 10 atmosphères pour soulever les Himalaya à 8,000 mètres, ou seulement la chaîne des Andes à 6,000.

N'eussé-je démontré qu'une chose, à savoir, que le hasard n'entre pour rien dans les phénomènes dont on cherche l'explication, que je croirais avoir quelques droits à l'indulgence des hommes qui m'auraient convaincu d'erreur.

45. Peut-être ai-je fait davantage ; il me semble que j'ai préparé la solution de cette question déjà fréquemment soulevée par ceux qui s'occupent de l'avenir du globe terrestre : Avons-nous un moyen quelconque d'évaluer à peu près l'âge du dernier choc et de la dernière révolution qui a laissé le globe dans l'état où il se trouve actuellement ? Pouvons-nous prévoir le retour d'un nouveau choc ?

Voilà 2000 ans, suivant les observations d'Hipparque et de l'école d'Alexandrie, auxquelles se rattachent celles de nos observatoires modernes ; 5000 ans, suivant les traditions bibliques (ère de Noé) ; des milliers de siècles, si l'on regarde comme authentiques les annales indiennes et chinoises, que la surface du globe terrestre se maintient sans altération essentielle dans les conditions d'existence où il est aujourd'hui placé. Nous sommes en droit d'en conclure, si nous nous en tenons au témoignage de Moïse, que depuis l'époque du dernier choc l'écorce a dû acquérir assez d'épaisseur et de solidité pour résister aux catastrophes de la période de 19 ans; si nous adoptons les chroniques de la Chine et de l'Inde, il est également en état de subir les épreuves de la période de 20,000 ans; mais résisterait-il de même à la révolution de 370,000 ans? Sommes-nous à la fin ou au milieu de cette dernière période? J'avoue qu'il me manque tout ce qui serait nécessaire pour donner une ombre de vraisemblance à de pareilles évaluations. Mais d'autres peuvent le faire: pourquoi ne le feraient-ils pas? Ce sont là des calculs dont la mécanique céleste et l'histoire de l'astronomie, remuée dans ses profondeurs, peuvent leur fournir plus d'un élément essentiel et dont les formules les plus transcendantes leur sont familières.

46. En attendant que les hommes qui travaillent sérieusement au progrès de la science entrent dans cette voie de recherches, avec la ferme résolution d'aller jusqu'au bout, ne pourrions-nous pas rattacher à la période de 19 ans les catastrophes locales qui se répercutent sur un si grand nombre de points à la fois, comme le tremblement de terre de 1756?

Qu'il me soit permis de montrer dans un tableau sommaire que l'idée est moins difficile à réaliser qu'on ne le suppose peut-être.

Une des catastrophes les mieux avérées et les mieux connues dans l'antiquité, est l'éruption du Vésuve qui engloutit Herculanum et Pompéi l'an 79 de l'ère chrétienne, et dans laquelle périt Pline l'ancien, victime de son amour pour la science, suivant le récit de son neveu qui en rendit compte à l'empereur Trajan.

En remontant le cours des âges, nous ne trouvons plus de date qui mérite confiance, si ce n'est celle de l'an 476 avant Jésus-Christ, où il est fait mention, d'après Thucydide, d'une violente éruption de l'Etna qui força les Athéniens à quitter la Sicile durant la guerre du Péloponèse. L'intervalle entre cette époque etl a précédente est de 555 ans ou de 29×19+4, ce qui accuse un retard de 1 mois et demi pour chaque révolution ; on obtient 30 révolutions juste, si l'on adopte la période de 18 ans 5.

47. Reprenons donc la marche en avant de l'an 79. Nous sommes obligés, faute de renseignements précis, de faire un bond jusqu'à l'an 716, époque, rappelée par Nicéphore, de l'éruption d'un volcan dans les îles Kameni, de l'archipel grec (îles brûlées du groupe de Santorin) : l'intervalle est ici de 637=33×19+10, ce qui donne un retard d'environ 4 mois par période de 19 ans.

De l'an 716, nous franchissons encore un intervalle de 43×19=817 ans pour arriver à la période de 1533—1558, qui vit éclater à la fois le volcan de Palma, l'une des Canaries, satellite ou évent du pic de Teyde (île de Ténériffe), et celui de Cotopaxi, dans les grandes Cordilières de Quito.

Rapprochons-nous de l'époque actuelle, et nous trouverons successivement :

1° Les éruptions de 1571—1578, dans l'archipel de la mer Égée, autour de Santorin et de Milo, après un intervalle de 19×2=38 ans ; mais si on la rapproche de la première éruption de l'an 716, mentionnée plus haut, on trouve un intervalle de 19×45=855 ans.

2° Dernière éruption de l'Antisana, dans les Cordilières de l'équateur, année 1589—1591 : intervalle de 19—1=18 ans. Il y a eu ici une avance de 1 an, par l'influence accélératrice de la période de 18 ans et demi, relative à la nutation de l'axe.

3° 1641—1646. Éruptions successives de Palma dans les Canaries, de Tunguragua dans les Cordilières de Quito : intervalle de 19×4—1=75 ans. Même observation que pour le n° 2.

4° 1660—1669. Éruption de l'Etna, qui vomit une lave

de 100 pieds d'épaisseur, et dernière éruption du volcan de Rucu Pichincha, dans la Cordilière de l'équateur : intervalle de 19 ans.

5° 1677—1690. Éruption des Hébrides, au nord de l'Écosse, et de Palma dans les Canaries : intervalle de $19-2=17$ ans. Il y a ici une avance de 2 ans, qu'on peut encore attribuer à l'impulsion accélératrice de la nutation.

6° 1718—1720. Éruption de Palma et de Tunguragua : intervalle de $19\times2+3=41$ ans. On remarquera que Palma avait deux avances, l'une de 1 an (n° 3), l'autre de 2 ans (n° 5), qui se trouvent ici compensées par un retard de 3 ans.

7° 1755, 1756—1759. Éruption de l'Hécla et de l'Eyafialla-Jokul, dans la région centrale de l'Islande ; de l'Etna, qui vomit une lave de 200 pieds d'épaisseur ; tremblement de terre de Lisbonne, qui ébranle tout le continent européen ; du Jorullo, qui soulève et couvre d'un millier de cônes volcaniques la fertile plaine de Mécoachan, dans le voisinage d'Ario et de Mexico. L'intervalle est de $19\times2-1=37$ ans.

8° 1766—1783—1793. Continuité d'éruptions sur divers points, dont les principaux sont : l'Hécla et le Skœptad-Jokul, en Islande ; l'Etna, qui s'ouvre par son sommet, en 1787, et dont les flancs ont cessé de s'agiter depuis ; mais en 1783, la Calabre tout entière avait été bouleversée par un tremblement de terre, 17 ans après l'éruption de l'Hécla, en 1766 ; éruption de l'Avatscha, au Kamtschatka, du Tuxtla, près de la Vera-Crux, au Mexique : intervalle entre la première année du groupe précédent et la dernière de celui-ci $19\times2-1=37$ ans.

9° 1796. Tremblement de terre de Riobamba, entièrement abîmée, bouleversement de 65 lieues de côtes au sud de Quito. Le Tunguragua avait jeté ses dernières flammes en 1720, c'est-à-dire $4\times19=76$ ans auparavant.

10° 1812. Tremblement de terre aux Antilles ; éruption du

volcan de Saint-Vincent : intervalle de 19 ans, depuis 1793. Le Saint-Vincent avait encore été le foyer principal, en 1718, 94 ans auparavant (5×19—1).

11° 1828. Tremblement de terre de la Guadeloupe, 39 ans, ou 2×19+1, après l'éruption des volcans du Kamtschatka.

12° 1831. Tremblement de terre qui bouleverse les côtes de la Sicile, tandis que l'Etna se repose 19 ans, après la catastrophe des Antilles, en 1812.

48. On voit combien il serait facile de constater cette période de 19 ans, qui coïncide avec le retour des syzygies lunaires, si on la combine avec celle de 18 ans et demi qui répond au mouvement oscillatoire de la nutation, et si en même temps on tient compte de la densité comme de la ténacité de la matière fluide, qui, dans la même proportion que les eaux de la mer, résiste au mouvement, au lieu d'y obéir instantanément, comme le fait l'atmosphère, dont la mobilité ne rencontre d'ailleurs aucun obstacle. Cette constatation ne laissera plus aucun doute, si l'on arrête ses regards sur les 140 volcans aujourd'hui en activité pour la plupart, qui l'ont tous été depuis la période historique, et qui, distribués sur toute la surface du globe, comme on le voit ci-dessous, sont des espèces d'évents ou d'exutoires par où la matière en mouvement de la pyrosphère se fait jour aussitôt qu'elle rencontre un obstacle; il n'est pas nécessaire de s'appesantir à démontrer que ces soupapes de sûreté, toujours ouvertes ici ou là, ne peuvent manquer d'influer sur les courtes périodes de 18 ans et demi et de 19 ans.

49. Si, de l'extrémité méridionale de l'Amérique, on suit, en remontant au nord, la côte occidentale de ce continent, on longe presque sans interruption, si ce n'est du 27e au 17e et du 16e au 2e degré de latitude sud, une chaîne de volcans qui ne se termine que sous le cercle polaire, par le Saint-Élie, le Beautemps et les Vierges ; puis, revenant au sud, par

les Aléoutiennes et les Kouriles; d'autres volcans bordent, à une distance peu considérable, la côte orientale du continent asiatique, et se prolongent au sud, toujours baignés par l'Océan, dont ils agitent quelquefois les flots par les plus effroyables tempêtes, en formant de nombreux archipels, comme les Philippines, les îles de Lieukieu, du Japon, de la Sonde, les Célèbes, les Moluques, etc. Une ramification, dirigée au sud-ouest à partir du Kamtschatka, traverse l'ancien continent jusqu'à la côte orientale d'Afrique, le long de laquelle on trouve les volcans de Madagascar et ceux de l'île Bourbon.

La côte occidentale de l'ancien continent ne présente qu'un très petit nombre de volcans en activité, dans l'hémisphère austral, aux approches de l'équateur, et pas un seul dans l'hémisphère boréal; il en est à peu près de même de la côte orientale du nouveau, avec cette différence toutefois que c'est dans l'hémisphère austral que cette côte est complétement dépourvue de volcans; les quelques uns qu'on y trouve dans l'hémisphère boréal sont aussi dans le voisinage de l'équateur. En revanche, la ligne médiane qui partage l'intervalle entre les deux continents, dans la direction des méridiens, nous offre, du nord au sud, les volcans d'Islande, les Hébrides, les Açores, Madère, les Canaries, l'Ascension et Sainte-Hélène, et enfin l'Erebus et le Terror, nouvellement découverts sur la côte des terres australes.

50. Les volcans actuels, par où la pyrosphère lance au dehors les excédants de matière fusible que l'agitation périodique amène au point de ne pouvoir plus être contenus sous l'écorce consolidée, ont succédé à d'autres exutoires qui ont cessé leurs fonctions avant le commencement des époques historiques, et qui n'étaient pas moins nombreux, surtout dans l'ancien continent, car le nouveau n'a pas encore été suffisamment exploré sous ce rapport pour nous fournir des renseignements assez nombreux et assez précis. Du reste, l'Europe est jus-

qu'ici la seule partie du monde où cette étude a été poussée avec un peu d'activité, et encore n'est-ce pas depuis bien des années.

Nous n'avons donc à citer ici que les Sierras de la Castille et de l'Andalousie (Espagne); le plateau des Cévennes (France), et au nord-est les montagnes qui encaissent le Rhin, dans les environs d'Andernach et d'Oberstein, se rattachant vers l'est aux groupes de l'Eiffel et du Taunus; en tirant vers l'ouest, on trouve encore les groupes basaltiques des Orcades et de l'Islande. Au centre de l'Europe, du nord au sud, nous rencontrons les montagnes de la Thuringe, de la Saxe et de la Bohême, les monts Euganéens de Vérone et les sept collines de Rome; et, dans l'Europe orientale, les cônes trachytiques de la Hongrie; les calcaires métamorphiques de la mer Égée, où il y a encore tant de volcans à l'état d'intermittence.

CHAPITRE IV.

FORME EXTÉRIEURE DE L'ÉCORCE QUI RECOUVRE LA SURFACE D'ÉQUILIBRE.

51. Dans sa forme actuelle, l'écorce par où se manifeste à nos yeux la configuration générale du globe terrestre se compose de deux parties bien distinctes. L'une, solide, hérissée d'aspérités, creusée de dépressions, ridée, sillonnée, déchirée en tous sens, témoigne des chocs périodiques et des bouillonnements continuels de la pyrosphère, qui, en certains lieux, a mis en relief les lambeaux soulevés, en d'autres a occasionné des effondrements, tantôt restés vides à de grandes profondeurs, et tantôt à demi comblés par la matière ignée qui affluait à l'ouverture du fond pour la boucher.

L'autre, à l'état liquide, recouvre la première, comme étant de densité moindre, obéissant ainsi aux lois de l'équilibre stable qui ne pourrait avoir lieu et serait troublé par des mouvements énormes, s'il n'était satisfait à cette condition ; elle est, en outre, d'une mobilité moindre que celle de l'atmosphère, mais suffisante pour qu'elle suive sans grands retards l'impulsion qui lui est donnée par les forces attractives émanées du soleil et de la lune. Elle n'a pu se constituer définitivement qu'après le refroidissement et la parfaite consolidation de la première, attendu qu'elle passe à l'état gazeux, sous forme de vapeurs non permanentes, à une température comparativement peu élevée, c'est-à-dire dans des conditions de vibrations moléculaires d'une amplitude et d'une intensité moindres que ne l'exigerait l'état moléculaire de la partie solide pour retourner à l'état de pyrosphère.

52. Nous examinerons d'abord celle-ci.

D'abord pellicule très mince, qui s'est accrue par adjonction progressive de couches intérieures se solidifiant les unes après les autres, elle porte le signe irrécusable de cette formation caractérisée par la texture feuilletée qui ne peut être méconnue dans le plan perpendiculaire aux couches envisagées sous un point de vue général. Elle est parvenue à une épaisseur qui lui donne déjà beaucoup de force, bien qu'elle soit encore peu considérable, si on la compare au rayon total du globe, dont elle atteint à peine $\frac{1}{60}$, environ 25 lieues de 4,000 mètres. Voici comment on est parvenu à s'assurer de ce fait :

53. 1° A la profondeur d'environ 33 mètres, ou 100 pieds, on a trouvé une chaleur à peu près constante de 11°,7 (caves de l'Observatoire de Paris), qui ne participe à aucune des variations d'intensité de la chaleur atmosphérique provenant des vibrations spontanées de la photosphère du soleil ; c'est-à-dire qu'à la profondeur indiquée les ondulations de la matière

diffuse sont progressivement ralenties suivant la loi de la distance à la source des vibrations, et cessent de communiquer toute espèce de mouvement.

Mais à partir de ce point, si l'on s'enfonce davantage dans l'épaisseur corticale, comme dans un puits de mineur, la température s'élève en moyenne de 1 degré pour chaque étage de 33 mètres. Ce phénomène annonce que les vibrations virtuelles du noyau se propagent dans la pyrosphère en s'affaiblissant de 1 degré du thermomètre, à mesure que la distance est augmentée de 33 mètres, et signifie que la puissance des vibrations spontanées diminue dans le même rapport que la distance augmente. Il résulte de là qu'on peut facilement connaître quel est le degré de fluidité de la pyrosphère, à une profondeur donnée.

54. Pour mesurer la température proportionnellement croissante dont il s'agit, on ne peut employer le thermomètre ordinaire dont on aurait bientôt dépassé la limite supérieure; nous aurons donc recours au pyromètre de Wedgwood, dont le point de départ indique 580°,55 du thermomètre centigrade, et dont chaque degré répond à 72 des degrés de ce thermomètre : la formule est donc 72A+580,55.

55. En partant de la température initiale de 12 degrés en nombre rond, on trouve immédiatement qu'à 3,300 mètres de profondeur, la température doit être de 112 degrés, un peu plus élevée que celle de l'eau bouillante :

A 2,020 × 33m = 66,660m = 16 lieues, elle est de 2,020°, chaleur de l'argent en fusion.
A 2,524 × 33 = 83,292 = 20 lieues, on a 2,524°, chaleur du cuivre en fusion.
A 2,884 × 33 = 95,172 = 24 lieues, on a 2,884°, chaleur de l'or en fusion.
A 3,030 × 33 = 99,990 = 25 lieues, on a 3,030°, fer chauffé à blanc, masse pâteuse.
A 9,940 × 33 = 328,120 = 82 lieues, on a 9,940°, fer en pleine fusion.

Ainsi, à 25 lieues de profondeur, le fer est encore à l'état pâteux, voisin de la fusion, mais déjà sur le point de se solidifier.

56. Ces résultats s'accordent merveilleusement avec une grande expérience terminée en 1841. L'eau du puits artésien de Grenelle, qui remonte d'une profondeur de 586 mètres environ, doit être de 16 degrés plus chaude que celle de la surface, qui est de 12 degrés, comme nous l'avons vu ; on s'attendait, en conséquence, à obtenir une eau jaillissante à 28 degrés, et cette espérance n'a pas été trompée. Quelque minime différence provenant du parcours de l'eau dans les tubes ne peut être portée en ligne de compte, et il serait difficile de trouver la théorie plus rigoureusement d'accord avec l'observation destinée à la vérifier.

57. Il paraît démontré, par les calculs de Fourrier (*Théorie de la chaleur*), que nous sommes arrivés à cet état d'équilibre où l'écorce du globe terrestre persiste dans une température constante, le soleil lui fournissant autant de chaleur qu'elle en perd chaque jour par son rayonnement particulier; ce qui, traduit dans notre théorie, veut dire que les vibrations moléculaires passées à l'état virtuel dans l'écorce du globe sont aussi vivement sollicitées par les ondulations de la lumière diffuse qui lui transmettent les vibrations du soleil, qu'elles se trouvent ralenties par l'état de contraction où les maintient l'attraction centrale. Au reste, la compensation n'eût-elle pas lieu de ce côté, l'état virtuel de tension élastique où se trouve le noyau central suffirait largement à maintenir les vibrations moléculaires de l'écorce dans l'état normal de la situation actuelle.

58. Si la progression dont nous avons rappelé quelques termes au § 55 se continuait sans interruption jusqu'au centre, il en résulterait à ce point éloigné de la surface de 1,500 lieues de 4,444 mètres, c'est-à-dire de 6,666,000 mètres, il en résulterait une chaleur de $\frac{6666000}{33} = 202,000$ degrés, chaleur qui effraie justement M. Beudant, et dont il ne sait que faire, quoiqu'il ne laisse pas voir combien il en est

embarrassé. Comment concilier, en effet, cette chaleur capable de volatiliser en un clin d'œil tout ce que nous connaissons de plus réfractaire, et sous l'influence de laquelle les gaz eux-mêmes passeraient à l'état de fluides impondérables, comment la concilier avec la loi de densité croissante de la circonférence au centre? loi qui agit en raison composée de la pression et de la moindre distance! loi vérifiée par le calcul qui constate la densité moyenne du globe terrestre, d'après les formules astronomiques de l'attraction réciproque des corps célestes, et qui la fixe à 5,5 celle de l'eau étant prise pour unité, tandis que l'observation du pendule, à de grandes profondeurs, porte à 12 la densité locale!

M. Beudant tourne la difficulté, sans l'indiquer autrement, en ajoutant : « Il n'est guère probable que la chaleur s'ac-
» croisse toujours uniformément; il est à croire que bientôt
» il se fait un équilibre général, et qu'à une profondeur de
» 150 à 200 kilomètres, il s'établit une température uniforme
» de 3 à 4,000 degrés, la plus forte que nous puissions pro-
» duire et à laquelle rien ne résiste. »

59. Je ne me permettrai aucune réflexion au sujet de cette phrase; je me contenterai de faire remarquer aux hommes sérieux que, dans la théorie que je développe, on ne rencontre pas de pareilles difficultés et qu'on est ainsi dispensé de toute explication tirée de nécessités exceptionnelles. La densité est continuellement croissante des extrêmes confins de l'atmosphère jusqu'au centre; en dehors des limites, la température est, dit-on, de —140 degrés, ce qui signifie que les vibrations moléculaires n'ont aucune puissance de manifestation : ce qui n'est pas étonnant, là où les forces répulsives tiennent les molécules à des distances réciproques telles, que la force d'attraction est tout entière employée à maintenir ces distances; les ondulations des atomes libres n'ont qu'à passer avec leur rapidité habituelle sans occasionner nulle part aucun

ébranlement. D'autre part, il n'existe pas, il ne peut pas exister dans le noyau central ce qu'on appelle une température de 200,000 degrés, attendu que les vibrations spontanées de ce noyau sont amorties par la pression de la pyrosphère qui va croissant de la surface d'équilibre à ce noyau.

60. Il serait difficile aujourd'hui de retrouver dans l'écorce du globe terrestre la trace des plis, rides, sillons et reliefs qu'a dû y produire dès l'origine le continuel ressac de la masse fluide qu'elle recouvrait, et qui, dans une alternative non interrompue de flux et de reflux soumis à l'influence du soleil et surtout de la lune, en modifiait sans cesse la forme de mille manières différentes. Cependant, si l'on veut bien considérer que cette enveloppe doit se composer de couches feuilletées, comme nous l'avons expliqué ci-dessus, § 52, on ne doit pas douter que la géologie, en dirigeant ses recherches de ce côté, ne parvienne, dans un avenir très prochain peut-être, à reconnaître un assez grand nombre de localités où elle pourra planter ses jalons.

61. Essayons, en attendant, de nous former une idée de quelques uns de ces reliefs, tels qu'ils ont pu exister primitivement.

La vitesse de rotation étant nulle au pôle et progressive jusqu'à l'équateur, le refroidissement a dû commencer à ce point et se propager dans le sens des méridiens, en sorte qu'on peut se représenter la première enveloppe comme diminuant d'épaisseur dans la même direction ; mais cette diminution n'a pu être uniforme, et la loi de continuité en a été altérée. Le refroidissement ralenti par le mouvement de rotation qui croît comme 7 du pôle au 60e degré de latitude, puis comme 5 seulement du 60e au 30e degré, et seulement comme 2 du 30e degré à l'équateur (livre II, chapitre I), a dû être modifié par ce brusque changement de progression ; ses phases diverses ont dû correspondre par des solutions de continuité aux soubresauts qui affectent la vitesse de rotation, et l'on est en droit de conclure qu'entre le 60e et le 70e degré de latitude, il s'est fait un plissement hélicoïde dans la pellicule. Or, étendez devant vous un planisphère terrestre, et vous verrez au nord la terminaison des deux continents marquée en traits qui ne peuvent être méconnus, du cap nord (Laponie) au Kamtschatka, du détroit de Scoresby (Groënland) au détroit de Behring.

Vous trouvez un plissement analogue nettement accusé autour du pôle austral, à la même latitude, en suivant la trace des terres nouvellement découvertes par Ross, Dumont d'Urville et autres navigateurs intrépides.

62. Il est vrai qu'on remarque une grande différence de formes entre les extrémités des deux continents, du côté des pôles : vers le nord, le plissement originel se relève du côté de l'équateur; dans le sud, il semble se relever du côté du pôle, et plonger en s'abaissant vers l'équateur. On a fait nombre de suppositions pour expliquer cette différence; mais ne serait-il pas plus simple d'admettre que les deux plissements contemporains, ou à peu près, comme semble l'indiquer la loi de symétrie, ont eu lieu dans une saison où la disposition des pôles aux extrémités de l'axe, l'un tourné vers le soleil, l'autre dirigé en arrière, était telle qu'ils se trouvaient dans des conditions inverses, soumis à l'action de la lune passant au périgée? Pour l'un, le pôle nord, la matière figée étant plus fortement attirée vers le ménisque, s'est affaissée en dedans du cercle polaire, et y a laissé une dépression profonde : le même effet se produit à l'extrémité de la canne du verrier chargée de matière en fusion, lorsqu'en la faisant tourner rapidement, il cesse d'y souffler, ce qui équivaut à une aspiration. Au pôle sud, l'aspiration vers le ménisque étant moins forte, il n'y a pas eu retrait de matière ni dépression, et la turgescence circulaire occasionnée par le soubresaut du re-

froidissement est demeurée dans ses conditions normales. Le soleil était arrivé alors au tropique du Cancer.

63. Ainsi, au pôle arctique, nous aurions une mer ouverte; autour du pôle antarctique, un continent ou des archipels. Cette conclusion est confirmée par les phénomènes actuels; car on a constaté que le froid est plus rigoureux et dure plus longtemps dans les mers australes que dans les mers polaires du nord. Mais il est prouvé que si le pôle est entouré d'une mer libre, le thermomètre, sous le parallèle de 76°,45′ ne s'abaisse que jusqu'à — 7°,5, tandis que s'il forme une calotte solide, avec ou sans interruption, le thermomètre, à la latitude moins élevée de 75°,24′, descend jusqu'à — 18 : d'où l'on a conclu, pour une mer libre, un maximum de froid de — 18 degrés, et pour un continent polaire un maximum de — 32 degrés.

La différence de température reconnue aux deux pôles annonce donc assez clairement une mer libre au pôle nord, un continent au pôle sud, et c'est cette conviction qui exalte l'intrépidité des hardis explorateurs qui affrontent l'un après l'autre de si horribles dangers pour trouver cette mer libre, de la terre de Bank's au détroit de Behring.

64. Outre ces reliefs circumpolaires, il y en a encore de non moins généraux dans le sens des méridiens, comme nous l'avons indiqué, et qui doivent résulter nécessairement du mouvement de rotation agissant sur la pellicule d'équilibre, perpendiculairement à la direction de ces méridiens. Cette pellicule a dû avoir d'abord une disposition à se former en bande, suivant la direction que j'ai rappelée, de la même manière que la baudruche d'un aérostat; mais les retards que nous avons signalés dans la marche de la pyrosphère, par analogie avec ceux qui, dans l'atmosphère, sont la cause des vents alizés, ont produit les mêmes effets en ce qui concerne le refroidissement : aussi trouvons-nous dans la partie orientale

de l'ancien continent la trace évidente d'un grand pli originel, dans la direction transversale du sud-ouest, à partir de l'extrémité nord du Kamtschatka jusqu'au grand plateau persique. Ce grand pli est dessiné par les crêtes principales de l'Altaï, se prolongeant par le Belourdagh, l'Indoukoh et le Paropamise. Au delà du plateau persique, se trouve le groupe des montagnes de l'Yémen, qui rejoignent au delà du détroit de Babel-Mandeb les rugosités peut-être moins fortement accentuées du Zanguebar, de Mozambique et de Sofala, se prolongeant et se relevant au cap de Bonne-Espérance; la grande île de Madagascar, en face de Mozambique, pourrait se rattacher à ce système.

65. La même loi a déterminé le relief qui forme les contours des deux continents. Tirons une ligne coupant les méridiens sous un angle de 45 degrés, et nous avons la côte orientale de l'ancien continent, de l'extrémité du Kamtschatka jusqu'à la grande île de Sumatra, qui se pose comme une traverse à l'extrémité sud. Tirons une seconde ligne sensiblement parallèle à cette première direction, de la pointe septentrionale du pays des Samoïèdes aux îles du cap Vert, et nous aurons la côte occidentale de ce même continent, dont la limite méridionale sera formée par la grande chaîne de montagnes qui traverse l'Afrique, du cap Bathurst au sud de la Sénégambie, jusqu'à l'île de Socotora, sous le 10e parallèle nord. Cette limite se prolonge, avec quelques inflexions, vers l'est, le long des côtes de la Caramanie, du Belouchistan et du Malabar, jusqu'à l'extrémité des Ghattes et à Ceylan, puis de là au cap de Cambodje, dans les mers de la Chine. Sur les extrémités de cette base, à l'est comme à l'ouest, s'appuient deux appendices triangulaires ayant leurs sommets à peu près à la même latitude de 40 degrés sud. L'un forme l'Afrique méridionale qui se termine au cap de Bonne-Espérance et dont la côte orientale forme l'extrémité du grand

pli transversal indiqué dans le paragraphe précédent, tandis que sa côte occidentale, bordée par les montagnes du Congo, d'Angola, de Benguela et des Cimbebas, suit à très peu près la direction du méridien. L'autre, formé de plusieurs groupes d'archipels et d'une grande terre, la Nouvelle-Hollande, a des contours beaucoup plus irréguliers. Ce qu'on peut attribuer au grand nombre de volcans encore en activité qui l'ont découpé et morcelé dans tous les sens.

66. Le nouveau continent se compose aussi de deux parties, l'une septentrionale et l'autre méridionale. La première est bordée à l'est par une côte montagneuse, coupée de vallées profondes, qui s'étend du cap Barclay, au Groënland, jusqu'au pied de la Cordilière mexicaine, faisant, comme la côte orientale de l'ancien continent, un angle de 45 degrés avec les méridiens qu'elle rencontre; sa côte occidentale, du détroit de Behring au même point de la même Cordilière, où elle fait un angle droit, coupe aussi les méridiens sous le même angle de 45 degrés, mais en sens inverse. L'hypoténuse de ce triangle est le pli circumpolaire entre les deux côtes.

La partie méridionale de ce nouveau continent forme aussi un triangle rectangle dont l'angle droit est sous l'équateur, se projetant à l'est, et dont l'hypoténuse est posée dans le sens des méridiens; le côté septentrional court à l'ouest 40 degrés nord, et le troisième côté, qui est l'oriental, se dirige au sud-ouest.

67. Cette description sommaire représente la configuration actuelle des continents, telle que l'ont faite et laissée les mouvements continuels de la pyrosphère, d'où procèdent les rugosités et plis originels, aussi bien que les chocs périodiques à la suite desquels ont eu lieu des modifications nombreuses et considérables dans la distribution des fonds de l'Océan et des reliefs émergés. Il est à présumer, toutefois,

que ces modifications n'ont porté que sur les découpures locales, enfermées dans des limites assez étroites, sans altérer essentiellement le dessin des grandes lignes, que nous avons cherché à reconnaître au plus près de la vérité.

CHAPITRE V.

DES MERS.

68. Les dépressions, à divers degrés de profondeur et de toute espèce de formes, qui se remarquent entre les deux grandes masses en relief nommées continents, se sont remplies jusqu'à une hauteur proportionnelle à la quantité, d'un liquide formé dans l'atmosphère de l'oxygène et de l'hydrogène exhalé de la pyrosphère, dans la proportion de 88,90 du premier et de 11,10 du second, pour 100; ce liquide est l'eau. Cette combinaison est de telle nature, qu'elle absorbe et s'assimile, si l'on peut ainsi parler, un grand nombre de substances, et plus spécialement toutes celles qui résultent de l'association du chlore avec les autres; elle se dissout elle-même très facilement dans l'air atmosphérique, où elle forme ensuite, par une demi-condensation, des amas de vapeurs appelés nuages. Si on l'élève à une température de 100 degrés, elle se vaporise instantanément et se dissout en masse dans l'atmosphère avec une rapidité qui est en raison inverse du degré de saturation des couches où elle s'élève.

69. Il résulte de cette dernière propriété que les mers n'ont pu se former qu'à partir du moment où la surface constituant le fond des bassins et récipients où l'eau devait s'accumuler, s'est abaissée à une température moindre que 100 degrés, température actuelle des couches solidifiées de l'écorce, à une

profondeur d'environ 3,000 mètres. Si l'eau s'est condensée dans l'atmosphère, avant cette époque, de manière à passer de l'état de vapeur à celui de liquide, il en est résulté des alternatives de vaporisation et de condensation qui, en accélérant le refroidissement du fond en ont modifié, changé, altéré la composition, ou diminué du moins la force d'agrégation des molécules intégrantes formant la base et les éléments de cette composition.

70. Mais sans nous arrêter à ces considérations dont les développements ne seraient point ici à leur place, contentons-nous d'examiner la constitution actuelle des mers, relativement à la configuration extérieure de la surface du globe, à l'influence qu'elles ont eue sur les relèvements généraux du fond et sur les parois latérales des bassins où elles étaient contenues; nous aurons à tenir compte, en même temps, des mouvements que leur imprime l'attraction du soleil et de la lune, attraction à laquelle on les voit obéir, en raison de la mobilité des molécules de l'eau dont elles sont composées.

71. Le mouvement de rotation étant nul aux pôles, et augmentant de vitesse à mesure qu'on s'approche de l'équateur, c'est aux pôles, comme nous l'avons vu, que le refroidissement a commencé. C'est la calotte sphérique entourant les pôles qui a été consolidée et refroidie la première au degré convenable; la première, en conséquence, qui a été capable de recevoir et de conserver l'eau liquide; c'est donc aux pôles que se trouve la source des océans.

72. Ici se présente une considération qui n'est pas à négliger et qui se fonde sur la différence de conformation que présentent les deux pôles, comme nous l'avons expliqué au § 62. Nous avons vu, en effet, que le pôle arctique s'était immédiatement creusé en coupe, tandis que le pôle antarctique avait persisté en se consolidant, sous la forme d'une calotte sphérique où l'eau tombant de l'atmosphère trouvait

moins facilement des bassins assez considérables pour se rassembler sous un grand volume.

73. Ainsi, tandis que la vaste coupe du nord se remplissait plus lentement pour atteindre le niveau supérieur du relief qui en fait les bords, l'eau, sur la calotte du sud, coulait rapidement dans tous les sens vers l'équateur, en obéissant et à la loi de déclivité et à la puissance de l'attraction lunaire ; il en est résulté immédiatement d'immenses marées qui sont venues se heurter contre les reliefs équatoriaux, à mesure qu'ils se consolidaient par le progrès du refroidissement. De là, rapidité excessive des alternatives de vaporisation et de liquéfaction ; chocs violents des courants austro-polaires contre les reliefs nouvellement solidifiés, qui ont été brisés, emportés dans tous les sens ; et l'impétuosité des flots ne s'est arrêtée qu'au pied des grands plissements originels indiqués au § 61 ; de là, enfin, la configuration découpée en triangle des continents, à leur limite méridionale.

74. Et lorsque la coupe du nord a été pleine, elle a débordé par toutes les issues que lui ont offertes les contours des continents, dans les parties de niveau moins élevé ; et la jonction des deux océans primitifs s'est effectuée sous l'équateur. Il en est résulté, à cause de la sphéricité du globe, deux océans intercalés entre les deux continents, ainsi battus par les flots chacun de deux côtés. Si l'on prend position au point de vue spécial de l'ancien continent, l'océan Atlantique sera nommé occidental, l'océan Pacifique se trouvera oriental. Nous venons de voir comment l'océan Glacial arctique se trouve confiné dans ses limites naturelles ; on conçoit aussi facilement quelle doit être la forme de l'océan qui entoure le relief du pôle antarctique ; mais en dehors du cercle polaire et jusqu'au littoral des deux continents, et surtout de l'ancien, plus largement développé dans le sens de la longitude, on est convenu d'appeler océan Méridional cette vaste étendue d'eau

qu'aucune limite apparente ne sépare de l'océan Glacial antarctique.

75. Sur la surface définitivement consolidée des deux continents, comme aux extrémités de l'axe, l'eau roulant et courant sur toutes les pentes avec une rapidité proportionnée à sa masse, comme à la déclivité des terrains, s'est rassemblée de toutes parts et dans toutes les directions, au fond des bassins, dans les sillons, dans les rugosités de l'écorce; et de même qu'épanchée dans l'immensité relative des deux océans, elle a pris un niveau parallèle à la surface de l'ellipsoïde de révolution; de même, elle a pris, suivant la hauteur des récipients dont elle n'a pu ni déborder, ni emporter par son poids les parois trop élevées ou trop solides, un niveau relatif supérieur, mais toujours parallèle à cette même surface; et c'est ainsi qu'obéissant aux lois de la pesanteur qui agissaient sur ses molécules si facilement séparables et si mobiles, elle s'est introduite dans toutes les cavités, dans toutes les fissures, baies et golfes ouverts dans les parois des divers reliefs et leur a donné peu à peu les formes si diversement découpées, morcelées, déchiquetées que nous leur voyons aujourd'hui.

76. Ce n'est pas à dire, toutefois, que la configuration actuelle soit exactement la même qu'à l'origine des phénomènes qui se continuent sous nos yeux. Ce qu'il nous est donné d'en connaître nous fait assez comprendre qu'il n'en est pas ainsi, et que, les masses principales demeurant les mêmes (ce qui peut être mis en doute, comme on le verra plus loin), il s'est opéré à la surface du globe d'innombrables modifications de détail dont les témoignages se multiplient à mesure que nous suivons le cours de nos recherches.

77. Comme l'atmosphère, l'eau participe au mouvement de rotation, en restant un peu en arrière comme elle, en raison de sa moindre densité, relativement à la masse totale; et de

là aussi, les courants du pôle à l'équateur et les contre-courants de l'équateur au pôle. Plus que l'atmosphère, elle subit les influences attractives de la lune et du soleil, en assujettissant le flux et le reflux de ses marées au double passage quotidien du satellite par les demi-méridiens inférieur et supérieur. Ces marées, souvent très considérables dans les océans, sont à peine sensibles dans quelques bassins de moindres dimensions, reléguées dans l'intérieur des continents, et se réduisent quelquefois à zéro, soit à cause de la moindre étendue de ces bassins, soit aussi et surtout à cause de leur moindre profondeur.

78. La théorie de l'attraction a conduit Laplace à conclure que l'épaisseur de la couche liquide ne devait être qu'une petite fraction de la différence des axes de l'ellipsoïde ; et sur cette base on a calculé approximativement qu'elle devait être évaluée à 4,800 mètres. Comme on a cru reconnaître que, dans l'état actuel du globe, la surface des continents n'était guère que $\frac{1}{4}$ de la surface totale, il en résulte qu'en supposant la mer également profonde partout, elle doit avoir à peu près 6,000 mètres, d'où l'on peut conclure qu'en certains endroits elle peut en avoir 12 ou 15,000.

79. Il se présente ici une difficulté apparente que nous ne pouvons passer sous silence : nous avons vu, § 55, qu'à la profondeur d'environ 3,000 mètres, la température des couches solides de l'écorce était à peu près égale à celle de la vapeur de l'eau bouillante ; on peut donc se demander comment il se fait qu'à de plus grandes profondeurs, comme de 4,000, 6,000 et 15,000 mètres, le fond de la mer ne soit pas en continuelle ébullition ; rien n'est plus facile à comprendre : la pression sur le fond augmente en proportion de l'épaisseur. Or, si la profondeur de 3,000 mètres ne donne qu'une chaleur répondant à une atmosphère de pression, une profondeur de 15,000 mètres donnera à peine une chaleur répondant

à 3 atmosphères, et nous allons voir dans un instant que la pression, en pareil cas, est plus que suffisante pour résister à 10 atmosphères, maximum jusqu'ici obtenu par nos machines à vapeur. Ainsi, la chaleur du fond de la mer fût-elle encore beaucoup plus grande, l'eau n'entrerait pas en ébullition et le fond du bassin n'entrerait pas en fusion, comme le prouvent d'ailleurs les chaudières de plomb où l'on vaporise divers liquides, et qui ne s'altèrent pas, tant qu'elles contiennent une masse de liquide assez considérable.

80. La masse totale de l'eau contenue dans les océans est de 2,671,024,173 kilomètres cubes. La profondeur moyenne de la mer étant de 6,000 mètres, la pression qu'elle exerce sur le fond solide est moyennement égale à 600 atmosphères. Cette force doit nous paraître suffisante pour nous faire comprendre la dureté de certaines roches formées par précipitation des matières dissoutes dans un milieu acide et même de quelques unes qui représentent des sédiments de certaines substances tenues simplement en suspension.

J'ai vu fabriquer (chez MM. Mollerat) à Pouilly des marbres artificiels aussi durs que certains marbres naturels, au moyen de la presse hydraulique dont la puissance est loin de faire équilibre à 600 atmosphères.

Dumont d'Urville, dans son *Voyage autour du monde* sur *la Vénus*, se trouvant, le 5 avril 1837, à 185 lieues au sud-ouest du cap de Horn, ne put trouver fond par un sondage à 4,000 mètres (2,411 brasses). La sonde employée était un cylindre creux de bronze, dont les parois avaient 15 millimètres d'épaisseur; le diamètre intérieur était de 33 millimètres : ce cylindre fut ramené complétement aplati par la pression de l'eau; le thermomètre qu'il renfermait était brisé.

Le 27 juin suivant, à 230 lieues au sud des îles Bunkers, il fit un nouveau sondage sans trouver fond à 3,790 mètres; le cylindre employé, en tout pareil au premier, était moins écrasé, mais il fut impossible d'en retirer le thermomètre.

La force ascensionnelle du puits artésien de Grenelle est nécessairement moindre que la force de pression exercée sur la nappe du réservoir inférieur par les colonnes liquides qui l'alimentent ; car il faut tenir compte des pertes qu'elle éprouve par le frottement contre les parois du tube et par la résistance de l'air ; cependant elle a eu encore assez de puissance pour aplatir un tube métallique à l'épreuve de 75 atmosphères. Or, si l'on supposait la force ascensionnelle exactement proportionnelle à la pression de haut en bas, le puits de Grenelle ayant 500 mètres de profondeur et faisant l'office de 75 atmosphères, il en résulterait, pour 6,000 mètres de profondeur, une force de 900 atmosphères.

81. Mais en voilà bien assez pour constater la puissance de pression exercée par la masse liquide de l'Océan sur les substances diverses dont se compose le fond de ses bassins ; nous ajouterons seulement que cette puissance, en s'exerçant sur les couches liquides inférieures, leur donne une grande force d'inertie pour résister aux mouvements qu'y occasionnent le flux et le reflux des marées ; en sorte que les agitations qu'elles engendrent dans la masse liquide ne dépassent pas un certain maximum de profondeur et peuvent être considérées comme superficielles. En outre, cette force de haut en bas, comprimant les vibrations moléculaires, fait obstacle à la manifestation du calorique, d'où il résulte que la température des mers est à peu près constante au-dessous du niveau d'inertie.

Les mêmes considérations appliquées à la pyrosphère et au noyau central justifient et confirment l'opinion que nous avons émise au sujet de ce noyau, considéré par nous comme solide et élastique de la même manière que celui du soleil. (Voyez chapitre 1er, § 12.)

82. La masse liquide des océans fut originairement un mélange d'eau et d'acides à une haute température, dont nous

expliquerons la formation dans le chapitre VIII, ce qui en augmentait la force dissolvante; puis, comme conséquence du refroidissement, cette masse, saturée de substances diverses, s'en est progressivement dépouillée, en formant des précipités qui ont accru extérieurement le nombre des couches déjà existantes, formées des mêmes éléments, mais offrant d'autres dispositions, d'autres molécules intégrantes, unies par de nouveaux modes d'agrégation, et dont la diversité s'est successivement augmentée par de nombreuses alternatives de soulèvements et de dépôts qui, en modifiant couches et substances, en ont encore amené de nouvelles, variables aussi à mesure que changeait la nature du dissolvant.

83. Mais, s'il y a des substances qui ne peuvent se dissoudre dans les acides, s'il y en a d'autres qui ne peuvent rester en dissolution que dans certains mélanges déterminés, ou élevées à une température spéciale, il y en a aussi, et tels sont généralement les chlorures et beaucoup de sulfates, qui s'y maintiennent lorsque le liquide n'est que de l'eau pure, lors même qu'elle n'est pas éloignée du degré où elle devient glace; et il en résulte qu'un assez grand nombre ne pouvant se précipiter, l'eau des océans actuels n'a pas atteint le degré de pureté qui caractérise l'eau obtenue instantanément par la combinaison de l'hydrogène avec l'oxygène.

Il est essentiel d'observer ici que si l'élévation de la température augmente quelquefois la propriété dissolvante de l'eau, c'est seulement entre des limites qui ne peuvent être dépassées et qui n'atteignent jamais 100 degrés; à cette température, l'eau se vaporise et la substance dissoute se précipite, à moins qu'elle ne soit volatile au même degré; la température actuelle étant moindre, l'eau de pluie ordinaire est considérée comme aussi pure que l'eau distillée : à l'autre extrémité de l'échelle thermométrique, il se produit un effet analogue; la neige et la glace sont aussi pures que l'eau de pluie.

84. Entre les deux extrêmes, il se trouve donc un certain nombre de substances qui peuvent se maintenir en dissolution dans l'eau, en quantité variable suivant la température, comme le brome, l'iode, le sulfate et l'hydrochlorate de soude déjà nommés; le sulfate et l'hydrochlorate de magnésie et l'hydrochlorate de chaux. Aussi est-il constaté que l'eau des océans, surtout dans les latitudes peu élevées, contient en dissolution une énorme quantité des substances ci-dessus indiquées, et principalement des sels.

Parmi ceux-ci, l'hydrochlorate de chaux est celui qui se trouve en moindre proportion; il n'entre quelquefois dans l'eau de la mer que pour $\frac{1}{50}$, quoiqu'il soit beaucoup plus soluble que l'hydrochlorate de soude, qui forme les $\frac{2}{3}$ des matières dissoutes. Nous examinerons, au livre IV, comment ce fait peut s'expliquer.

D'un autre côté, le sulfate de soude, qui forme $\frac{1}{20}$ de la masse saline, jouit d'une propriété assez remarquable, à savoir : que si dans une dissolution de ce sulfate on fait bouillir certaines roches calcaires et qu'on les abandonne ensuite aux influences atmosphériques, ces roches se délitent, se fendillent et se réduisent en miettes.

85. En résumé, l'action de l'Océan sur la croûte solidifiée du globe s'exerce de trois manières différentes :

1° Par les mouvements oscillatoires et les chocs répétés journellement, qui produisent jusqu'à une certaine profondeur les courants polaires et les marées, et se répercutent contre les parois des bassins qui le contiennent.

2° Par la pression de haut en bas, proportionnelle aux profondeurs, et qui a pu surpasser, en certaines localités, toutes celles qu'il est donné à l'homme de produire.

3° Par les affinités que développent les acides et les sels qui y sont tenus en dissolution.

Ajoutons à cela le mouvement superficiel qu'engendre la

mobile pression de l'atmosphère, dont les courants tropicaux soit ascendants, soit horizontaux, modifient sans cesse les courants polaires et ceux qui en dérivent nécessairement.

86. Comme il est essentiel de ne rien omettre pour se maintenir dans la vérité des faits qui ont tous leur importance relative, sans qu'il soit permis d'en négliger un seul, nous ferons entrer en ligne de compte la masse attractive des montagnes qui, du fond de l'Océan, élèvent leurs sommets en îles, en écueils, en rochers. Cette masse agit sur les molécules tenues en suspension dans le liquide, comme on voit celle des montagnes continentales agir sur les vapeurs aqueuses tenues en suspension dans l'atmosphère; car on doit concevoir qu'il se forme au sein de l'Océan des nuages de particules solides qui se précipitent en pluie pulvérulente sur le flanc des montagnes sous-marines. Si l'on voulait des exemples actuels de ces masses de sables qui se soutiennent sur l'eau sans qu'on découvre ce qui fait équilibre à leur pesanteur spécifique, il me serait facile de citer les grèves du mont Saint-Michel ou les fondrières que fréquentent les kelpies d'Écosse, et où l'imprudent qui s'y engage disparaît sous le sable imbibé d'eau, et demeure englouti au fond d'un abîme où il n'y a plus que de l'eau.

La mer a ses couches de densité différentes, ses courants ascendants, ses tourbillons, ses orages intérieurs, comme l'atmosphère; il n'y aurait donc rien d'étonnant à ce qu'on reconnût que des blocs de rochers eussent été quelque temps soutenus au milieu des couches d'un liquide très dense et emportés par d'impétueux courants bien loin du lieu d'où ils auraient été arrachés.

CHAPITRE VI.

DES SUBSTANCES DONT SE COMPOSE L'ÉCORCE DU GLOBE TERRESTRE ; LEUR CONSTITUTION MOLÉCULAIRE.

87. C'est une idée généralement accréditée aujourd'hui, que les fluides impondérables dont les caractères différentiels s'effacent graduellement, au point de ne plus laisser de prise à la définition, ne sont que les quatre formes sensibles et appréciables d'un seul et même fluide manifestant son action incessante, tantôt à l'un de nos organes, tantôt à l'autre, modifiant telle substance de telle manière et telle autre substance d'une autre manière, suivant les circonstances qui précèdent ou accompagnent ses mouvements spontanés ou transmis.

A ceux qui ne se feront pas scrupule d'adopter les principes développés dans notre premier livre, il ne répugnera donc pas d'admettre que la matière pondérable, composée de copules partout identiques, réunions d'atomes libres (vîtreux et résineux) non moins identiques, associés deux à deux par la condensation de la matière diffuse, peut se manifester également sous plusieurs formes variables, suivant le nombre et la disposition des copules se groupant, sous les lois de l'attraction, pour former ici telle molécule constituante, et là telle autre, plus ou moins analogue, plus ou moins différente.

88. Une chose remarquable, c'est que cette idée primordiale, si féconde en sa simplicité, apparaît au premier aspect et frappe comme une vérité, aussi longtemps qu'on demeure dans la sphère des hautes spéculations ; mais on s'en éloigne promptement, on s'efforce de l'oublier, on la repousse, on la relègue dédaigneusement dans les chimériques domaines de la fantaisie, aussitôt qu'on prend pied sur le terrain du monde

réel et positif. On appréhende, on tremble, on a horreur de se poser en disciple hermétique des Paracelse, des Van Helmont et autres souffleurs et adeptes du *grand œuvre;* pauvres génies, venus trop tôt, et que les expérimentateurs exclusifs ont voulu noyer dans le ridicule!

Que les gens sérieux néanmoins se rassurent; que les adeptes ne se hâtent pas de triompher, en se raccrochant à cette idée, qui n'en restera pas moins une vérité, de quelque point de vue qu'on l'envisage. Il y a encore loin de la théorie synthétique posant en fait et prenant pour point de départ le nombre et l'arrangement variables des copules, à la science pratique déterminant ce nombre et cet arrangement pour chaque molécule constituante, et surtout enseignant le moyen de les faire varier à volonté. Qu'on se rassure, dis-je, nous n'avons pas la prétention de former une école de *souffleurs*, et si nous sommes persuadé qu'il serait possible que le plomb fût transformé en or, par l'addition ou la soustraction de quelques copules autrement disposées, nous avouons qu'il nous est impossible de dire si la science humaine parviendra jamais à réaliser un pareil métamorphisme.

89. Et cependant l'idée n'est pas une idée creuse et absurde; je répète que c'est une vérité que les plus incrédules ne peuvent s'empêcher de reconnaître *in petto*, étant obligés de constater à chaque instant des faits qui en fournissent la démonstration; ils s'en détournent sans avoir aucun motif de s'en détourner, si ce n'est qu'ils désespèrent de découvrir le merveilleux procédé que la nature emploie dans une opération de ce genre. Ce qui leur fait illusion peut-être, c'est le grand nombre de substances qui ont jusqu'ici résisté invinciblement à tous nos moyens de décomposition; mais s'ils y réfléchissaient, ils reconnaîtraient bien vite que les 54 corps *simples* enregistrés au livre de la science forment par leurs analogies mutuelles des groupes qui n'ont pu être méconnus,

mais qu'il est très difficile de distinguer d'une manière tranchée et parfaitement distincte, à cause des substances qu'on peut appeler équivoques et qui semblent établir des transitions multiples entre plusieurs de ces groupes.

Ce fait qu'il n'est pas nécessaire de développer davantage n'indique-t-il pas clairement qu'il y a un type universel duquel on doit faire dériver toutes les formes connues, même celles des corps simples ?

90. Sans chercher des exemples qu'on pourrait considérer comme peu concluants, si nous les empruntions à la cristallographie, nous nous bornerons à rappeler la théorie de l'isomorphisme, qui mènerait directement à notre manière de voir si on l'approfondissait comme elle le mérite. Tous les jours il s'opère sous nos yeux des transformations dont on ne peut se rendre compte que par l'isomorphisme qui est néanmoins insuffisant, au point où il s'arrête, pour donner des explications complètes : ainsi nous trouvons, dans un grand nombre de localités, des coquilles fossiles originairement composées de carbonate calcaire, et qui sont transformées les unes en silex, d'autres en galène, comme à Pesay en Savoie ; d'autres encore en quartz, en baryte sulfatée, en fer oligiste, comme à Beauregard près d'Avallon (Yonne), ou en fer oolitique comme à Châtillon (Côte-d'Or). L'isomorphisme nous enseigne bien comment la chaux a été remplacée par ses isomorphes, mais il ne nous dit pas ce qu'elle est devenue, lorsqu'elle a disparu au point de ne laisser aucune trace. N'est-il pas possible d'admettre que l'acide carbonique séparé de la chaux par une action quelconque, s'étant échappé en cédant à la mobilité que lui donne sa constitution gazeuse, a entraîné avec lui quelques unes des copules du calcium, ou si on l'aime mieux, a été remplacé dans la combinaison par quelques autres empruntés à des corps voisins et que ce calcium s'est transformé en silice, en baryte, en plomb ou en

fer? Il est vrai que cela ne peut être admis que comme corollaire obligé de la théorie que nous proposons.

91. L'isomorphisme s'applique uniquement au métamorphisme des molécules intégrantes considérées comme éléments identiques, même lorsqu'elles sont composées de molécules constituantes de natures diverses mais analogues ou isomorphes; nous proposons tout simplement de l'appliquer au métamorphisme des molécules constituantes formées de copules identiques, et dont il n'y a de variable que le nombre et l'arrangement. C'est un pas à faire, le fera-t-on?

92. Une autre vérité qui, à mon point de vue, ressort avec évidence d'un grand nombre de faits bien constatés, c'est que la molécule constituante d'un corps simple, outre les copules qui la spécifient par leur nombre et leur mode d'arrangement, comprend des atomes libres de matière diffuse, ici vitreux, là résineux, en quantité variable, en sorte que tel groupe de copules est nécessairement électro-positif, tel autre électro-négatif. Cette qualification que Berzelius traduit par l'idée de partialité électrique, et que, depuis la vérification qu'Erman a faite des phénomènes qui la justifient, on nomme unipolarité, s'explique naturellement dans l'ordre des idées que j'expose.

Par exemple, si une molécule constituante formée de dix copules rangées suivant les rayons d'un sphéroïde ne présente au dehors que leurs pôles négatifs, rien ne s'oppose à ce que la vacuole intérieure soit remplie d'atomes vitreux en nombre suffisant pour que leur puissance positive l'emporte sur la puissance négative de la surface; en sorte que la molécule, dans son ensemble, soit douée de l'électricité positive. Il suffit pour cela d'admettre que les atomes vitreux de la vacuole, qui se repoussent mutuellement, soient maintenus en équilibre par les pôles électro-positifs des copules tournés de leur côté, et qui les repoussent en sens opposé. Tout cela est affaire de mécanique infinitésimale.

Toute autre supposition analogue ou inverse est également admissible, et ce fait seul, en faisant sortir l'unipolarité de la classe des phénomènes étranges et inexpliqués dont on ne voit pas clairement la nécessité, comme dit Berzelius, rend faciles à comprendre une foule d'autres faits qui servent de fondement à la théorie des proportions chimiques, malgré l'idée inexacte qu'on s'est faite de l'unipolarité, qui semble supposer qu'il y a des bâtons qui n'ont pas deux bouts.

93. Ce qui jusqu'à présent n'est une vérité que pour moi en sera une pour tout le monde, aussitôt que les hommes compétents s'occuperont de répondre à l'appel que Berzelius leur a fait, lorsqu'il a dit :

« Nous essaierons de tirer parti de cette hypothèse (sur la » cause de l'ignition) pour expliquer les phénomènes qui se » présentent, jusqu'à ce qu'on en propose une autre qui s'ac- » corde mieux avec les faits. »

94. Donnons encore quelques développements à l'idée qui nous paraît fournir l'explication rationnelle de la partialité électrique (affinité des anciens chimistes, unipolarité des modernes), et reprenons notre exemple d'une molécule constituante formée de 10 copules tournant au dehors leurs pôles négatifs : si la vacuole intérieure contient 20 atomes vitreux, la molécule sera électro-positive ; si elle en contient 10, la molécule sera neutre ou indifférente ; si elle n'en contient que 5, la molécule sera électro-négative. Ne voulant pas aller au delà d'une comparaison, je ne parle pas des distances dont il faudrait cependant tenir compte.

Qu'une impulsion venue du dehors dérange l'équilibre des atomes vitreux contenus dans la vacuole, aussitôt les deux forces d'attraction et de répulsion inhérente à la matière, sollicitées et mises en mouvement, reprendront leur énergie d'alternative, et il en résultera une puissance de vibrations qui pourra aller jusqu'à l'incandescence, jusqu'à l'ignition complète.

95. La cause de l'impulsion extérieure dont il vient d'être parlé peut être une simple élévation de température provenant de la présence d'un corps déjà chaud et agissant par l'intermédiaire des ondulations de la matière diffuse ; elle peut être également un afflux d'atomes vitreux, dérivés d'une source naturelle qui a rompu ses digues, ou jaillissant d'un appareil disposé pour les accumuler sur un point.

Si les ondes qui dérangent l'équilibre de la vacuole apportent des atomes vitreux, l'électricité positive de la molécule augmentera d'intensité au cas où elle existerait déjà ; elle pourra s'établir et se développer en neutralisant l'électricité de nom contraire, s'il se trouvait que la molécule fût de cette espèce.

Si ces atomes sont résineux, ils pourront s'unir aux vitreux préexistants, et les neutraliser en formant avec eux des copules qui changent la nature ou seulement la densité de la molécule.

C'est sans doute quelque chose de pareil qui s'est passé toutes les fois qu'on a rencontré des substances modifiées profondément par ce qu'on appelle une action électro-chimique.

On voit par ce simple aperçu combien d'explications rationnelles, toutes logiquement déduites de notre principe fondamental, sont préparées pour autant de faits nouveaux qui peuvent se révéler.

96. Suivant Berzelius :

« De toutes les molécules constituantes, celle de l'oxygène » est la plus électro-négative ; comme cette substance n'est » jamais électro-positive à l'égard d'aucune autre, et que, » d'après tous les phénomènes produits jusqu'à présent par la » chimie, il est probable qu'aucun élément du globe ne peut » être plus électro-négatif, nous lui reconnaissons une néga» tivité absolue. D'un autre côté, les radicaux des alcalis fixes

» et des terres alcalines sont les corps les plus électro-posi-
» tifs; mais il n'y a pas une de ces substances qui possède
» cette propriété à un aussi haut degré que l'oxygène possède
» la propriété contraire. Dans l'intervalle de ces deux ex-
» trêmes se trouvent des corps dont les propriétés électriques
» sont de moins en moins prononcées, jusque vers le milieu
» où elles s'effacent, non pas complétement (ce qui ne peut
» être admissible), mais assez pour qu'elles ne soient plus
» que relatives, et peu sensibles d'un degré à l'autre. »

97. Voici la série adoptée :

1. Oxygène.	19. Tantale.	37. Cobalt.
2. Soufre.	20 Titane.	38. Nickel.
3. Nitrogène.	21. Silicium.	39. Fer.
4. Fluor.	22. Hydrogène.	40. Zinc.
5. Chlore.	23. Or.	41. Manganèse.
6. Brome.	24. Osmium.	42. Cérium.
7. Iode.	25. Iridium.	43. Thorium.
8. Sélénium.	26. Platine.	44. Zirconium.
9. Phosphore.	27. Rhodium.	45. Aluminium.
10. Arsenic.	28. Palladium.	46. Ittrium.
11. Chrome.	29. Mercure.	47. Glucium.
12. Vanadium.	30. Argent.	48. Magnésium.
13. Molybdène.	31. Cuivre.	49. Calcium.
14. Tungstène.	32. Urane.	50. Strontium.
15. Bore.	33. Bismuth.	51. Baryum.
16. Carbone.	34. Étain.	52. Lithium.
17. Antimoine.	35. Plomb.	53. Sodium.
18. Tellure.	36. Cadmium.	54. Potassium.

98. En résumé, les substances dont se compose l'écorce du globe terrestre sont toutes formées d'une matière partout identique ; car il n'y a pas deux sortes de matière pondérable, celle-ci étant formée de la copulation suivant un mode unique de deux atomes, l'un vitreux, l'autre résineux. Mais l'association de ces copules en nombre variable, et disposées de différentes manières, forme la molécule constituante spéciale de chacun des corps simples que nous connaissons, comme de ceux que nous pourrons connaître par la suite.

Un corps est considéré comme simple, toutes les fois qu'il n'est formé que de molécules constituantes parfaitement identiques, sans aucune différence appréciable.

99. Nous ne sommes pas encore parvenus à isoler les copules dont se forme la molécule constituante des corps simples, quoique nous puissions, en certains cas, décomposer la copule elle-même, c'est-à-dire séparer l'atome vitreux de l'atome résineux, dont la réunion par force attractive constitue la copule. C'est par cette décomposition que se manifestent les phénomènes électriques, tant naturels qu'artificiels, ou produits par des appareils disposés pour atteindre ce but.

CHAPITRE VII.

AGE RELATIF DE LA MOLÉCULE CONSTITUANTE DONT EST FORMÉ LE CORPS SIMPLE.

100. D'après l'ordre de formation de la matière pondérable, tel qu'il résulte de la loi de condensation dérivée de l'attraction centralisante, l'atmosphère gazeuse a dû exister avant toutes les autres substances : l'oxygène et l'azote réclament donc le premier rang dans la chronologie des corps simples dont se compose la masse du globe terrestre ; et si l'on a égard à la différence de densité, l'azote a dû précéder l'oxygène.

Cet ordre en série ne se présente le premier que parce qu'on retrouve à peine quelques traces de l'hydrogène dans la composition normale de l'atmosphère ; mais la loi de densité le rappelle en tête de la série par date, et il est aisé de se rendre compte de l'absence actuelle de ce gaz. Nous ne nous arrêterons pas à la pensée qu'il puisse former une couche quelconque sur les limites extrêmes de l'atmosphère, dont la composition a été trouvée partout la même, à toutes les hauteurs ; et nous regarderons comme purement accidentels les effluves d'hydrogène qui la traversent de temps en temps ; il nous suffira d'attirer l'attention sur la subite formation de l'eau, non moins subitement transformée en vapeurs et décomposée pour se reconstituer et se liquéfier de nouveau jusqu'à ce que, après d'innombrables alternatives, elle soit demeurée masse liquide au fond des bassins de l'Océan. Cette formation explique surabondamment pourquoi l'hydrogène se trouve en quantité inappréciable dans l'atmosphère considérée comme un mélange de substances gazeuses ; le chlore qui pèse 2,470, et la vapeur de soufre dont la densité est de 6,617, n'ont pu y trouver place.

101. La vaporisation et la décomposition de l'eau étant une cause accélératrice de refroidissement, soit qu'on s'en tienne à l'acception donnée ordinairement à ce mot, soit qu'on le considère avec nous comme le ralentissement des vibrations moléculaires, il s'ensuit que la durée de la formation de la pellicule qui a recouvert la surface d'équilibre se divise en plusieurs périodes dont chacune a été signalée par un phénomène particulier.

1° Les substances qui se sont coagulées avant toutes les autres sont nécessairement celles qui, à une densité moindre qui les rapprochait davantage de la surface d'équilibre ou de refroidissement, joignaient une plus grande capacité calorifique, c'est-à-dire, exigeaient une plus haute température pour demeurer fluides. Tels sont, le silicium, l'aluminium et le magnésium.

2° Comme à toute température, ces substances décomposent l'eau, en s'emparant de son oxygène au premier contact, elles ont pris la forme d'oxyde qu'on ne leur fait perdre que difficilement en employant une grande force électrique, et elles sont devenues la silice, l'alumine et la magnésie.

3° A ces substances se trouvaient mêlées, près de la surface en vertu d'une densité égale ou moindre, d'autres substances plus fusibles et encore plus électro-négatives, comme le potassium, le sodium et le calcium, bientôt convertis en potasse, en soude et en chaux; et il en est résulté des combinaisons qui ont produit des corps formés de ces éléments agrégés de diverses manières, silice, silicates d'alumine, silicates de magnésie, de potasse, de soude et de chaux.

102. Nous ne pousserons pas plus loin nos recherches dans cette voie pour ne pas nous laisser entraîner dans un labyrinthe de détails, qui ne seraient pas à leur place dans un simple programme. Il nous suffit d'avoir montré que les premières couches consolidées à la surface d'équilibre ont dû être composées de quartz, feldspath, mica et talc, dont les éléments essentiels sont silice, alumine, chaux, soude, potasse et magnésie; ce qui est de tout point conforme à l'observation.

103. Après l'action de l'oxygène est venue celle du chlore, et il en est résulté les chlorures qui, poussés en haut à travers les fissures de la première écorce, se sont mis en contact avec l'eau et y sont demeurés dissous.

Ensuite le soufre, se dégageant en vapeurs, s'est emparé de la plupart des substances métalliques et les a transformées en sulfures; puis ces vapeurs sulfureuses s'élevant dans l'atmosphère où elles se trouvèrent en contact avec la vapeur d'eau et l'acide nitrique, il se forma de l'acide sulfurique et des sulfates.

Nous avons été amené déjà plusieurs fois à parler de la formation de l'acide nitrique dans l'atmosphère par la combinaison des deux gaz dont elle se compose : on ne peut être certain, mais il est très probable que cette combinaison n'a pu précéder celle de l'eau, attendu que l'azote est beaucoup plus électro-négatif que l'hydrogène : tout au plus serait-elle contemporaine, comme nous voyons aujourd'hui nos pluies d'orage accompagnées d'acide nitrique, suivant les expériences faites par M. Barral à l'Observatoire de Paris. Dans tous les cas, elle a dû précéder celle de l'acide sulfurique.

Le carbone, plus dense que le soufre, ne s'est dégagé que plus tard en vapeurs qui, rencontrant l'oxygène, devinrent acide carbonique et produisirent les carbonates.

CHAPITRE VIII.

DE QUELLE MANIÈRE S'ASSOCIENT LES MOLÉCULES DES CORPS SIMPLES.

104. Sur les 54 corps simples reconnus parmi les substances dont se compose l'écorce solide du globe terrestre, il n'y en a que 17 qui s'y rencontrent à l'état de pureté, c'est-à-dire à l'état natif. Ces corps sont : le carbone, le soufre, l'arsenic, le fer, le tellure, l'antimoine, le mercure, le plomb, le bismuth, le cuivre, l'argent, l'or, l'osmium et l'iridium, le platine, le rhodium et le palladium.

Tous les autres forment des associations plus ou moins complexes, dont on ne peut les séparer qu'au moyen de préparations, souvent assez longues et pénibles. Ainsi :

L'oxygène et l'azote ne se trouvent qu'associés par voie de mélange pour constituer l'air atmosphérique ;

L'hydrogène est toujours combiné avec l'oxygène pour former l'eau, ou encore avec le carbone et le soufre.

Les 33 corps solides non compris dans la série ci-dessus ne se présentent que combinés avec l'oxygène, le soufre, l'arsenic et quelques acides, lesquels résultent eux-mêmes de la combinaison de corps simples avec l'oxygène ou l'hydrogène,

105. Parmi les corps simples qui se présentent à l'état natif, plusieurs ne se rencontrent qu'en très petite quantité, et souvent dans des conditions qui permettent de croire que leur molécule constituante ne s'est pas immédiatement dégagée de toute association et qu'elle y est demeurée au contraire enveloppée par d'autres molécules qui l'empêchaient de former une molécule intégrante *sui generis* et établissant une individualité; d'autres fois, elle semble résulter du métamorphisme d'individualités préexistantes qui, en perdant ou en acquérant un certain nombre de copules auraient changé de constitution.

Par exemple: le diamant, extrêmement rare, atteste, par sa forme cristalline, que sa molécule s'est individualisée au milieu d'une masse où le carbone s'était associé à d'autres substances au moment même de la formation de sa molécule constituante. Il y aurait un curieux rapprochement à faire entre le carbone et l'aluminium; mais ce n'est pas ici le lieu de le développer, et nous le résumerons par cette question: Pourquoi le diamant est-il considéré comme un carbone pur, tandis que le corindon passe pour de l'alumine et non pour de l'aluminium?

Autre exemple: le mercure natif est considéré comme résultat de la décomposition du cinabre ou sulfure; il en est de même du plomb.

Le soufre ne se rencontre à l'état natif que dans des circonstances où il résulte évidemment d'une sublimation, c'est-à-dire, d'une condensation de vapeurs ou d'une décomposition de sulfates.

Quant au fer, l'état natif où il se présente dans les météorites, au milieu de circonstances particulières, pourrait nous autoriser à le considérer comme provenant d'un métamorphisme par addition ou soustraction de copules, qui s'est opéré dans la molécule constituante de l'aluminium ou du silicium. Nous n'entrerons pas dans cette question, nous bornant à l'indiquer.

En résumé, il n'y a de corps simples véritablement natifs que le cuivre, l'argent, l'or et le platine. L'osmium avec l'iridium, le rhodium et le palladium se sont offerts en trop petite quantité pour mériter actuellement une sérieuse attention.

Tous les autres corps simples se présentent sous forme d'association.

106. Nous avons à signaler trois modes d'association suivant lesquels se forment les corps composés :

1° La combinaison,

2° La dissolution,

3° Le mélange, ou la suspension.

107. La combinaison de deux corps simples a lieu, lorsqu'après le contact ils ont disparu et sont remplacés par une troisième substance qui n'a plus rien des propriétés de ces corps simples, ou qui du moins en a acquis de très différentes. La combinaison peut être telle, dans un grand nombre de cas, qu'il ne nous est plus possible ou qu'il nous est très difficile d'obtenir une manifestation des deux corps simples. Cependant la force électrique d'attraction qui a opéré la combinaison parvient presque toujours, en agissant en sens contraire, à faire revivre les corps simples.

108. Rien n'est plus facile à comprendre qu'une combinaison, d'après notre théorie : prenons l'eau pour exemple.

Souvenons-nous de la forme que nous avons attribuée à la molécule constituante, enveloppe de copules, contenant une réunion d'atomes libres, vitreux ou résineux, retenus à distance d'équilibre par la force répulsive des atomes de même nom.

Mettons des molécules électro-négatives d'oxygène en présence d'un nombre proportionnel de molécules électro-positives d'hydrogène. Il peut bien arriver qu'il n'y ait pas combinaison immédiate, à cause de l'équilibre qui se maintient dans chaque molécule demeurant inerte ; mais si une cause extérieure, comme l'action vibratoire du soleil, ou du fluide électrique faisant explosion par l'étincelle, vient à rompre cet équilibre, les atomes libres d'un côté se précipiteront sur leurs hétérosympathiques, libres aussi de l'autre côté ; de nouvelles copules se formeront, qui, pour se mettre en équilibre avec celles des deux enveloppes, changeront nécessairement la constitution des molécules mises en présence.

On peut imaginer tel cas où les atomes, libres d'un côté, pénétrant par les intervalles des copules dans l'intérieur de la molécule en contact, y constituent une double enveloppe de copules, sans augmenter le volume, ou en ne l'augmentant que d'une fraction. Ainsi, dans toute combinaison réelle, il y a pénétration réciproque des molécules constituantes par les atomes libres contenus dans l'intérieur de chacune ; ce qui ne contredit en aucune façon l'impénétrabilité par laquelle la matière se distingue essentiellement de l'espace.

109. La combinaison suppose donc un état de division ou un écartement des molécules constituantes poussé aussi loin que possible, au moins dans l'un des corps simples mis en présence, afin que ces molécules puissent s'insinuer le plus profondément possible entre celles du second, et les prendre pour ainsi dire une à une et corps à corps.

Elle suppose aussi la plus grande facilité pour les atomes libres de pénétrer dans l'intérieur des molécules, et par conséquent telle disposition des copules, qui n'y mette aucun obstacle. On conçoit ainsi qu'il y ait des combinaisons qui ne puissent être effectuées qu'après avoir triomphé des obstacles que présente l'état normal des copules, et l'on y parvient souvent, soit en portant la distance de ces copules à l'extrême limite d'équilibre, soit en y excitant des vibrations qui augmentent momentanément ces distances.

Il n'est pas nécessaire d'expliquer maintenant comment toute combinaison réelle se manifeste par un choc électrique produisant des vibrations et ondulations calorifiques qui peuvent aller jusqu'à l'ignition. Il est essentiel néanmoins d'ajouter qu'il n'y a point de combinaison qui ne se fasse dans des proportions constantes pour les produits de même nature, et suivant les lois sur lesquelles se fonde la théorie des proportions chimiques, l'une des plus belles conceptions de la science moderne.

110. La dissolution a lieu lorsque les molécules constituantes de l'un des deux corps s'insinuent entre celles de l'autre, sans les altérer ni en changer la nature; elles les enveloppent et en sont enveloppées, mais il ne se produit aucune modification ni dans le nombre ni dans l'arrangement des copules. Les molécules constituantes persévèrent les unes à l'égard des autres dans leur état de neutralité ou d'inertie; l'un des deux corps doit être liquide, s'ils ne le sont pas tous les deux. L'élévation de la température augmente la capacité de dissolution, qui a nécessairement des limites déterminées par l'étendue des vacuoles à remplir par le corps dissous. Tout cela n'a pas besoin d'explication plus détaillée.

111. Le mélange ne se fait qu'entre les molécules intégrantes; et l'état de suspension qui en est un mode, quand l'un des deux corps (l'un étant liquide et l'autre solide) possède une force d'agrégation beaucoup plus forte que l'autre, dépend d'une espèce d'agitation et de tourbillonnement qui fait disparaître les effets de la densité. La cessation de ce mouvement laissant libre l'action de la pesanteur spécifique, donne lieu à un précipité souvent instantané de la matière tenue en suspension.

112. Un précipité de même genre a lieu dans la dissolution, lorsque la puissance du corps dissolvant, portée à son maximum par une cause extérieure, revient à son état normal et descend au minimum par l'abaissement de la température.

Il se fait de même un précipité lorsque, par l'addition d'une substance susceptible d'entrer en combinaison avec le corps dissolvant, on obtient une nouvelle substance qui ne peut plus ni dissoudre ni être tenue en dissolution.

La substance additionnelle, lorsqu'elle entre en combinaison avec le corps dissous, peut également donner lieu à une nouvelle espèce de précipité.

Beaucoup de phénomènes géologiques s'expliquent facilement, lorsqu'après avoir constaté la nature de la substance dont se compose un précipité, on peut remonter jusqu'à la connaissance au moins approximative du corps dissous et du corps dissolvant, du corps tenu en suspension et des mouvements du liquide où il est agité.

113. Les combinaisons les plus généralement connues sont d'abord les combinaisons binaires, à savoir : oxydes, chlorures, sulfures, arséniures, etc.

Puis les combinaisons ternaires qui résultent toujours d'un acide avec un oxyde, et où l'oxygène est un élément commun aux deux corps qui s'associent; les principales sont les silicates, les carbonates et sulfates, etc.; il faut y joindre les hydrates où l'eau, comme oxyde d'hydrogène, remplit les fonctions d'acide.

114. Les oxydes naturels sont en très petit nombre à l'état libre; parmi les plus anciennement formés (§ 102), on ne trouve guère que l'alumine et la magnésie, et parmi les autres, tous métalliques, attendu que les autres corps simples ont formé des acides, à leur premier contact avec l'oxygène, on ne trouve que le manganèse, le fer, le cobalt, le zinc, le tellure, le cadmium, l'antimoine, le plomb, l'étain, le bismuth, l'urane et le cuivre.

Il en est de même des chlorures et des sulfures.

Les silicates, carbonates et sulfates forment la partie essentielle des masses géologiques, et un grand nombre sont hydratés.

Les silicates forment l'ensemble des couches dont a été composée la première pellicule.

Les oxydes et sulfures ne se sont infiltrés que postérieurement dans les interstices laissés vides par la rupture de ces couches primordiales dont nous avons déjà parlé § 33, ce sont les filons les plus anciens.

Les silicates décomposés, puis les carbonates et sulfates tenus en suspension ou en dissolution dans l'Océan à diverses époques, ont formé les couches extérieures à la pellicule d'équilibre, comme on le verra en son lieu. La précipitation des chlorures beaucoup plus solubles ne s'est faite qu'à des époques bien postérieures.

L'étude des faits montre généralement une grande concordance entre les déductions logiques de la théorie et les résultats de l'observation directe.

CHAPITRE IX.

COMMENT A EU LIEU LA FORMATION SUCCESSIVE DES COUCHES DONT SE COMPOSE L'ÉCORCE DU GLOBE.

115. Nous avons vu dans le précédent chapitre de quelles substances ont été formées les premières couches de la pellicule d'équilibre, voyons comment a eu lieu la consolidation progressive.

Faisons un moment abstraction de l'atmosphère, et jetons les yeux sur le creuset extérieur du fourneau à manche où l'on fait fondre par voie ignée, pour en extraire les métaux, les matières de filon énumérées au § 114. Les particules métalliques se réunissant au fond du creuset principal, les gangues, formées de silicates, carbonates, etc., en vertu de leur moindre densité, se déversent dans ce creuset extérieur, sous forme de scories.

Ces scories, à mesure qu'elles arrivent dans le bassin, se figent par le refroidissement; mais elles ne se prennent pas en masse, le courant qui les amène de l'intérieur du fourneau maintient la haute température du fond, et les couches supérieures se trouvent dans les mêmes conditions que la pellicule d'équilibre en contact avec la pyrosphère.

116. La surface du bain exposée à l'influence de l'air se fige d'abord en une pellicule excessivement mince, qui s'accroît en dessous par couches successives, jusqu'à ce qu'on juge nécessaire de l'enlever d'une seule pièce.

Or, examinez cette pellicule, et vous remarquerez deux choses : la première, c'est le mouvement ondulatoire que lui imprime le courant qui alimente le bassin, puis le boursouflement occasionné par les gaz qui, se réunissant par places, forment des ampoules, des bulles, des protubérances creuses, de petits volcans enfin par où ils s'échappent en crevant les sommets soulevés. La seconde, c'est que l'épaisseur de la pellicule, d'abord flexible et onduleuse, puis rigide et moins obéissante à la mobilité du gaz, s'accroît par couches, par feuillets successifs du dehors au dedans; et lorsque le courant s'arrête à la fin de l'opération, le culot se prend en une masse où les couches sont moins distinctes.

Le mouvement ondulatoire a plissé les couches, les a rendues inégales, flexueuses, accidentées comme on peut le voir sur la tranche; les gaz qui n'ont pu trouver une issue, en crevant leur enveloppe devenue assez épaisse pour leur résister, y ont laissé, en se condensant, des géodes énormes dont la paroi est souvent tapissée de cristaux; quand la silice est en excès dans la gangue, on y trouve quelquefois des agates.

117. Voilà, ce me semble, une image aussi exacte que possible, du petit au grand, de ce qui a dû se passer lors de la première solidification de la première pellicule recouvrant la surface d'équilibre dont nous avons tant parlé.

Cependant les choses ne se sont pas tout à fait passées aussi simplement ; l'atmosphère est intervenue, versant des masses d'eau d'abord pure, puis bientôt après chargées d'acides nitrique et sulfurique ; le mouvement continu de la pyrosphère a brisé la pellicule en lambeaux ; des masses épaisses de matière fluide retenues entre les surfaces de refroidissement redressées se sont coagulées en blocs exposés aux mêmes influences ; et la désagrégation des couches les plus superficielles a fait des progrès d'autant plus rapides que les molécules intégrantes à peine équilibrées par la force de cohésion étaient plus vivement sollicitées par les acides étendus d'eau. La plupart ont été dissoutes, ou simplement tenues en suspension.

Les silicates ont été décomposés, la silice mise à nu s'est constituée en grains cristallins, c'est-à-dire en sable ; restée en contact avec la soude, la potasse ou la chaux, elle s'est convertie en gelée soluble dans les acides ; l'alumine s'est massée de son côté, en s'unissant avec l'acide sulfurique, elle s'est convertie en sulfate soluble ; et lorsqu'un nouveau degré de refroidissement est venu amoindrir la puissance de l'acide, elle est demeurée en suspension jusqu'à ce qu'un choc soudain soit venu à son tour hâter la précipitation des particules, par strates, déposés soit sur le fond devenu assez solide, soit sur les couches liquides à qui leur densité ne permettait pas de se laisser traverser.

Les effets de la pression, cause de cette densité puissante, et dont il a été déjà question au § 81, ne se sont pas bornés là ; ils ont été assez considérables pour reconstituer en masses douées d'une grande force de cohésion; les sables et les feuillets alumineux agglutinés par la silice gélatineuse devenus grès, quartzites, schistes alumineux, etc.

118. Parvenus à ce point, nous voyons se consolider l'écorce du globe, où les solutions de continuité deviennent de plus en plus rares, et dont l'épaisseur croît à la fois en dessous au contact de la pyrosphère, et en dessus par le dépôt des matières provenant de la désagrégation des couches superficielles appartenant à la pellicule primordiale.

L'accroissement d'épaisseur est réel en dessous; il n'est qu'apparent en dessus, où il ne consiste qu'en dépôts et transports de matières déjà existantes, modifiées seulement par l'influence des agents extérieurs.

Cependant les accroissements d'épaisseur au-dessous de la surface d'équilibre ne se font pas toujours par strates, couches ou bancs réguliers; aux endroits où se rencontrent des plissements, la matière en mouvement dans la pyrosphère s'amasse confusément, comme nous l'avons vu tout à l'heure entre les couches redressées par la rupture de la pellicule, et le refroidissement accéléré par le contact des surfaces où le mouvement des ondes de propagation se répercute pour éteindre les vibrations spontanées, produit des blocs amorphes, polyèdres sans aucune régularité, masses n'offrant plus aucun caractère de stratification. Mais l'intérieur de ces blocs, où agissait dans toute sa force l'attraction moléculaire qui réduisait à leur minimum les vibrations spontanées, a réuni en groupes cristallins parfaitement distincts les uns des autres les molécules de chaque espèce. Cet effet doit s'attribuer sans doute à la lenteur du refroidissement dans l'intérieur de ces blocs protégés contre une action trop subite par leur épaisseur même; et ainsi se sont formés les granites, siénites, pegmatites et autres. Le même phénomène, avec tous ses accidents, se renouvelle encore toutes les fois que les mouvements de la pyrosphère en détachent des masses fluides que leur épaisseur met à l'abri d'un refroidissement trop subitement progressif.

119. Voilà donc quatre espèces de roches dont il nous est donné de caractériser l'origine et l'âge relatif :

1° Gneiss, micaschistes ou schistes micacés et talcschistes ou schistes magnésiens; roches en feuillets, en couches, en strates, d'une épaisseur peu considérable, et horizontales quand elles n'ont pas été redressées par le gonflement de la pyrosphère, soit lorsqu'elle occasionnait les plissements de la pellicule, soit lorsqu'en rompant cette pellicule, elle comblait, par des masses fluides prenant la forme polyédrique, les intervalles restés vides entre les lambeaux disloqués.

2° Granites de toute espèce, sous les roches feuilletées des plissements, ou entre les lambeaux de ces roches.

3° Roches de fusion ignées, poussées en haut par les mouvements de la pyrosphère, soit brisant, pour s'introduire entre leurs massifs, les couches des terrains de tout âge, soit épanchées entre leurs strates.

4° Roches de transport, de dépôt ou de sédiment, formées soit des débris et détritus de la pellicule primitive, soit du précipité composé des matières dissoutes ou tenues en suspension dans les divers liquides qui ont rempli tour à tour les bassins de l'Océan.

120. Il est rare de trouver les gneiss, micaschistes et talcschistes en stratification horizontale et régulière ; il en est de même des sédiments, bien que cette disposition doive être considérée comme constituant leur état normal : on vient d'en voir la raison. Nous pouvons ajouter que ces strates sédimentaires ont dû subir quelquefois de profondes modifications au contact des masses d'éruption qui les ont traversés, et plusieurs, après avoir repassé à l'état fluide, ont en se refroidissant gardé l'empreinte de ce retour momentané dans le nouvel

arrangement de leurs molécules, leur texture primitivement compacte est devenue cristalline.

En d'autres circonstances, des masses fluides composées des mêmes éléments que les granites; d'autres encore, où dominent d'autres éléments, ont été poussées de bas en haut, sous diverses formes, ressemblant à des *magmas* (expression pittoresque de M. Dufrénoy), où l'on ne rencontre que de rares cristaux, comme les porphyres et les basaltes, ou parsemées de modules où certains éléments spéciaux semblent s'être condensés autour d'un centre particulier, comme les amygdaloïdes, ou enfin veinées de diverses nuances qui accusent des mouvements divers d'épanchement dans les couches de densité diverse, comme les serpentines ou ophites, dans lesquelles domine l'élément magnésien.

121. Tandis que ces transformations s'opéraient successivement, les eaux de la mer se sont dépouillées successivement aussi de leurs acides absorbés par des dissolutions et combinaisons incessantes; leur capacité dissolvante a diminué, leur degré de saturation a baissé, et il leur a fallu abandonner une partie des substances qu'elles retenaient dissoutes, et de là de nouveaux sédiments différents des premiers.

Puis, chocs périodiques de la pyrosphère et bouleversements multipliés, alternatives de températures variables au milieu du refroidissement progressif de l'Océan; morcellements, déplacements des bassins principaux, par suite d'affaissements non moins faciles à comprendre que les soulèvements.

122. Telle est la série des faits dont nous aurons à examiner quelques détails principaux dans le livre suivant; nous terminerons celui-ci par l'histoire chronologique des soulèvements constatés, suivant le tableau que M. Charles d'Orbigny a bien voulu nous communiquer.

Nous savons déjà dans quelles limites sont renfermées les époques de leurs retours successifs, et quelles en sont les causes; nous connaissons par conséquent d'une manière approximative la durée des intervalles entre ces retours, et nous pouvons juger si elle est suffisante pour concorder avec le temps nécessaire au transport, au dépôt, à la consolidation des amas sédimenteux. Nous savons aussi d'où procède la force qui les effectue, et jusqu'à quel degré d'énergie elle peut s'élever; il ne nous reste donc plus qu'à recueillir dans leur ordre naturel les âges relatifs de ces soulèvements, en appliquant ces rapports d'âges aux rugosités, collines, montagnes et chaînes de montagnes qui ont persisté après que l'équilibre dérangé par l'impulsion accidentelle a été rétabli.

Mais avant d'entrer dans cet ordre d'idées, nous avons quelques mots à dire sur les phénomènes de l'organisme, dont les traits caractéristiques sont restés gravés à chaque page du grand livre de la science géologique.

CHAPITRE X.

DE L'ORGANISATION A LA SURFACE DU GLOBE.

123. En vertu de la loi de rotation, le refroidissement de l'écorce terrestre a commencé aux extrémités de l'axe, et c'est aux pôles que nous avons placé les sources de l'Océan; c'est aussi aux pôles que les premiers soulèvements ont dû avoir lieu, que les premiers reliefs des continents se sont dessinés, comme nous l'avons vu au chapitre IV, que les premières montagnes se sont formées, et que l'organisation, soit animale, soit végétale, a commencé à se développer. De proche en proche, le refroidissement et l'organisation se sont avancés ensemble vers l'équateur.

124. Il va sans dire que, dans cette marche, les diverses zones à partir des pôles ont éprouvé successivement les divers climats de l'échelle thermométrique compris entre leur température actuelle et une température infiniment plus élevée que celle de notre zone torride; et, s'il est démontré que l'élévation de la température entre certaines limites indique jusqu'à quel degré proportionnel est portée la puissance de l'organisation et quelles dimensions peuvent acquérir les êtres doués de vie dont elle favorise le développement, on devra successivement retrouver, en allant des pôles vers l'équateur et en supposant que leurs débris se soient conservés, tous les animaux et végétaux de la zone torride, plus ceux qui étaient capables de vivre sous une température de plus en plus élevée, jusqu'à la limite supérieure.

125. Remarquons toutefois que, dans la comparaison qui se fera entre les êtres qui vivaient anciennement au pôle et qui vivent aujourd'hui sous la zone torride, on doit s'arrêter sérieusement sur cette considération de premier ordre, que l'action de la lumière n'est pas la même au pôle que sous l'équateur; il n'y a personne, en effet, qui veuille méconnaître l'immense influence de la lumière du soleil sur la vie organique, puisque tout le monde sait qu'il y a des animaux comme des végétaux nocturnes, comme il y a des végétaux et des animaux diurnes. Il est bien évident que, même en supposant que la chaleur au pôle fût, par l'action du noyau central ou plutôt de la pyrosphère, égale ou supérieure à celle de notre climat intertropical, l'absence périodique de la lumière pendant la durée de l'une des saisons solsticiales, et la présence continuelle du soleil dans les cieux pendant la durée de l'autre, produiraient des conditions d'existence qui ne pourraient ressembler à celles qui résultent de l'alternative régulière d'un jour et d'une nuit de douze heures, ou à peu près.

126. Il n'y a qu'un moyen d'arriver à des conditions d'existence complétement identiques, c'est de supposer que les ex-

trémités de l'axe répondaient à un point quelconque du grand cercle, qui est pour nous le cercle équinoxial, et qui était alors un méridien, ce qui signifie que les pôles étaient à la place de l'équateur et l'équateur à la place des pôles. Or, cette proposition revient à dire que le globe aurait tourné autour du grand axe de l'ellipse, ce qui rend tout équilibre impossible, suivant les lois de la mécanique céleste.

Si, pour écarter cette difficulté péremptoire, on prétendait que le globe a fait cette évolution des pôles par un déplacement du ménisque ou renflement équatorial, qui aurait quitté la position qu'il occupait alors pour venir s'amonceler là où il est aujourd'hui, en changeant la direction de l'axe de rotation; sans doute on peut, à toute force, admettre une pareille supposition, malgré les énormes bouleversements qui en seraient résultés. Mais il reste encore une difficulté à résoudre : on ne voit pas trop comment cet échange pourrait avoir lieu après la consolidation nécessaire à l'établissement de la vie organique; il faudrait donc admettre encore, à la même époque, l'entière fluidité de l'écorce du globe, ce qui ne semble pas promettre des conditions d'existence bien favorables au développement organique d'animaux qui ne seraient pas des salamandres : j'entends les salamandres contemporaines des ondines et des sylphes, et non celles qui se traînent aujourd'hui dans la vase de nos ruisseaux et fossés.

127. Pour expliquer les faits réels et non contestés, il faut donc renoncer à cette hypothèse du déplacement des pôles, qui paraît si simple au premier coup d'œil; l'idée du choc d'une comète, même si on lui attribue gratuitement un volume et une densité suffisante, ne résout aucune des difficultés qui viennent d'être soulevées : on est ainsi forcé d'admettre que les végétaux et animaux qui ont vécu autour des pôles, sous un climat aussi chaud que celui de notre zone torride, doivent présenter des différences essentielles d'organisation

quand on les compare avec ceux qui vivent aujourd'hui dans les mêmes conditions de température.

128. Les éléphants, rhinocéros et tapirs, dont on rencontre les dépouilles sur les bords de l'océan Arctique, n'ont pu avoir ni la même organisation spécifique, ni les mêmes instincts, ni les mêmes habitudes que leurs congénères qui vivent aujourd'hui à l'ombre des forêts équinoxiales. Sans croire, comme les Iakouts et les Samoïèdes, qu'ils menaient une vie souterraine, on comprend néanmoins qu'ils devaient chercher l'ombre pendant les six mois de soleil, et le soleil pendant les six mois de nuit. Les dernières générations surtout ont dû prendre des habitudes d'émigration, pour se soustraire à la rigueur du froid, pendant l'absence trop prolongée de l'astre vivifiant; les quelques individus qu'on a trouvés sous les sables de l'Iénisseï et de la Léna, dans un état de parfaite conservation, ne seraient que des traînards saisis par le froid, à l'arrière-garde de la colonne émigrante, dans l'un de ses passages du nord au sud. Le brusque changement de température dont ils sont restés victimes n'entraîne donc en aucune manière la nécessité d'un bouleversement dans les couches du globe à cette latitude; toute idée de catastrophe est repoussée, d'ailleurs, à la seule inspection de cette incroyable quantité d'ivoire que l'on rencontre presque à chaque pas, tout le long des côtes de l'océan polaire; la belle qualité et l'extrême abondance de cet ivoire, les circonstances peu accidentées du gisement où on le recueille, attestent que les éléphants ont vécu dans ces parages longtemps, en grand nombre et très paisiblement. Quant au froid qui a saisi les traînards, il n'étonnera pas ceux qui connaissent les nuits d'Algérie, même au bord de la mer.

Peut-être trouvera-t-on un jour, dans les traditions de la Sibérie et de l'Inde, quelques indices qui mettront dans la voie de remonter jusqu'à l'époque de leur dernière émigration qui a dû précéder le soulèvement de l'Himalaya; car ils n'auraient pu le franchir. Il y a dans ce seul fait une belle série de recherches à poursuivre, et nous ne manquons pas de savants voyageurs, français, anglais, allemands et russes, non moins zélés qu'intrépides, qui seraient capables de vaincre toutes les difficultés d'une pareille entreprise.

129. Lorsque les éléphants et les rhinocéros, organisations appropriées aux températures si énergiquement fécondantes de la zone torride, vivaient autour du pôle des produits d'une végétation prodigue et luxuriante, dont certaines couches des terrains anthraxifères nous ont conservé de beaux spécimens dans les cycadées et fougères arborescentes, la zone torride elle-même devait être dans des conditions de température excessive pour la plupart de ces animaux, et, à plus forte raison, pour les races humaines.

Cet état de choses est-il donc si peu ancien qu'en suivant les progrès du refroidissement pour prendre possession des terres nouvelles, l'homme ait pu conserver jusqu'aux temps de l'antiquité grecque le souvenir de l'époque où la zone torride était inhabitable? Ce n'était, en effet, qu'un souvenir, puisque les voyages de Thalès et de Pythagore dans l'Inde intertropicale, les circumnavigations des Phéniciens et des Carthaginois autour de l'Afrique, éloignaient toute idée d'actualité; et ce souvenir remontait aux temps de l'Atlantide.

130. Cette île si fameuse que l'on ne va plus chercher du côté des Hespérides, depuis que Bailly a essayé de démontrer que les transmigrations des hommes ont eu lieu du nord au sud, aurait-elle été une grande contrée, centre de civilisation, aux mêmes lieux où ont été soulevées postérieurement les énormes crêtes du Thibet? Serait-ce le soulèvement ou plutôt le gonflement excessif du plissement originel formant, comme nous l'avons vu § 64, cette grande chaîne et celle des Altaï, qui a fait disparaître de ces contrées, par l'effet d'une hor-

rible catastrophe, les traces d'un progrès accompli dont on retrouve néanmoins quelques rudiments épars dans les civilisations stationnaires qui occupent les pentes et vallées extérieures du grand plateau? (Voyez Bailly, ***Histoire de l'astronomie***.)

Toutes ces questions et bien d'autres non moins importantes pour l'histoire de l'esprit humain, mais dont on a relégué la solution parmi les chimères, filles des imaginations orientales, mériteraient bien d'être reprises et discutées au moyen des innombrables documents déjà acquis ou qu'on peut acquérir encore en fouillant les cosmogonies, mythologies et traditions des Indes, de la Chine, de la Sibérie et de la Perse.

131. En attendant qu'on y revienne sérieusement, essayons, mais sans pousser trop loin notre curiosité, de fixer quelques uns des points de vue sous lesquels peut être considérée l'évolution organique.

1° L'analyse a suffisamment démontré que la molécule organique se compose essentiellement de carbone, uni en combinaison avec l'oxygène et l'hydrogène pour constituer la molécule végétale; avec l'oxygène, l'hydrogène et l'azote, pour constituer la molécule animale.

2° L'expérience la plus vulgaire nous apprend que la première forme passe à la seconde par l'addition de l'azote, quand elle n'en contient pas, par l'accroissement proportionnel de la quantité de ce gaz, lorsqu'elle en contient déjà.

3° En la comparant avec la molécule inorganique, sous le rapport de la forme et du mode d'accroissement, on trouve que tandis que celle-ci affecte constamment des formes polyédriques nettement tranchées, et s'associe à sa congénère par simple juxta-position, qui n'a d'effet que sur le facies extérieur, la molécule organique plus essentiellement globuleuse est vésiculaire et compressible, s'associant à ses congénères par intussusception ou assimilation mutuelle, espèce de double décomposition suivie d'une recomposition et d'une métamorphose complète.

4° La texture de la molécule inorganique est compacte et maintenue par une force de cohésion inhérente aux surfaces. Celle de la molécule organique est celluleuse, facile à se désagréger, à cause de la nature plus mobile de ses éléments.

132. Nous n'irons pas plus loin dans cette voie, qui nous écarterait de notre sujet plus qu'il ne convient à une simple digression, et nous nous contenterons d'ajouter qu'en prenant l'organisation à son point de départ, il est à peu près impossible de discerner la molécule animale de la molécule végétale ; les formes de l'une ne se distinguent expressément de celles de l'autre, qu'après un certain nombre de transmutations successives, dans lesquelles les combinaisons paraissent être plus complexes.

L'organisation ne peut s'établir et persister que sous certaines conditions susceptibles d'être modifiées par les circonstances extérieures, mais dont les plus indispensables paraissent être les vibrations élémentaires produites par le concours de l'eau, de l'oxygène et de la lumière.

C'est dans l'eau qu'elle a commencé, et la silice, intervenue comme élément accessoire de consolidation, a suppléé à la force d'agrégation ou de cohésion superficielle amoindrie par la mobilité des éléments gazeux.

133. Les premiers produits de l'organisation animale ont dû être des zoophytes calcaires, des spongiaires siliceux ; puis sont venus les mollusques nus ou testacés, bivalves et univalves, et les céphalopodes à coquille enveloppée dans leur manteau, comme seiches, poulpes, colmars, auxquels ont succédé les chondroptérygiens, les poissons et les reptiles. Des poissons aux cétacés, la transition est facile, et il n'y a qu'un pas à faire de ceux-ci aux pachydermes, aux ruminants, aux rongeurs, aux carnassiers.

Nous ferons encore ici un temps d'arrêt pour ne pas empiéter sur le domaine de l'anthropologie. Remarquons cependant que plusieurs des grandes divisions que nous venons de rappeler ne se succèdent pas les unes aux autres en ligne directe, mais forment des branches latérales plus ou moins immédiatement dérivées du tronc principal, et où chaque forme, par des modifications greffées les unes sur les autres, arrive au maximum d'effet dont l'organisation est capable, dans telle ou telle direction particulière.

134. Je n'ignore pas que les disciples exclusifs de G. Cuvier n'adopteront pas cette manière de voir, qui mène droit à l'*unité de composition organique* si heureusement formulée, si savamment développée, si habilement soutenue par Geoffroy-Saint-Hilaire contre son illustre ami, qui semble avoir consacré une partie de ses profondes investigations à chercher des impossibilités, comme pour lui ménager le mérite de répondre aux plus redoutables objections avec cette hauteur de vue que donne la foi dans une idée.

Cuvier et Geoffroy-Saint-Hilaire, deux hommes également puissants par le génie, illustres par la science, dignes de la profonde reconnaissance de tous ceux qui prennent intérêt aux progrès de l'intelligence humaine, et surtout recommandables par la sincérité d'affection qui les unit dès leurs premiers pas, sans être jamais altérée par une divergence d'opinions qu'il serait facile d'expliquer sans amoindrir ni l'un ni l'autre, et qu'on est loin de regretter quand on considère quelle masse de lumières nous pouvons en tirer, nous qui profitons si largement de leurs immenses travaux, Geoffroy-Saint-Hilaire et Cuvier ne peuvent être appelés comme parties dans ce débat, et je n'ai pas la ridicule prétention de me poser comme juge entre ces deux géants, pauvre nain que Dieu a bien voulu gratifier du moins de la faculté de comprendre la devise du philosophe : Γνωθι σεαυτον.

Mais cherchant de tous les côtés dans l'univers les faces réelles et positives de cette idée d'unité qui se manifeste souvent avec un si vif éclat parmi une si grande diversité de causes particulières et d'effets généraux, j'avoue que j'ai toujours désiré et que je désire chaque jour plus vivement que l'opinion de Geoffroy-Saint-Hilaire soit reconnue pour une vérité.

135. Cette unité de composition organique se rattache, en effet, avec une concordance qui simplifie beaucoup d'explications, à cette diversité de formes qui semblent se succéder, comme dans un système progressif de transformations à travers les soulèvements qui ont si souvent bouleversé la surface du globe pour lui donner sa forme actuelle; et si quelques uns ont cru devoir signaler des lacunes dans cet ensemble, c'est qu'ils ont suivi la filiation des êtres sur une ligne directe unique, sans tenir compte des ramifications latérales.

Quoi qu'il en soit de ce reproche qui me paraît peu fondé dans sa rigueur absolue, les débris des formes organisées trouvés en si grand nombre ont été considérés comme les indices d'une contemporanéité, au moyen de laquelle les transformations locales se généralisent; en sorte que, dans un grand nombre de cas, des observations importantes et qui pouvaient offrir de grandes difficultés, se réduisent à de simples et faciles vérifications.

136. Nous n'insisterons pas davantage sur cette concordance; elle est suffisamment établie dans tous les ouvrages spéciaux, où elle forme la base de nombreux rapprochements qui relient et coordonnent les faits géologiques dont se compose la science actuelle; résultat d'immenses travaux exécutés avec autant d'habileté que d'ardeur par ceux qui ont charge de diriger les intelligences investigatrices, marchant au progrès par toutes les voies de la Providence.

Comme l'œuvre que nous avons entreprise, peut-être avant

d'avoir assez consulté nos forces, consiste principalement à rechercher les causes actuelles ou prochaines des mouvements qui ont modifié, transformé, changé les conditions d'existence du globe terrestre, nous ne pouvons nous dispenser d'étudier à notre point de vue la doctrine des soulèvements : il est bien entendu que nous n'avons pas la prétention de refaire ce qui a été si bien fait; notre tâche ici n'est plus que celle d'un laborieux compilateur, dont tout le mérite est dans la fidélité de sa reproduction.

CHAPITRE XI.

DES SOULÈVEMENTS.

137. Nous avons vu (chap. III) comment les mouvements de la pyrosphère aboutissent périodiquement à des chocs inévitables entre diverses parties de cette masse fluide, et comment par contre-coup l'écorce solidifiée du globe doit en être affectée. Rappelons en passant une expérience vulgaire dont nous sommes témoins, toutes les fois que nous rencontrons un porteur d'eau avec ses deux seaux en équilibre sur son épaule; le liquide contenu dans un vase qui éprouve un mouvement oscillatoire rejaillit en ondes qui frappent le couvercle de ce vase toutes les fois qu'il y a changement dans la direction du mouvement, et le plan général de ces ondes est perpendiculaire au plan d'oscillation.

138. Il résulte de là que le mouvement de la pyrosphère ayant pour principe une force émanée du centre s'exécute à la surface suivant un grand cercle constamment variable, et que les ondes de la masse fluide se formant à chaque retour et temps d'arrêt perpendiculairement au même grand cercle, la trace extérieure de ces ondes, provenant du choc, sera également un grand cercle; à chaque temps d'arrêt, il y aura autant de ces traces que chaque onde se répercutera de fois, avant que la surface du fluide ne reprenne son niveau d'équilibre et son mouvement régulier, en sens contraire de sa direction précédente.

139. Ainsi, à chaque époque de soulèvement, pourront se produire à la surface plusieurs traces parallèles, en ce sens qu'elles se trouveront dans des plans de grands cercles perpendiculaires à un même méridien, comme il a été constaté avec une rare habileté par les hommes de science véritable qui ont dressé le tableau des soulèvements jusqu'ici vérifiés.

Ces soulèvements sont au nombre de vingt, suivant les derniers développements donnés à la théorie par M. Élie de Beaumont, quoiqu'il n'ait pas jugé à propos d'y comprendre ni celui des Andes ou Cordilières de l'Amérique méridionale, ni celui de l'Himalaya, qui lui semblent très modernes comparativement aux autres. Cette opinion, si elle se fortifiait de preuves nouvelles et reconnues suffisantes, comme je crois qu'elle peut le faire dans un avenir prochain, confirmerait le pressentiment que j'ai osé consigner ci-dessus (§§ 128 et 130) avant de connaître les idées de M. de Beaumont, qui ne les a pas encore publiées.

Voici le résumé des tableaux adoptés par la science :

140. 1° Système de la Vendée.

Terrains primitifs composés de gneiss, micaschistes et talcschistes, ou schistes talqueux.

Suivant l'idée que nous avons si longuement développée dans les chapitres précédents, ce n'est point ici un soulèvement proprement dit : c'est une de ces rugosités originelles, montrant à nu la composition et la forme de la pellicule primordiale. Le refroidissement n'était pas encore assez avancé pour que l'eau, tombant de l'atmosphère, ne produisît pas les mêmes effets giratoires que nous remarquons dans la goutte qui tombe sur une plaque de fer chauffée au rouge ; et, dans cet état, les feuillets superficiels de l'écorce se délitaient, se désagrégeaient, se décomposaient facilement.

Peu à peu, néanmoins, le refroidissement est devenu assez fortement prononcé pour que diverses substances qui n'entrent en ébullition et ne se vaporisent qu'à une température supérieure à 100 degrés (comme le phosphore à 290 degrés, le soufre à 299, l'acide sulfurique à 310, et le mercure à 369 degrés), demeurassent à l'état liquide ; puis l'eau, tombant par masses, cessa bientôt de se vaporiser instantanément ; les couches inférieures contenues en outre par la pression des supérieures persistèrent également, et l'Océan fut constitué. Chargé d'acides et autres substances électro-négatives, et d'une densité que n'amoindrissait qu'à peine sa température encore élevée, il subit proportionnellement les attractions du soleil et de la lune qui y produisirent des marées énormes, agissant avec une violence au delà de toute expression, pour battre en brèche les parois des bassins qui lui servirent de premiers récipients. L'œuvre de désagrégation fut alors complète sur les feuillets des gneiss, des micaschistes, des talcchistes, et même des granites intercalés ; les molécules siliceuses se réunirent en amas de sables, les feldspaths se décomposèrent en argiles, les alcalis et la chaux demeurèrent, pour la plus grande partie, en dissolution ; puis, la pression venant à augmenter en proportion du refroidissement de l'eau qui restait liquide en couches plus épaisses, il se forma des grès, des schistes, des bancs de roches feuilletées : de là provinrent les phyllades, les grauwackes, et les calcaires anciens, qui constituent le terrain cumbrien.

141. 2° Système du Finistère,
3° Id. de Longmynd,
4° Id. du Morbihan.

Ces trois soulèvements successifs eurent lieu au fond de l'océan primitif, tandis qu'avec le refroidissement général se poursuivait la formation des terrains cumbriens, qui furent disloqués d'abord et poussés en haut, puis recouverts par les ardoises vertes et le calcaire de Bala.

Ces trois périodes de la même éruption amenèrent les oxydes, chlorures, sulfures et arséniures de toute espèce, qui s'étaient formés sous l'écorce de la pyrosphère, et qui, en se dissolvant dans l'eau et dans les acides, augmentèrent encore la densité de la masse liquide.

La matière qui occasionna ces trois soulèvements se solidifia en partie sous forme de granite, en partie sous forme d'amphibole, là où la chaux et le fer se rencontrèrent en quantité suffisante. Après avoir traversé l'écorce primitive devenue très mince par les désagrégations et décompositions de l'époque précédente, elle redressa, en même temps que les feuillets de cette écorce, les bancs et couches du dépôt cumbrien.

La température des océans était déjà assez abaissée pour que la molécule organique pût s'y constituer sous forme de graphtolites et pennatules, et même fucus mêlés de rares encrines, s'assimilant le carbonate calcaire dissous dans les acides ou tenu en suspension.

Ce calcaire provenait en grande partie de l'amphibole dont la décomposition allait offrir au mouvement organique la matière assimilable qui était destinée à prendre un si grand nombre de formes plastiques accumulées en dépôts immenses après l'accomplissement de l'évolution vitale.

142. Ces trois soulèvements ont été suivis d'une époque de calme relatif, durant laquelle se sont faits de nouveaux dépôts de matières alumineuses et calcaires, dont les unes provenaient encore des premières décompositions; les autres, de combinaisons et dissolutions plus récentes. De nouveaux

transports de matières désagrégées, et fournies en grande partie par les granites et les amphiboles d'éruption, dont la présence est constatée par les granites porphyroïdes, s'effectuèrent de tous côtés suivant la direction des marées et des courants par-dessus les débris du terrain cumbrien.

La proportion du chlorure de chaux s'est considérablement augmentée, et l'organisation, aidée par l'influence de l'acide carbonique, l'un des produits exhalés de la pyrosphère pendant l'éruption, s'en débarrasse par voie de sécrétion, après s'être assimilé l'élément siliceux qui y était associé dans la dissolution acide.

Ces nouveaux dépôts se composent de schistes ardoisiers, d'ampélites et de calcaires gris; ils constituent le terrain silurien. Partout où il a été observé, ce terrain commence, dans les couches inférieures, par des grès dont les principaux sont les grès de Caradoc, par des poudingues et des quartzites alternant avec les schistes et mêlés de bancs calcaires, variables en nombre et en puissance.

L'organisation y a laissé de nombreuses dépouilles accusant déjà un progrès dans les formes et types génériques; on y trouve des trilobites, des orthocératites, des lituites, productus, térébratules, orthis et polypiers de différentes espèces.

143. 5° Système du Westmoreland et Hundsruck.

Une nouvelle explosion se fait alors; elle éclate sur la ligne indiquée par les montagnes nommées en tête de ce paragraphe; les terrains siluriens sont bouleversés, brisés, disloqués sur toute cette ligne.

Le calme rétabli, de nouveaux dépôts de grès se forment, comme les précédents, soit par la désagrégation de ceux qui existent déjà et qui, après s'être convertis en sables, après avoir été entraînés, maniés, transportés par les courants, ont été derechef agglutinés par la silice dissoute, ou enveloppés de nouvelles dissolutions dont la capacité a été diminuée par le refroidissement ou la neutralisation des acides ; car il est à remarquer ici que ces substances électro-négatives s'effacent en partie en se combinant avec les électro-positives qui leur sont offertes, et perdent en partie leur puissance de saturation par le refroidissement que l'éruption n'arrête qu'un instant.

L'acide carbonique s'exhale de la pyrosphère en plus grande abondance qu'auparavant, et déjà on rencontre des calcaires chargés d'un excès de carbone qui se mêle au grès pourpre et au vieux grès rouge formant, sous le nom de terrain dévonien, le fond de l'Océan qui commence à se morceler, par l'émersion des terrains déjà constitués et dont une partie est demeurée à sec après chaque éruption.

144. 6° Système des Vosges ou des Ballons.

Ce système, ainsi nommé du nom et de la forme de ses crêtes principales, s'est fait jour à travers le terrain dévonien. Ce sont encore des granites, comme au Brocken et au Rostrap, dans le Hartz, ou des siénites, comme en Alsace, qui ont été les agents de cette catastrophe, et qui ont été accompagnés d'une si grande abondance de carbone, soit sous forme de vapeur sans mélange, soit sous celle d'hydrogène carboné, que les terrains métamorphosés au contact de la masse en ignition ont pu être nommés *terrains carbonifères*. On y trouve des masses énormes de calcaires anthraxifères ou marbre bitumineux, qui renferment un grand nombre de polypiers, passant de la forme cellulo-alvéolaire à la forme ramifiée, qui tend à individualiser de plus en plus chaque réunion spéciale de molécules organiques. Ce sont : l'*amplexus coralloides*, le *cyatophyllus cæspitosus*, l'*orthoceras lateralis*, des *encrinites crinoides ;* puis des types complétement individualisés, comme le *goniatites evolutus*, le *bellerophon costatus*, des *exomphales*, des *spirifer*, des *productus*.

145. Au milieu des couches supérieures, on trouve même l'individualité complète dans les débris des grands poissons sauroïdes, comme l'*holopticus* et le *megalichtys Hibberti*, dans les *coprolites*, matières phosphatées qui semblent avoir été moulées dans un tube intestinal qui les a rejetées comme excréments; dans les dents du *cestracion*, squale chondroptérygien et de l'*hibodon*, autre espèce de squale.

Ce dépôt de calcaires a été immédiatement suivi d'un nouveau grès composé de grains quartzeux et feldspathiques, dont l'origine est assez évidente, et conglutiné par un ciment argileux contenant du mica, en diverses proportions, rarement calcarifère. L'argile provenant de la décomposition d'anciennes roches feldspathiques ou alumineuses, sépare les diverses couches de ce grès, et renferme, au milieu de son épaisseur, des amas considérables de carbone ou de substances carbonisées, qu'on appelle *houille* et qu'on suppose engendrées à la manière des tourbes. Ne pourrait-on pas y voir aussi la distillation, en vase clos, de la matière organique? Cette opinion est facile à adopter, quand on n'y voit qu'une question de temps; mais peut-être est-elle devenue trop exclusive, comme nous pourrons le voir dans le livre suivant.

146. Ce terrain forme le terrain *houiller*, étage supérieur de la grande formation *carbonifère*, deux fois interrompue; car au-dessous de la houille on rencontre le milstone grit, ou terrain du Forez (Saint-Étienne, Rive-de-Gier, etc.), qui porte sur le calcaire anthraxifère.

Outre la houille, ces terrains contiennent une quantité énorme de débris végétaux appartenant aux familles qui ont été classées au plus bas de l'échelle d'organisation, comme fougères, prêles, lycopodiacées, et quelques cônifères qui sont placées à l'extrémité supérieure d'une branche latérale du système végétal.

147. 7° Système du Forez, ou milstone grit.

8° Système du nord de l'Angleterre.

Le premier de ces deux soulèvements a brisé les couches du calcaire anthraxifère, qui ont été recouvertes par les grès houillers du milstone grit, bouleversés à leur tour par le deuxième, à la suite duquel se sont amoncelés les dépôts de houille.

148. 9° Système des Pays-Bas et du Southwales.

Ce système, qui a fortement agi sur les couches du terrain houiller, dans la direction indiquée par le nom qui lui a été donné, paraît avoir été moins une explosion qu'une alternative répétée de gonflements et d'affaissements dans les couches de la matière carbonisée, où sans doute le carbone en vapeurs et l'hydrogène carboné produisaient ou des embrasements ou de petites éruptions locales, comme :

10° Système des bords du Rhin.

11° Id. du Thuringerwald.

On serait disposé à croire qu'il n'y a pas eu alors de choc de la pyrosphère, et que les dépôts de grès ont continué d'avoir lieu par les pséphites ou nouveaux grès rouges, le zechstein ou calcaires compactes et les grès vosgiens, qui constituent les trois étages du terrain permien.

Sur ces grès se sont déposés à leur tour les trois terrains de la formation triassique, dans l'ordre suivant de bas en haut : le grès *bigarré*, le calcaire *conchylien* ou *muschelkalk*, et les argiles irisées du *keuper*.

149. Dans cette série, les alternatives des grès siliceux, des calcaires et des argiles s'expliquent sans peine par les 9e, 10e et 11e soulèvements, qui se peuvent comparer aux gonflements et affaissements superficiels des scories citées plus haut (§ 116) ; ou, si l'on préfère une comparaison plus positivement géologique, aux affaissements et soulèvements alternatifs de la côte du Chili, en 1822 ; du lit de l'Indus barré à son embouchure, en 1819; des Hornitos de Jorullo, en 1759, au Mexique.

150. Au fond et sur les bords de l'Océan, formés des grès vosgiens du terrain permien et des grès bigarrés de la formation triassique, vivaient d'innombrables mollusques à coquilles cloisonnées de la grande famille des ammonites, avec des avicules bivalves, et des encrinites d'origine plus ancienne, et tous ces débris accumulés, pétris avec des carbonates calcaires déposés en vase sur le fond et dans les anfractuosités des parois, ont formé le muschelkalk, bientôt recouvert des puissantes couches argileuses du keuper.

Sur ces argiles momentanément émergées vivaient les grands végétaux de la famille des cycadées, mais dont les types s'étaient modifiés, pour passer aux genres *Nilsonia* et *Pterophyllum;* puis des fougères nouvelles, avec des reptiles, batraciens, sauriens et chéloniens, qui avaient déjà laissé de leurs traces dans les grès bigarrés.

151. Les dépôts de chlorures de soude, de potasse, de chaux, dont les eaux se trouvaient alors sur-saturées, par suite de l'abaissement de température, se montrent dans le keuper, enveloppés d'argiles qui en sont elles-mêmes imprégnées, et qui les garantissent d'une nouvelle dissolution.

L'acide sulfurique s'est séparé de l'eau en se portant sur les premiers carbonates calcaires formés par l'action de l'acide carbonique sur le chlorure de chaux, et il en a fait des gypses; mais il a été bientôt épuisé, et c'est alors que sur les assises du muschelkalk et du keuper se sont amassés les énormes dépôts de carbonate calcaire produits par les courants d'acide carbonique exhalé de toutes les fissures que multipliaient les éruptions locales et le mouvement de la pyrosphère; et ainsi se constitua la mer jurassique, morcelant et découpant la grande mer en bassins que séparent les crêtes de ces dépôts dont l'épaisseur est divisée en deux étages, à savoir, le *lias* et l'*oolithe*.

152. Les granites porphyroïdes, les porphyres quartzeux et feldspathiques ont été les agents de tous les mouvements produits, comme nous venons de le voir, dans les masses consolidées, et on les trouve dans les monticules coniques rangés en ligne dans la direction des 10e et 11e soulèvements.

153. Dans les dépôts du calcaire tenu en suspension se sont trouvés englobés, comme dans le muschelkalk, d'innombrables mollusques testacés, des myriades d'ammonites, de gryphées, de céphalopodes, dont la coquille intérieure nous est restée sous forme de bélemnite, tandis que la molécule organique, dont l'action avait formé tant de types si divers, s'imprégnait de la silice rendue gélatineuse par son association avec la potasse et la soude, répandues de tous côtés en dissolutions chlorurées.

154. Ainsi se formait le lias, premier étage du sol jurassique sur lequel sont venus se déposer successivement les trois gradins de l'oolithe, dont le premier contient trois formations. La première est ferrugineuse, nouvelle association et nouvelle forme de l'alumine, qui jusqu'alors, au lieu de s'isoler en globules, avait affecté de s'agréger sous la forme schistoïde des argiles.

La deuxième, dite *grande oolithe*, est composée de sphéroïdes à couches concentriques, depuis les dimensions d'un pois jusqu'à celles d'un œuf de poule.

La troisième est nommée *cornbrasche*, parce que ses grains ont généralement la forme, la grosseur et le facies luisant d'un grain de blé.

Le second gradin de l'oolithe, ou l'oolithe moyenne, se compose des argiles d'Oxford, caractérisées par une gryphée de nouvelle espèce, nommée *gryphée dilatée*, et du coral-rag, où se trouvent en grande abondance les polypiers ramuleux ou coralloïdes.

Le troisième comprend les argiles de Kimmeridge et les calcaires de Portland, en bancs compactes, marneux, sableux, ou oolithiques à très petits grains.

155. 12° Système de la Côte-d'Or.

Après le dépôt tranquillement effectué pendant une longue période de ces masses argileuses et surtout calcaires, au milieu desquelles une population extrêmement diversifiée d'êtres vivants apportait ses dépouilles, caractérisées par mille et mille formes spécifiques, une grande éruption de la pyrosphère a eu lieu sur une double ligne, dont une branche, courant des confins du Hundsruck jusqu'à la Rochelle, extrémité du relief continental, est jalonnée vers son milieu par les montagnes de la Côte-d'Or, dont le système a pris le nom; et dont l'autre suit du nord au midi la double crête des monts Jura, jusqu'à la vallée du Rhône, qui la sépare des Alpes. On retrouve encore les traces de la première ligne dans le mont Pilat, déjà bouleversé une première fois par le cinquième soulèvement, qui est celui du Hundsruck.

On peut conclure de là que cette contrée du Hundsruck a été un centre où les mouvements de la pyrosphère se faisaient plus particulièrement sentir.

156. Ce soulèvement, effectué par des granites, et qui, en diverses contrées, a occasionné des affaissements simultanés, a modifié d'une manière notable les limites et les rivages de la mer jurassique, en même temps que la forme des reliefs émergés et laissés à sec au milieu de cette mer. Continent, îles, archipels, golfes et bras de mer ont présenté des traits distinctifs bien différents de ceux qui les caractérisaient, depuis les derniers morcellements éprouvés par les terrains et les mers des époques antérieures.

157. Sur les assises fortement établies du terrain jurassique, une fois que les mers ont eu repris leur niveau d'équilibre, un nouveau dépôt a commencé : c'est celui de la craie, divisé

en trois étages, le *néocomien*, le *glauconien* et le *crayeux* proprement dit.

Le premier se compose de grands bancs calcaires, alternant avec des marnes (mélange d'argile et de calcaire), au milieu desquelles se trouvent de grandes lentilles également calcaires, dont l'enveloppe supérieure est une argile grise en couches d'épaisseur variable.

Le second est formé de grès particuliers appelés *grès verts*, agglutinés par un ciment ferrugineux verdâtre, où l'acide sulfurique paraît être intervenu comme matière dissolvante (silico-sulfate de fer). Cette réapparition de l'acide sulfurique, qui semblait avoir été épuisé par la formation des gypses, peut être attribuée à une énorme quantité de vapeurs sulfureuses exhalées par la dernière éruption.

Dans le même étage, on trouve encore les *gaults* ou *marnes bleues*, parsemées d'une multitude de grains verts et ferrugineux, de même nature que les éléments du grès; puis, ces grains devenant de plus en plus rares, à mesure qu'on remonte les gradins que forment ces bancs divers, on rencontre successivement la craie *chloritée* et la craie *tuffeau*, calcaire presque pur, en bancs solides et compactes ou en rognons épars, puis des sables et encore des grès.

158. Arrivé enfin à l'étage supérieur, on trouve la substance calcaire, entièrement composée de débris organiques nommés *foraminifères*, et distribuée en grandes assises horizontales entre lesquelles se trouvent déposés par couches régulières une quantité innombrable de rognons siliceux, affectant les formes les plus bizarres, mais où l'on peut reconnaître les effets de l'organisation agissant sur la silice à l'état gélatineux.

159. 13° Système du mont Viso;
14° Id. des Pyrénées;
15° Id. de Corse et Sardaigne.

En parcourant les trois étages du terrain crétacé, on rencontre par places des bancs de calcaire où se remarque une tendance cristalline, qui ne peut provenir que du métamorphisme attribué au contact de matières incandescentes successivement amenées au jour par les trois soulèvements que nous venons de nommer, après avoir d'abord traversé les couches du terrain jurassique, et dont le deuxième est l'un des plus considérables qui aient eu lieu, bien qu'il n'ait pas agi sur toute l'étendue des dépôts crétacés; car la craie des environs de Paris est encore dans sa position primordiale, en couches parfaitement réglées, et séparées par les lits réguliers de silex dont pas un seul n'a été dérangé.

160. Sur la craie se sont déposés les terrains qu'on nomme *supercrétacés*, en trois formations distinctes, dont la première, appelée *éocène*, comprend trois étages, à savoir : les argiles plastiques, le calcaire grossier, et les marnes accompagnées de gypses.

La deuxième, ou formation *miocène*, n'a que deux étages : la mollasse, qui renferme les grès de Fontainebleau, et les fahluns, amas de sables, calcaires travertins, argiles salifères et gypses supérieurs.

La troisième, appelée *pliocène*, n'en a plus qu'un, ou le *crag;* mais elle ne s'est déposée qu'après la dix-neuvième éruption qui a fait surgir les Alpes principales, sur lesquelles se sont appuyés les monticules nommés collines subapennines. Cette éruption avait été précédée de trois autres qui ont bouleversé les deux formations éocène et miocène, et qui sont :

161. 16° Système de l'île de Wight et du Tatra, agissant plus spécialement sur la formation éocène dont le calcaire grossier est l'étage principal. Ce dépôt, qui n'a pas été atteint aux environs de Paris, où l'on remarque à peine quelques éboulements sans caractère et sans portée, est composé, comme la craie, d'une multitude incalculable de coquilles microscopiques rapportées aux foraminifères et nommées *miliolites*, à cause de leur ressemblance avec le grain de mil.

17° Système de l'Eurymanthe et du Sancerrois. Cette éruption locale, comme la précédente, s'est portée sur la mollasse superposée aux marnes gypseuses.

18° Système des Alpes occidentales ou du Mont-Blanc. Il a bouleversé les fahluns formant l'étage supérieur de la formation miocène.

162. Le lendemain de ce soulèvement s'est déposée la formation pliocène, ou crag, nommée aussi terrain subapennin ou terrain de la Bresse, remarquable par d'immenses cavernes creusées dans le calcaire, qu'il ne faut pas confondre avec celles du calcaire jurassique.

163. 19° Système des Alpes principales. Cette éruption a soulevé non seulement les terrains de crag, mais encore tous ceux qui les avaient précédés, a formé d'énormes chaînes de montagnes, au sommet desquelles se dressent en masses polyédriques, en cônes, en pyramides, une quantité immense de roches éruptives, mélaphyres d'espèces diverses, syénites, euphotides et serpentines.

164. Au pied des nouvelles chaînes de montagnes déterminant le relief actuel de l'Europe se sont amoncelés bientôt les débris arrachés des flancs de ces montagnes par d'impétueux torrents qui les ont emportés dans toutes les directions, jusqu'à l'embouchure des fleuves, laissant leurs traces tout le long des rivages qu'ils entraînaient souvent par lambeaux. Ainsi s'est constitué ce qu'on appelle aujourd'hui le diluvium, ramas formé de fragments de toute nature, depuis la vase la plus fine et la plus ténue, formée de silice, jusqu'au sablon quartzeux, s'agglutinant en grès, jusqu'aux cailloux roulés, mobiles ou consolidés en poudingues, jusqu'aux blocs erratiques de plusieurs mètres cubes, frag-

ments de couches de grès ou de roches cristallines, dont les formes irrégulières se présentent avec des angles arrondis et des arêtes émoussées.

165. 20° Système du Ténare.

Enfin a éclaté une éruption locale, du Vésuve à l'Etna, volcans actuels, et de l'Etna au cap Ténare.

166. De cette dernière époque datent pour l'Europe les alluvions modernes dont les dépôts se continuent sous nos yeux et ne sont plus troublés que par des éruptions et autres phénomènes assez étroitement circonscrits dans quelques localités particulières.

Mais il n'en est pas ainsi du nouveau continent, où l'éruption de la grande Cordilière des Andes a surhaussé le relief de la côte occidentale, établi comme nous l'avons exposé au chap. IV. Cette grande émersion se poursuit encore sur la côte du Chili. Un phénomène de même espèce a été remarqué sur le littoral de la Baltique, dans la Finlande et une grande partie de la Suède. C'est comme un retentissement ou une dernière oscillation de l'ébranlement général causé par l'éruption des Alpes principales.

Ce qu'il y a de remarquable en ceci, et ce qui porte à croire que le soulèvement des Andes s'est borné à un subit exhaussement d'un relief préexistant, c'est que la partie centrale de cette chaîne semble diminuer de hauteur, en s'affaissant sur elle-même, comme pour se rapprocher du relief primitif. Le même fait a été observé sur les côtes de la Scanie (Suède méridionale), qui s'abaissent aussi lentement et graduellement, et sur la côte occidentale du Groënland qui, depuis quatre siècles, et sur une étendue de 200 lieues, du nord au sud, éprouve une diminution progressive de hauteur.

167. Un soulèvement plus moderne encore est celui de l'Himalaya, au milieu du continent asiatique, dont nous avons cherché à apprécier quelques effets dans le chapitre

précédent, et sur lequel nous appelons de nouveau l'attention de tous ceux qui cultivent la science.

CHAPITRE XII.

DÉSIGNATION GÉOGRAPHIQUE DES TERRAINS ET SOULÈVEMENTS.

168. En France, la presqu'île armoricaine s'évasant jusqu'aux rivages de l'Orne, et se prolongeant vers le S.-O. au delà de la Loire, jusqu'aux montagnes qui contiennent les sources de la Dordogne ;

En Angleterre, la partie méridionale du pays de Galles et le Westmoreland (pays de la mer d'occident) ;

Offrent la série de tous les terrains mis à découvert par les cinq premiers soulèvements.

C'est là qu'on trouve les schistes luisants et satinés (talcschistes) de Belle-Ile-en-Mer et de l'embouchure de la Vilaine, les micaschistes et les gneiss de Brest, de la Loire-Inférieure, de la Vendée, de la Corrèze (entre Tulle et Nontron), des rives du Lot, auprès d'Espalion (Aveyron), et du Thoré au N.-E. de Castres ; puis, en retournant au nord, les schistes cumbriens entre Falaise et Pontivy, entre Morlaix et Saint-Pol-de-Léon, entre Ploërmel et Dinan, et dans toute la contrée dont le périmètre est indiqué par les collines, buttes et monticules d'Avranches, de Vire, de Domfront et de Fougères ; et enfin les terrains ardoisiers du Finistère, de l'Ille-et-Vilaine, de la Mayenne, de l'Orne et de la Manche.

Les terrains siluriens se rencontrent au sud de Brest, à Lannion, à Cherbourg, à Coutances, jusqu'à Falaise, du côté de l'est ; puis de l'est à l'ouest, entre Ploërmel et Argentan.

169. En Angleterre, on rapporte à la même époque les

schistes verdâtres du pays de Galles, du Westmoreland, du Cumberland et du comté de Cornwalles; la formation silurienne occupe toute la partie orientale de la première de ces contrées, jusqu'aux monts Grampians.

170. Mais ces terrains et formations (cumbriens et siluriens) ne sont pas exclusivement confinés dans les limites que nous venons de tracer : on les retrouve dans la direction du nord et de l'est, parmi les gneiss du Hundsruck, du Hartz, de l'Erzgebirge, du Bœmischerwald, des côtes de la Baltique en Suède et en Finlande; ils forment aussi les bords du lac Wenner, entre Gothenborg et Upsal; ceux du golfe de Bothnie, et se prolongent par les montagnes du Lapmark, jusque sur les rivages de la mer Blanche.

Ce sont eux qui forment les masses ardoisières des Ardennes, de l'Eiffel et du mont Taunus, sur la rive droite du Rhin; et dans les contrées moins septentrionales, les gneiss et micaschistes du Beaujolais, du Forez, du Lyonnais, de la Montagne Noire (Aude), des Pyrénées orientales, et enfin ceux de la Sicile, aux environs de Messine.

171. Les masses éruptives, granites véritables et syénites, qui ont bouleversé les couches originelles de première consolidation, ainsi que les schistes formés des produits de leur désagrégation, se reconnaissent aisément dans les roches cristallines intercalées ou épanchées entre les bancs et feuillets des gneiss et schistes micacés, désignés dans la momenclature qui précède, et qui les accompagnent dans la plupart des localités.

Ainsi on trouve le feldspath interposé entre les couches du gneiss de Brest, et l'amphibole dans les schistes chloritiques de Cherbourg, en contact avec les syénites.

On suit en outre les buttes granitiques éparses sur une ligne généralement dirigée du nord au sud, des bords de la Manche à Parthenay (Deux-Sèvres), de Saint-Lô à Pontivy.

172. Les terrains dévoniens et carbonifères occupent une place immense dans l'écorce du globe, si l'on juge de la généralité par ce que l'on en connaît en Europe, et aussi par ce que l'on commence à découvrir dans les Indes, aux États-Unis d'Amérique, et jusque dans la Nouvelle-Hollande.

En Europe, les grès et les calcaires les plus diversifiés ont été reconnus dans toute l'étendue des domaines britanniques, et surtout dans le Devonshire, qui a prêté son nom à l'ensemble du terrain. Ils forment le sol de la Belgique presque tout entière; en France, ils dominent dans le bassin inférieur de la Loire, sur le plateau circonscrit par la Saône et le Rhône d'un côté, et la Loire de l'autre, et dans les vallées moyennes des Pyrénées. En Allemagne, ces terrains ont été vérifiés dans le Hartz, la Saxe et la Bohême, chaînes de montagnes qui circonscrivent le bassin de l'Elbe, et forment la rive gauche du moyen Danube, depuis les défilés orientaux du Schwartzwald jusqu'à la vallée de la Moldau, qui arrose la Moravie.

On les a constatés également en Suède et en Russie.

173. Les calcaires dévoniens se développent avec une puissance remarquable :

En France, le long de la Loire, et dans les parties inférieures de ses affluents, comme la Sarthe, la Mayenne sur la rive droite, la Vienne, le Cher et l'Allier, sur la rive gauche;

En Angleterre, dans le Clamorghan, le Derbyshire et le Northumberland. Il y reçoit le nom de *mountain limestone* (calcaire de la montagne), quand il est stérile, et de *metalliferous limestone* (calcaire métallifère), lorsqu'il offre de riches exploitations métalliques, comme dans le Derbyshire ;

En Belgique, où ils se nomment calcaires anthraxifères, ils sont exploités comme marbres de toute espèce, sous une foule de noms empruntés aux localités;

En Russie, ils forment un bassin immense, de Moscou à la mer Blanche; puis une large bande dirigée N.-S. le long de l'Oural occidental, et au S.-O enfin, un lambeau encore assez considérable le long du Donetz, l'un des affluents inférieurs du vieux Tanaïs, à peu de distance des Palus-Méotides ou mer d'Azof.

174. Quant aux grès de cette formation, ils recouvrent les terrains siluriens, en Angleterre, depuis le Cornwalles jusqu'aux Grampians, puis ils traversent l'Écosse, et se prolongent jusque dans l'archipel des Shetland ;

Ils entourent complétement la presqu'île scandinave ;

Sur la terre moscovite ils couvrent la Courlande, d'où ils envoient un rameau jusqu'au rivage sud-est de la mer Blanche, du côté du nord, et un autre jusqu'à Woronecz, du côté de l'est.

175. Les étages supérieurs de ces grès, ceux qui constituent véritablement la formation carbonifère, prennent une importance immense des amas de houille qu'ils contiennent entre leurs couches, où le combustible est enveloppé d'argiles diverses, comme nous l'avons vu au chapitre précédent.

C'est en Angleterre et en Belgique que les amas houillers sont les plus considérables et les plus purs, et par conséquent les plus riches. En Belgique, Mons est le centre des exploitations ; en Angleterre, c'est Newcastle.

176. On a observé qu'en France, la houille offre une disposition particulière, en berceau, au fond de vastes dépressions qui ont servi comme de décharge aux torrents qui roulaient les sables et les argiles carbonifères. Ces sables ont été conglutinés et métamorphosés en grès, et les galets en poudingues par un ciment argilo-siliceux ; et ainsi s'est constitué le fond des récipients où le combustible s'est ensuite amoncelé, en alternant avec les argiles.

177. Les gîtes principaux ainsi formés se trouvent sur le périmètre du plateau central, région anciennement volcanique et foyer d'éruptions auxquelles on peut attribuer les dépres-

sions et le morcellement du relief superficiel. En jetant les yeux sur une carte, on est frappé de la forme sensiblement elliptique de la ligne qui relie ces amas les uns aux autres.

Cette courbe a son grand axe dans la direction N.-S. d'Avallon à Lodève. Sur la branche orientale on trouve, à partir d'Avallon, les dépôts de Decize, Semur, le Creusot (près d'Autun), Saint-Berain, Blanzy (dans la vallée de la Deheune), Epinac, puis Sainte-Foy, l'Arbresle, Rive-de-Gier et Saint-Étienne, et enfin Pézénas, le Vigan et Lodève. — Sur la branche occidentale, et en marchant dans le même sens, on rencontre les exploitations de Commentry et de Fins (Allier), de Montluçon et de Saint-Amand, de Lapalisse, Roanne, Mauriac, Saint-Aubin, Rhodez et encore Lodève. — Sur le grand axe, en allant des environs de Mauriac vers le nord, on peut reconnaître Brassac et quelques autres gîtes moins importants. — Si de Rhodez on mène une tangente à l'ellipse, en se portant au N.-O., on passe par Brives, Chatonnay et Vouvant, qui jalonnent la ligne des dépôts de houille, jusqu'à Quimper, jusqu'à l'extrémité de l'Armorique. (Voyez la *Géologie élémentaire* de Beudant.)

178. En dehors du plateau central et de ses dépendances, il n'y a plus que des amas complétement isolés et disséminés sur les frontières de France, comme ceux du Var, dans les montagnes de l'Esterel, au nord de Fréjus, et ceux de la montagne des Maures, en revenant vers Toulon. Au nord, les exploitations françaises paraissent être une dépendance géologique du bassin de Mons; les exploitations des Vosges et de la Moselle, au N.-E., qui semblent se rattacher à celles de Hundsrück, sont encore ensevelies sous les terrains postérieurs qui les ont recouvertes.

179. Les terrains permiens et de trias, divisés chacun en trois étages, comme nous l'avons vu, et dont les strates inférieurs ont remplacé le terrain pénéen, sont très abondants en

Allemagne et en Russie, où les premiers ont pris leur nom; ils le sont beaucoup moins dans les autres parties de l'Europe, où manquent souvent quelques uns des trois étages dont chacun d'eux est composé : le mot de *grès permien*, qui fait allusion aux provinces orientales de la Russie d'Europe, où cette formation offre les développements les plus complets, a remplacé les dénominations allemandes de *rothe-todte liegende* (assises rouges stériles) et de *rotheliegende*, ainsi que celle de *lower new red sandstone*, employée par les Anglais pour désigner les membres du terrain pénéen.

180. En France, où les assises de même époque et de même nature constituent le nouveau grès rouge ou pséphite, elles n'occupent qu'une très petite place dans les Vosges, où elles sont souvent masquées par le grès vosgien, entièrement composé de grains de quartz sans argile; celle-ci étant remplacée par l'oxyde rouge de fer, tantôt hydraté, tantôt anhydre.

Le grès vosgien forme le versant oriental de la chaîne de ce nom et s'étend à l'est sur toute la surface du Schwartzwald, dont plusieurs vallées, comme celle du Neckar, vont au nord s'aboucher avec celle du Mein, tandis que les autres à l'est forment le bassin supérieur du Danube.

De distance en distance, on rencontre dans les Vosges et leurs annexes les masses éruptives, porphyres et syénites, qui ont bouleversé la stratification normale des grès.

181. En Allemagne, et surtout dans la Thuringe, le terrain triassique renferme des couches de schistes bitumineux (*Kupferschiefer*), remarquables par les minerais de cuivre qui s'y sont épanchés durant l'éruption dite du Thuringerwald, et qui ont été recouverts par le zechstein ou calcaire compacte.

Le muschelkalk y est également en grande abondance, ainsi que le keuper; mais le premier manque en France ainsi qu'en Angleterre. Il n'en est pas de même des argiles ou marnes irisées du keuper, troisième étage de la formation triassique. Ces argiles acquièrent une grande puissance dans les Vosges, et même dans le Jura, où elles se font remarquer par de grands dépôts salifères, dont on retrouve les analogues en Allemagne et même en Gallicie; on les rencontre aussi en Angleterre.

182. Le terrain jurassique, divisé en deux groupes, l'un inférieur, le lias, l'autre supérieur, l'oolithe, couvre la plus grande partie de l'Europe. C'est de tous les systèmes de calcaires celui qui, avec la plus forte épaisseur, offre la plus grande diversité d'espèces.

Le lias est remarquable par les fossiles dont il est comme pétri, et au nombre desquels se rencontre la poche à encre de la sépia, ou seiche, à laquelle appartenait la bélemnite; par ses argiles salifères, ses dépôts de sels et ses gypses, par ses grès inférieurs qui passent à l'arkose.

Le lias et l'oolithe jurassique superposée composent le groupe de montagnes qui borde la frontière orientale de la France, des rivages de la Méditerranée jusqu'au mont Salève, qui forme un des rivages du Léman; et de la montagne du Credo, en face de Salève, sur la droite du Rhône, jusqu'au grand coude du Rhin, près de Bâle; de là, contournant l'extrémité méridionale des Vosges pour s'appuyer, en remontant au nord, sur le versant occidental de cette chaîne, le terrain jurassique aboutit, aux environs de Mézières et de Luxembourg, aux schistes anciens de l'Eifel et des Ardennes. Si l'on en suit les contours par la bande occidentale, à partir de Laon, on rencontre successivement Nancy, Châlons-sur-Marne, Auxerre; laissant un peu à gauche, Chaumont et Langres, puis Dijon, Beaune, Chalon-sur-Saône; puis il tourne à droite par Autun, sur le Morvan, et dans cette direction il enveloppe d'abord les gypses triassiques de Saint-Léger-sur-Deheune, les houilles du Creusot et les granites de l'Auxois.

Il arrive par là, en s'épanchant vers le sud, au plateau granitique du centre, dont il couvre circulairement toutes les bases sur une largeur variable, se ramifiant jusque dans le Gard et la Lozère, puis il se prolonge vers l'ouest, entre Mortagne, Angoulême et la Rochelle. Vers la hauteur de Mortagne, une branche se détache au nord, en passant à l'est d'Angers, pour suivre la direction d'Alençon, Argentan, Caen et les rochers du Calvados.

183. Ce terrain se montre aussi dans l'intérieur des Alpes, et dans les Pyrénées; mais il y a été modifié de mille manières par le contact des roches d'éruption qui l'ont traversé en tout sens; au lieu de calcaires terreux, grossiers et peu susceptibles de recevoir le poli, on trouve, par suite de divers métamorphismes, des marbres à facies cristallin et injecté d'oxydes de couleurs variées, et même des marbres blancs veinés. Les dépôts argileux qui s'y trouvaient subordonnés sont devenus des schistes. M. Beudant va jusqu'à dire que les calcaires ont été convertis, là en schistes micacés, plus loin en anthracites, sans doute comme ceux de Lamure et du Lauzet. Mais ce n'est pas ici le lieu de discuter cette opinion, qui me paraît hasardée sans preuves suffisantes, contrairement à toutes les analogies.

184. Le terrain crétacé, divisé en trois étages distincts, est aussi un des plus universellement répandus sur la surface du globe, bien qu'en beaucoup de localités il se trouve masqué par quelques dépôts de beaucoup postérieurs. Un coup d'œil rapide jeté sur une carte d'Europe nous en montre quelques lambeaux restés à découvert à l'embouchure de plusieurs fleuves principaux, tels que le Rhône, la Gironde, la Loire, la Seine, l'Elbe, la Vistule, le Don, etc.

Des faits nouveaux viennent de déterminer M. Élie de Beaumont à reconnaître au-dessus de la craie un quatrième étage qu'il nomme pisolitique, et qui diffère complétement de ce qui le suit, comme de ce qui le précède dans la série.

185. Les trois formations éocène, miocène et pliocène des terrains supercrétacés, appelés aussi palæothériens, où le calcaire grossier, la mollasse, les falhuns et le crag se superposent dans un ordre à peu près constant, sont complétement développés dans les environs de Paris et dans la vallée du Rhône, de Lyon à Valence, l'une des deux localités suppléant à l'autre. La première offre le type le mieux étudié peut-être de tous les terrains connus, depuis que Cuvier et Brongniart ont ouvert la voie aux investigations et porté la lumière au milieu de ces innombrables débris du temps passé. C'est une étude où il y a peu de choses à ajouter, si ce n'est quelques détails, qui peuvent soulever de nouvelles questions qui seraient ici déplacées.

186. J'en dirai autant du diluvium et des alluvions modernes, dont l'observation quotidienne laisse peu à désirer.

LIVRE IV.

SPÉCIMENS DE GÉOLOGIE PRATIQUE.

CHAPITRE PREMIER.

OBSERVATIONS GÉNÉRALES.

1. Après avoir essayé d'établir, dans les trois livres précédents, les conditions d'existence dans lesquelles doit vivre et se mouvoir le globe dont nous habitons la superficie, il nous reste à examiner quelques faits placés à un point de vue moins général, mais qui ont encore assez de portée pour servir de base à la doctrine géologique, dans ce qu'elle a de relatif à la disposition normale des diverses parties de ce globe ; mais peut-être, avant que d'entrer dans cette voie, ne sera-t-il pas inutile de résumer en quelques mots les derniers chapitres du livre III.

2. Or, l'observation nous a fait reconnaître quatre sortes de roches :

1° Roches cristallisées de première consolidation ;
2° Roches d'épanchement intérieur ;
3° Roches d'éruption extérieure ;
4° Roches de sédiment.

3. On a coutume de donner le nom de *terrains primitifs* à ceux qui sont exclusivement composés de roches cristallisées de première consolidation.

L'action des roches d'épanchement ayant pour effet spécial de déplacer, de bouleverser et de transformer les terrains de toutes les origines et de toutes les époques, ces roches ne sont en réalité d'aucune époque particulière, et se reproduisent avec leurs caractères spécifiques au milieu de tous les terrains sur lesquels s'est exercée leur double puissance de soulèvement et de métamorphose.

Les roches éruptives, qui n'offrent qu'une différence de position avec les précédentes qu'elles semblent continuer, sont comme le revêtement superficiel des terrains traversés par ces roches; elles constituent autant de formations distinctes autour des cratères par lesquels les matières en fusion se sont mises autrefois en communication avec l'atmosphère, et s'y mettent encore aujourd'hui.

Enfin, les terrains de sédiment ont été divisés en terrains anciens, ou intermédiaires, ou de transition; terrains secondaires, tertiaires et d'alluvion. Cette division, presque injustifiable dans l'ancienne nomenclature, peut néanmoins être conservée en l'appliquant d'une manière plus rigoureuse aux terrains et formations qui offrent réellement des caractères en rapport avec ces dénominations.

4. Ainsi, on peut sans scrupule appeler *terrains primitifs* ceux qui sont réellement formés de gneiss, de micaschistes et de talcschistes, roches cristallines disposées par couches et feuilletées, suivant la loi de la première consolidation de la pellicule initiale.

De même on appellera *terrains anciens*, *terrains de transition* ou *intermédiaires*, ceux qu'on trouvera composés des débris de toute dimension des terrains primitifs, seuls ou mêlés aux matières d'éruption qui les ont désagrégés et disloqués : tels sont les terrains cumbriens, siluriens, dévoniens et carbonifères.

On donnera le nom de *terrains secondaires* à ceux qui ont été formés par précipité chimique ou mécanique des matières provenant des précédents terrains, qui ont été dissoutes ou simplement délayées et tenues en suspension dans un liquide. Ces terrains se distinguent en permien, trias, jurassique et crétacé.

Les dénominations de terrains *tertiaires*, *supra-crétacés* et *paléothériens* s'appliquent à ceux qui ont recouvert la craie, à une époque où l'écorce du globe en partie émergée se trouvait peuplée d'êtres vivants dont la forme avait de l'analogie avec celle des animaux terrestres qui vivent aujourd'hui autour de nous; on y distingue les trois formations éocène, miocène et pliocène, dont les noms rappellent une certaine gradation dans le chiffre de cette population antique et un rapport de quantité avec les analogies de l'organisation actuelle. Peut-être à la place du mot *éocène*, celui de *spaniocène* répondrait-il mieux à l'idée qu'on a voulu exprimer.

Les terrains diluviens et les alluvions modernes se caractérisent par le sens qu'implique leur étymologie.

Les granites et les porphyres, terrains hors de série, se nomment terrains d'épanchement; comme les trachytes, les basaltes et les laves sont les terrains d'éruption.

5. On se tromperait beaucoup si l'on s'imaginait qu'en partant de la superficie pour s'enfoncer dans la profondeur, on doit rencontrer successivement tous les termes de la série que nous venons de développer, chacun avec toutes les formations dont il est composé; il est vrai que jamais l'ordre n'est interverti, mais il arrive souvent que, tantôt ici, tantôt là, un des étages de tel ou tel terrain ou même ce terrain tout entier manque absolument : il ne faut pas s'en étonner, et l'on peut assigner à ces lacunes l'une des trois causes que voici :

1° Il peut arriver que le terrain immédiatement inférieur fût émergé, lors du dépôt qu'on cherche, et le dépôt n'a pu s'effectuer sur ce point. Si toute la série supérieure manque à partir du terrain considéré comme fondamental, c'est que celui-ci, définitivement émergé, n'a plus été recouvert par l'Océan; s'il supporte en quelque point quelque lambeau des terrains supérieurs à celui qui manque, cela vient de ce qu'il a été, à l'époque de cette formation, submergé de nouveau, soit à la suite d'un affaissement, soit par retour spontané de l'Océan.

2° Il peut arriver que la matière du dépôt ait manqué dans la localité; si elle a été seulement moins abondante, il en est résulté une diminution d'épaisseur.

3° Le terrain qui manque peut avoir été délayé tout entier et emporté, ou par un courant, ou par une marée, avec tous ceux qui lui étaient superposés.

Il n'y a pas de localité où l'on ne trouve réalisée, à différentes profondeurs, l'une de ces trois éventualités.

CHAPITRE II.

ROCHES DES TERRAINS PRIMITIFS.

6. Nous ne connaissons que trois sortes de roches constituant le terrain primitif, et nous les avons déjà nommées; ce sont : le *gneiss*, le *micaschiste* et le *talcschiste*.

Toutes les roches qui appartiennent à ce groupe devraient, si l'on ne s'attache qu'au mode de leur formation et à la nature du mouvement continu qui les a engendrées, se présenter constamment en couches concentriques et parallèles à la surface sphéroïdale du globe, c'est-à-dire, horizontales; mais il faut tenir compte de toutes les circonstances qui ont désagrégé leurs feuillets supérieurs, en sorte qu'on ne peut les rencontrer dans leur position naturelle qu'à de très grandes profondeurs. On ne doit pas oublier non plus que, traversées dans toutes les directions par vingt éruptions de la pyrosphère, elles ont été brisées et bouleversées sur toutes ces lignes, et qu'elles ne peuvent ainsi se manifester à la surface que redressées sous un angle considérable, et qui peut aller jusqu'à l'angle droit.

7. Le *gneiss* est formé des mêmes éléments que le granite : orthose, quartz et mica ; ce n'est donc pas la nature pailletée du mica, ce n'est pas même sa grande quantité relative qui donne aux gneiss leur structure schistoïde et feuilletée ; c'est encore leur mode de formation et leur origine. On a dit aussi (Beudant, *Géologie*) que beaucoup de gneiss proviennent du métamorphisme des argiles schisteuses des terrains sédimentaires ; mais d'où provenaient ces argiles schisteuses des terrains sédimentaires ? Du débris des gneiss désagrégés. Il n'y a donc point ici de véritable métamorphisme : il est tout simplement arrivé que les débris du gneiss désagrégé, mais non réduits en pâte, ni altérés par les liquides où ils étaient soumis à toutes sortes d'actions dissolvantes, se sont agglutinés de nouveau et ressoudés ensemble, après être redevenus pâteux au contact d'un granite incandescent ; et une nouvelle roche de gneiss s'est reconstituée de ces débris.

Veut-on insister et dire que les éléments de l'argile sédimentaire ne sont pas ceux des gneiss ? Je l'admets, et je pose l'alternative :

Ou bien le gneiss que vous appelez métamorphique et provenant de l'argile est actuellement composé des mêmes éléments que le gneiss primitif ; ou bien il a gardé sa composition argileuse. Dans le premier cas, je conçois que les éléments du granite en fusion se soient infiltrés par force d'expansion latérale, entre les feuillets de l'argile schisteuse ; et alors on doit avoir une roche nouvelle qui n'est plus ni un gneiss pur, ni une argile, mais un gneiss avec excès d'alumine, ou, si vous l'aimez mieux, un schiste argileux, avec intrusion de quartz et de mica.

Dans le second cas, ce que vous avez sous les yeux n'est point un gneiss, c'est-à-dire, une roche composée d'orthose, de quartz et de mica, mais une argile qui a subi un coup de feu.

En troisième lieu, si les éléments du gneiss ont chassé l'argile pour la remplacer dans le moule schistoïde, comme l'implique le mot de métamorphisme, qu'est devenue cette argile?

Si l'argile n'a pris du granite que ce qu'il lui fallait de quartz et de mica pour se constituer en gneiss, qu'est devenue l'orthose de ce granite?

Je suis loin de nier le métamorphisme; mais ai-je tort de désirer que ce mot ne soit employé que dans des circonstances bien déterminées, où il ne soit pas impossible de résoudre logiquement toutes les questions qu'il soulève?

8. Le *micaschiste* est uniquement composé de quartz et de mica, fluo-silicate polybasique, dont l'alumine est un élément essentiel. Le fer, qui en fait aussi partie, y manifeste souvent sa présence par de nombreux cristaux de l'espèce des grenats.

On applique aux micaschistes, comme aux gneiss, les idées de métamorphisme dont il vient d'être question; nous n'ajouterons rien à ce que nous avons dit à ce sujet, sinon qu'il nous semble à regretter que les mots schistes micacés et micaschistes soient tantôt regardés comme synonymes, tantôt employés pour désigner deux espèces de roches différentes: rien ne retarde plus les progrès d'une science que ces incertitudes de langage.

Pour nous, le micaschiste sera toujours une roche feuilletée *sui generis* essentiellement composée de quartz et de mica. Les schistes micacés seront des roches feuilletées et argileuses, essentiellement composées d'un silicate d'alumine hydraté (argile), dans lesquelles peuvent se rencontrer accidentellement des paillettes accessoires de mica. On voit que le métamorphisme du micaschiste en schiste micacé est encore plus difficile à concevoir que celui du gneiss.

9. Les *talcschistes* sont des roches feuilletées dont l'élément essentiel est le talc, silicate simple de magnésie.

Il existe ici un dissentiment très prononcé entre les géologues. Les uns soutiennent que le talc n'a jamais été rencontré en grandes masses, tout au plus existe-t-il en amas dans quelques roches de cristallisation. Il faut remarquer, disent-ils, qu'on désigne souvent sous le nom de *talc* des *micas* très magnésiens qui se trouvent dans les protogines des Alpes; c'est à ces *micas* que se rapporte tout ce qu'on a indiqué comme *talc* cristallisé. Les autres soutiennent l'existence des talcs, à titre de roches *sui generis*.

Nous ne nous permettrons pas d'émettre sur ce point une opinion franchement décidée ; il ne nous a pas été donné d'étudier suffisamment les faits allégués de part et d'autre ; mais nous avouerons avec la même naïveté que le talc étant reconnu de part et d'autre comme substance parfaitement déterminée, nous ne concevons pas qu'il y ait rien qui puisse l'empêcher de constituer des roches, soit seul, soit associé au quartz, ou au feldspath, ou à tous les deux en même temps.

Ce sont ces roches que nous appellerons des talcschistes.

10. Le débat est survenu à l'occasion de la protogine du Mont-Blanc qui fut considérée, *à une époque peu avancée de la science*, dit M. Beudant, comme étant de la plus haute antiquité, tandis qu'elle n'est qu'un granite, ou roche d'épanchement, qui n'a paru qu'à l'époque du soulèvement des Alpes occidentales (18e de la série).

J'espère qu'on me pardonnera si je ne partage l'opinion de M. Beudant, ni relativement à la nature de la protogine, ni en ce qui concerne l'époque de son apparition.

D'abord, la protogine n'est pas formée d'un mica très

chargé de magnésie. Si l'on s'en rapporte à Saussure, dont personne jusqu'ici n'a contesté ni l'exactitude, ni le coup d'œil, ni les qualités qui distinguent l'excellent observateur, et qui peut être considéré comme l'un des plus éminents créateurs de la géologie : l'épaule du Mont-Blanc est formée d'une roche granitoïde, dont le feldspath est la partie dominante ; le quartz gras y entre pour un quart, le reste est de la stéatite ou talc hydraté ; il ajoute expressément qu'il n'y a point de mica : c'est cette roche qu'un peu plus tard on a nommée protogine. Ce n'est donc pas un mica très magnésien qu'on a trouvé dans la protogine du Mont-Blanc, où le mica est remplacé par le talc.

11. Passons maintenant à l'époque. Nous n'avons certes pas la prétention de contester ni la réalité du mouvement qui a soulevé les Alpes occidentales, ni la date relative qu'on lui assigne dans la série ; mais, d'après les innombrables traits caractéristiques multipliés par Saussure dans sa description du Mont-Blanc et de ses alentours, nous croyons reconnaître que c'est tout au plus si cette masse de soulèvement a été surhaussée par le mouvement général. Suivant nous, elle date d'une époque bien antérieure.

Quand, après avoir lu Saussure avec l'attention qu'il mérite, vous le relisez pour vous placer au point de vue d'ensemble, vous êtes frappé de la magnificence du spectacle qu'il vous met sous les yeux : il vous semble que l'esprit vient de vous transporter sur une sommité qui illumine autour de vous les superbes phénomènes d'un soulèvement primordial, brisant l'écorce du globe encore vierge, et redressant en pyramides les grands lambeaux de cette écorce, immenses feuillets destinés à perpétuer le souvenir de cette révolution, qui doit être suivie de tant d'autres.

Figurez-vous en effet ces chaînes interminables d'obélisques rangées majestueusement autour du géant qui les domine, et dont la double tête se dresse lentement au centre, couronnée de son diadème de neiges éternelles.

Toutes ces aiguilles sont de granite, la plupart enveloppées à leur base de grands lambeaux triangulaires de gneiss qui se dressent presque à angle droit, appuyés circulairement sur ce noyau de granite.

Quant aux terrains de sédiment, dans l'intérieur, et même dans le mur d'enceinte du colossal amphithéâtre, il n'y en a pas de trace, à moins qu'on n'attache beaucoup d'importance au mont de Lacha, isolé à l'entrée du glacier de Bionnassay, et qui est composé de *pierres à chaux maigre*. Si on le veut absolument, rien n'empêche d'admettre que le 19ᵉ soulèvement se soit fait jour sur ce point.

12. Voici comment Saussure, après avoir bien arrêté les traits de son tableau, résume sa peinture tout entière :

La masse inférieure est composée de roches feuilletées formées généralement de quartz et de mica ; peu inclinées vers le bas, elles se redressent graduellement jusqu'au sommet, où elles sont verticales. En s'approchant de ce sommet elles deviennent de nature diverse ; on trouve d'abord les granites veinés, et l'on arrive définitivement au granite en masse.

Les pyramides centrales (dans chaque chaîne) sont de granite en masse, extérieurement divisé en grands strates verticaux, ou à peu près, qui s'appuient contre l'axe de ces pyramides. Quant au cœur, ou à la partie intérieure de chacune, il paraît n'avoir point de structure régulière, et n'être divisé que par des fentes accidentelles. Chacune de ces pyramides granitiques est encaissée, ou plutôt enveloppée de roches feuilletées (quartz et mica), disposées tout à l'entour comme les feuilles d'un artichaut.

« Au reste, il ne faut point s'imaginer, dit-il en résumant, » que ces pyramides soient assises sur le massif qu'elles dominent, comme une colonne sur sa base : la situation des

» couches démontre que le massif inférieur est appliqué contre » les pyramides, qui ont leur base à elles, et que ce serait plutôt » ce massif qui serait assis en partie sur les fondements inté- » rieurs des pyramides, puisque les feuillets de celles-ci des- » cendent du côté de ce massif, et semblent plonger au-dessous » de lui.

» Cet exposé n'a rien d'hypothétique, c'est le résultat pur » et simple de l'observation. Les auteurs systématiques le » concilieront comme ils voudront, ou comme ils pourront, » avec leurs hypothèses; mais ils n'ébranleront pas la vérité » des faits. »

13. Il nous paraît donc infiniment probable que l'apparition du Mont-Blanc, formé de protogine ou granite talqueux, est l'un des premiers qui aient bouleversé l'écorce à peine consolidée du globe; et si, dans ses alentours, il y a quelques sédiments bouleversés à l'époque de l'apparition des Alpes occidentales, il est aisé de concevoir qu'une masse comme celle du Mont-Blanc, ayant ses racines dans l'épaisseur de l'écorce, et se trouvant poussée en haut par une force dont nous avons vu la limite au chapitre III de notre livre III, ait brisé, disloqué, redressé les couches des sédiments dont il s'agit. Quant au métamorphisme, il a eu lieu sur des points assez éloignés et il doit dater du 19e soulèvement.

CHAPITRE III.

DES ROCHES D'ÉPANCHEMENT.

14. Les roches d'épanchement sont celles qui, poussées en haut par les mouvements de la pyrosphère, ont pénétré, à l'état de matière fluide incandescente et de bas en haut, dans l'épaisseur de l'écorce terrestre dont elles ont occasionné les soulèvements, les fractures, les déplacements, les dislocations de couches, d'abord dans les terrains primitifs, puis dans les terrains supérieurs de toutes les époques, suivant la force dont était animée la pyrosphère qui les faisait jaillir. Ces roches ont produit les filons de toute espèce, les couches horizontales d'épanchement, les métamorphismes des terrains qu'elles ont successivement traversés; elles n'ont pourtant pas été jusqu'à changer des granites en gneiss ou micaschistes, comme on pourrait l'inférer de quelques expressions trop absolues qu'on rencontre dans quelques ouvrages considérés comme le compendium de la science.

15. Elles se sont transformées elles-mêmes dans leur trajet, sur quelques points où elles ont cédé de leurs éléments aux terrains qu'elles modifiaient, tandis que sur d'autres elles se sont approprié les éléments de ces terrains.

Ces effets ne doivent pas s'attribuer uniquement à la haute température qui les maintenait à l'état de fusion ignée : elle y a contribué sans aucun doute, soit en conservant à leurs molécules cette mobilité qui leur permettait de faire de nouvelles associations, soit en se communiquant aux roches de contact qui, ramollies, amenées à l'état pâteux et quelquefois à une complète fluidité, devenaient de leur côté susceptibles de se prêter à des échanges élémentaires de molécules constituantes.

Ce qui a nécessairement accru et modifié l'action des roches d'épanchement, c'est la présence de diverses substances volatiles, et principalement d'acides énergiques tels que ceux du bore, du fluor, du soufre et du chlore, qui se dégageaient de leur masse à mesure qu'elle se refroidissait, ou qui les accompagnaient en s'exhalant de la pyrosphère, au moment où elles se faisaient jour à travers les couches inférieures.

16. Cette partie de la science est encore tout à fait neuve, et en suivant la marche adoptée jusqu'ici, il se passera encore bien des années avant qu'on ait recueilli assez d'observations et de faits pour qu'il soit possible de les coordonner, de les grouper suivant les formules rationnelles qui en rendent l'étude moins pénible, moins incertaine et surtout plus utile.

En m'appuyant sur les considérations développées dans le paragraphe précédent, je désirerais donc qu'il fût permis d'introduire dans la nomenclature un nouveau groupe qu'on placerait entre les terrains de sédiment et les roches d'épanchement, ou bien hors de série, si on l'aimait mieux, et qui comprendrait toutes les roches dites métamorphiques, dont l'étude alors serait à recommencer.

On irait bien vite dans cette voie, en se prévalant de tous les faits déjà constatés ; il ne resterait qu'à vérifier de nouveau ceux qui passent encore pour douteux, et je suis persuadé qu'avec l'ardeur et la sagacité qui distinguent ceux que leur position désigne pour être chargés de ce travail, il ne se passerait pas un an avant que la route à suivre fût complétement jalonnée.

17. Mais revenons au métamorphisme que quelques uns ne veulent pas toujours admettre, parce que d'autres en ont abusé. Ce mot s'emploie en deux acceptions très différentes, en s'appliquant à des faits qui ne peuvent être du même ordre.

Tantôt il signifie un changement dans la texture, qui de compacte devient cristalline ou saccharoïde; tantôt il veut dire changement de composition, par addition de nouveaux éléments, par déperdition de quelques uns des anciens, par substitution même complète de nouveaux éléments aux éléments primitifs (et alors il se complique d'isomorphisme), en sorte qu'il n'y a de commun entre les roches mises en parallèle que la forme extérieure et plastique, soit des molécules intégrantes, soit du groupe de ces molécules établissant l'individualité.

La première espèce de métamorphisme peut s'effectuer par un simple changement de température, comme on le voit dans l'expérience de Hall. Il est évident qu'il faut une modification dans le milieu ambiant pour produire la seconde espèce de métamorphisme, qui se fait quelquefois par double décomposition, et qui est une véritable combinaison soumise aux lois de la puissance électro-chimique.

La troisième espèce ne doit être admise que dans les cas où l'on peut se rendre compte, par les lois minéralogiques ordinaires, des nouvelles conditions d'existence dans lesquelles se trouve la substance expulsée ou remplacée, car elle ne peut être anéantie; à moins toutefois que l'on n'adopte notre manière de voir sur la composition et la décomposition de la molécule constituante, par addition ou soustraction de copules, comme nous l'avons exposé dans le livre précédent. (§§ 89-92.)

18. Il serait à désirer que le mot de *métamorphisme* fût exclusivement réservé à la première des trois modifications que nous venons de signaler.

La seconde espèce s'appellerait *Métagénie*, ou changement de formation.

Et la troisième, *Métousigénie*, ou changement de formation de substance.

19. Le *granite* est la roche primordiale d'épanchement; cela résulte évidemment de sa composition identique avec celle du gneiss, aussi bien que de son mode de formation sous la pellicule initiale (livre III, §§ 118, 119).

On le nomme *pegmatite*, lorsque les trois éléments cristallisés sont parfaitement distincts, formant chacun à part des groupes tranchés, et simplement soudés ou agglutinés.

20. Il devient *syénite* lorsque le mica y est remplacé en

tout ou en partie par l'amphibole, silicate bibasique de chaux et de magnésie ; et celle-ci prend le nom d'*hypérite* quand le feldspath y est de la nature du labrador, contenant de la chaux au lieu de potasse, tandis que l'amphibole devenant *hypersténe* a perdu la chaux qu'elle contenait. Tous ces métamorphismes de la seconde espèce n'ont rien d'étrange dans une masse fluide, où ils ne constituent qu'un déplacement de molécules extrêmement mobiles.

21. Le granite est dit *porphyroïde*, lorsque le feldspath seul, orthose ou albite, se présente en cristaux distincts, les autres éléments demeurant confondus en une pâte qui semble homogène ; *hyalomicte* ou *greisen*, s'il a perdu son feldspath, en traversant les couches inférieures des terrains de transition, où il a été pénétré lui-même par des filons d'étain oxydé.

22. « Les proportions des éléments du granite, dit M. Durocher, cité par M. Dufrénoy, sont susceptibles de beaucoup » de variations. C'est le quartz qui éprouve les moins étendues, renfermées dans les limites de 30 à 40 pour 100 de » la masse totale. Le feldspath et le mica varient en sens inverse l'un de l'autre : tantôt la proportion du feldspath est » de 50 à 55 pour 100, le mica descendant à 15 pour 100, » c'est le cas de beaucoup de granites à grains de feldspath ; » tantôt, au contraire, le mica forme 50 pour 100 du granite, » et le feldspath n'y entre que pour 15 à 20 pour 100, comme » il arrive dans les granites à petits grains, et particulièrement » dans les granites schistoïdes de la Bretagne. »

23. Outre les différentes espèces de granites que nous venons d'énumérer, il y a encore certaines roches des premiers épanchements qui se rencontrent dans les terrains anciens, et qui, bien qu'elles se rapprochent des granites par le facies et par la texture, en diffèrent essentiellement par la composition. Telles sont :

La *leptinite* ou *weisstein*, où l'on ne voit plus que de rares lamelles de mica disséminées dans une pâte finement grenue de feldspath. Cette roche a quelquefois l'aspect granitoïde, mais il est rare qu'on y trouve des grains de quartz ; c'est du feldspath à peu près pur, c'est-à-dire un silicate de potasse, ou de soude, ou de chaux.

L'*euphotide*, ou *gabbro*, composée de feldspath compacte (albite ou labrador) et de diallage, silicate de magnésie et de chaux.

La *diorite* (*grüustein* des Allemands), composée d'albite, que remplacent quelquefois l'oligoclase et l'amphibole. Quelquefois le feldspath y forme, au milieu de la pâte amphibolique, des nœuds cristallins souvent striés intérieurement du centre à la circonférence : la roche se nomme alors *variolite* ou feldspath glanduleux. Quelquefois encore elle prend la forme d'amygdaloïde, et les noyaux y sont calcaires comme s'ils provenaient de la décomposition de l'amphibole.

24. En résumé, ces roches ne sont autre chose que des combinaisons variées de silicates dont les principaux sont ceux d'alumine, de potasse, de soude, de chaux, de magnésie et d'oxyde de fer.

Qu'elles viennent en contact avec un acide plus énergique que la silice, comme l'acide boracique, ou qui à cette supériorité de puissance joigne la propriété de s'unir avec elle sous forme gazeuse, comme l'acide fluorique, et les six substances indiquées vont s'isoler, toutes prêtes à faire de nouvelles combinaisons avec d'autres acides s'il s'en présente. Vous comprendrez ainsi la formation des cristaux d'alumine, et l'abondance des chlorures dissous aussitôt que formés dans les eaux de l'Océan.

25. Il paraît donc que la matière feldspathique, à mesure qu'elle a traversé de plus grandes épaisseurs, s'est dégagée progressivement des diverses combinaisons dont elle faisait primitivement partie ; et comme elle recueillait en échange

quelques uns des éléments des couches avec lesquelles son mouvement ascensionnel la mettait en contact, il se formait souvent, dans la masse, des agrégations similaires de ces éléments ; il en résultait inévitablement des vibrations intérieures auxquelles participaient les molécules de feldspath qui, par force d'attraction réciproque, se groupaient à part en cristaux plus ou moins nets, suivant la marche du refroidissement.

Ainsi se sont produits les *porphyres*, pâte homogène parsemée de cristaux de toute nature, mais dont les plus remarquables sont ceux d'orthose et d'albite. Ils deviennent variolites ou amygdaloïdes, lorsque la concentration des substances similaires, au lieu d'obéir aux lois de la cristallisation régulière, s'est formulée en globules, en nœuds, en rognons ellipsoïdaux, approchant de la forme d'une amande.

La plus belle de ces roches est le porphyre orbiculaire de Corse, qu'il ne faut pas confondre avec ce qu'on nomme à tort granite orbiculaire de Corse, roche composée d'albite et d'amphibole verte, qui est une véritable diorite.

26. Quand la pâte des porphyres est un feldspath compacte à peu près pur, on les nomme *euritiques* ou *pétrosiliceux*. Elle est quelquefois colorée en rouge par le mélange d'une grande quantité de matière ferrugineuse, et elle fournit ainsi les porphyres argileux qu'on nomme aussi *argilophyres*.

Les *grüustein-porphyres* ou *ophites*, sont formés d'une pâte dioritique, dans laquelle les cristaux d'albite se sont concentrés, comme nous l'avons dit tout à l'heure, en obéissant à une force centrale d'attraction moléculaire.

Les *mélaphyres* proviennent d'une pâte de labrador colorée en noir par le pyroxène.

Quelquefois la pâte est chargée de silice libre qu'on voit s'isoler sous forme de cristaux quartzeux épars et disséminés parmi d'autres cristaux d'orthose ou d'albite pareillement isolés ; et l'on a sous les yeux un granite ancien métamorphosé en *porphyre quartzifère ;* peut-être même, d'après ce qui a été dit au § 24, n'est-il pas nécessaire de recourir au granite ancien ni à aucune espèce de métamorphisme.

27. La décomposition de la matière feldspathique, poussée au maximum, peut arriver, comme nous l'avons vu, à isoler complétement le silicate d'alumine, et c'est ainsi que se forme le *kaolin ;* opération facile à concevoir lorsqu'on se rappelle que les deux silicates alcalins sont tous les deux solubles dans l'eau à 200 degrés, sous une pression de 15 atmosphères.

28. Les *serpentines*, ou silicates hydratés de magnésie, sont compactes, tendres, onctueuses, d'une texture uniforme, sans aucune trace de concentration moléculaire ; elles n'offrent aucun indice de cristallisation, pas même ce qu'on nomme le *grain*, et tout y annonce l'égale distribution de la substance magnésienne, parfaitement homogène.

CHAPITRE IV.

DES ROCHES D'ÉRUPTION.

29. Les roches d'éruption ne diffèrent des roches d'épanchement que par la simplicité de leur composition où il n'entre guère que du feldspath ; elles en sont, pour ainsi dire, le résidu poussé jusqu'au jour, après que la matière en fusion a été dépouillée de ses éléments les plus complexes. Arrivées au contact de l'atmosphère, elles achèvent de déposer, sous forme de scories, les substances sur lesquelles l'influence des phénomènes extérieurs est plus efficace et plus prompte.

C'est lorsqu'elles sont arrivées au terrain de craie que les roches d'épanchement, et surtout les roches porphyriques, ont pris ces caractères nouveaux, qui deviennent de plus en plus tranchés à mesure qu'on se rapproche de l'époque moderne, jusqu'à ce qu'on arrive à la période qui se continue de nos jours.

30. La plus ancienne de ces roches est la *dolérite*; mélange de labradorite lamellaire et de pyroxène augite, presque complétement dépouillé de silicates alcalins. Lorsque le labrador et le pyroxène sont mélangés intimement au point de former une masse homogène compacte dont les éléments sont indiscernables à l'œil simple, et où se trouvent disséminés des cristaux de péridot, silicate de magnésie anhydre, la roche prend le nom de *basalte*.

Elle se divise souvent en boules concentriques, ou en prismes de très grandes dimensions, formes qu'on explique ordinairement par le retrait que le refroidissement rapide a occasionné dans la matière feldspathique. Les basaltes couvrent en amas considérables et en plateaux d'une grande étendue les alentours des cratères volcaniques aujourd'hui éteints, mais qui paraissent avoir été très nombreux, à l'époque où se déposait le calcaire à nummulites.

Les basaltes, en se décomposant, laissent quelquefois d'énormes amas d'argile appelés *wakes;* ils sont rarement accompagnés de scories : on présume qu'elles ont pu être enlevées postérieurement par l'action des eaux courantes.

31. L'albite est l'élément essentiel des *trachytes* qui paraissent dériver des porphyres dioritiques ou quartzifères. Leur texture est compacte, mais comme piquée de pores extrêmement fins, qui en rendent la surface d'une rudesse et d'une âpreté remarquables, d'où leur est venu le nom qui les caractérise sous ce point de vue. Quelques uns, qu'on appelle *domites*, parce qu'ils forment la masse du Puy-de-Dôme, sont mélangés quelquefois de mica ou d'amphibole.

Les trachytes ne forment pas seulement des amas, des plateaux ou des buttes, ils forment encore la masse de montagnes considérables, réunies en groupes, recouvrant de vastes contrées, comme en Hongrie; on y trouve peu d'indices de cratères généraux, mais un grand nombre de filons qui affleurent, des monticules de scories, d'obsidiennes, de perlites et de ponces. Les éruptions trachytiques sont beaucoup plus modernes que celles de basalte, elles recouvrent même des terrains tertiaires de la même nature que le calcaire grossier et la mollasse des terrains parisiens.

Les trachytes se trouvent quelquefois superposés à la masse principale de quelques volcans actuellement en activité, comme au Mexique, où des dômes trachytiques ont été crevés à leur sommet par de nouvelles colonnes d'éruption, qui ont rejeté des obsidiennes; on a observé le même phénomène à Ténériffe, à Java, à Sumbawa et en beaucoup d'autres lieux.

32. Aux trachytes se rattache la *phonolite*, ou *klingstein*, qui en diffère seulement parce qu'elle renferme une partie zéolitique (alcaline ou calcaire) qui la rend très fusible. Les zéolites que l'on rencontre le plus communément sont l'analcime, la chabasie, la mésotype et la stilbite.

La phonolite, qui se trouve rarement associée aux basaltes, est la roche la plus moderne des terrains trachytiques; elle recouvre même quelquefois des amas de matières ponceuses remaniées par les eaux courantes.

33. Nous ne parlerons des trapps que pour mémoire. Ce nom, en effet, semble un nom générique ou plutôt vague, appliqué assez arbitrairement à des roches de composition fort différentes, à quelques unes même dont les éléments n'ont pas été déterminés, et qui n'ont d'autre caractère commun que de se présenter en gradins dans leurs divers gisements, suivant l'étymologie du mot suédois *trapp*, qui veut dire *escalier*.

34. Il en est de même des laves, vomies par les volcans de

la période actuelle, dont les éjections sont un mélange de trachytes, d'obsidiennes, de basaltes, etc. Nous n'entrerons dans aucun détail à cet égard.

35. Nous ne pouvons terminer ce chapitre sans rappeler que de toutes ces roches éruptives, nommées aussi plutoniennes, il n'y en a pas une seule qui n'ait sa base à un niveau commun sur la pellicule d'équilibre dont la surface inférieure touche à la pyrosphère. On ne concevrait pas, en effet, un foyer d'éruption reposant sur l'une des couches intermédiaires de l'écorce du globe. Le niveau de la base commune varie avec l'épaisseur de cette écorce, qui s'accroît à mesure que la surface de refroidissement se rapproche du centre.

Cependant il se rencontre mille circonstances, comme on l'a vu pour les phonolites, où les roches éruptives semblent reposer sur des roches de sédiment qui leur servent de base; on a même trouvé des basaltes pénétrant de haut en bas dans des terrains meubles dont leur surface inférieure a pris l'empreinte, et l'on n'aperçoit pas de cratères à de grandes distances. Tout ce qu'on doit conclure de là, c'est que les coulées qui se sont figées à la superficie du terrain ont une portée dont on n'aperçoit pas l'origine, et non pas que telle roche éruptive n'a commencé à s'épancher qu'à dater de l'époque postérieure à tel terrain qu'elle recouvre; encore moins que la roche éruptive n'a commencé à se manifester qu'à cette époque.

Cette remarque, inutile pour ceux qui savent observer, n'a pas d'autre but que de prémunir les esprits encore peu familiers avec les déductions géologiques contre certaines expressions vagues dont on se contente quelquefois, quand on ne croit pas devoir remonter jusqu'à l'origine des choses. Il est surtout fâcheux que de pareilles expressions se trouvent dans des ouvrages destinés à l'enseignement de la jeunesse.

CHAPITRE V.

DE L'AGE DES ROCHES D'ÉPANCHEMENT ET D'ÉRUPTION.

36. En résumant les chapitres qui précèdent, on voit que ce n'est point à leur sommet que se trouve écrit l'âge véritable des roches d'épanchement et d'éruption que nous confondrons, pour abréger, sous le nom commun d'*anothisiques* (poussées en haut); c'est plutôt à leur base, à l'endroit où s'est faite la rupture de l'écorce qui leur a livré passage : à moins qu'on ne suppose assez peu considérable pour être négligée, la durée du trajet de la base au sommet; ce qui est vrai dans un grand nombre de cas, et surtout pour les soulèvements généraux sur une grande étendue de terrains. Comme il nous est impossible de pénétrer jusqu'à la base, nous en sommes réduits à observer la terminaison pour en déduire l'époque relative où le mouvement a commencé; mais il ne peut être inutile de poser quelques réserves, afin de rester aussi près de la vérité qu'il est possible en pareille matière.

37. Observons d'abord qu'il ne peut y avoir d'époque générale commune à toutes les roches de même composition. Un porphyre d'une nature bien déterminée, une ophite, par exemple, peut avoir agi comme masse anothisique à des époques diverses bien éloignées les unes des autres; un porphyre et une syénite peuvent avoir été poussés en haut, en même temps, sur divers points du globe. Rien ne nous indique d'une manière certaine que la surface de la pyrosphère qui fournit la matière d'éjection soit partout homogène à un moment donné, ou qu'elle change uniformément de nature dans l'intervalle de deux soulèvements successifs. Tout ce que nous voyons nous donne lieu de croire, au contraire,

qu'elle change de nature d'un point à l'autre de sa surface, sans être assujettie à aucune loi rigoureuse de temps ni de lieu ; elle est condensée autour du noyau central par couches réglées uniquement d'après leur densité que modifie l'élasticité de ce noyau.

Remarquons, en outre, que telle colonne fluide lancée en haut après la consolidation de tel terrain désigné, le terrain permien, par exemple, peut s'être arrêtée, suivant la force d'éruption, dans tel autre terrain d'époque plus ancienne, comme le carbonifère ou le dévonien, et s'être épanchée là entre les feuillets et les couches des strates préexistants.

38. Ainsi, même en admettant la rapidité continue du mouvement d'éjection, et sans tenir compte de l'intervalle qui peut comprendre une certaine durée entre le commencement et la fin d'un soulèvement, il résulte de ces considérations :

1° Que l'âge d'une colonne d'éjection ne peut se présumer autrement que comme terme final, ni ailleurs qu'au sommet des couches dont elle est composée, en la comparant aux terrains qu'elle a traversés et par-dessus lesquels elle s'est épanchée ;

2° Que cette appréciation doit être individuelle au regard de chaque colonne observée ;

3° Quant aux colonnes dont l'épanchement a eu lieu dans un terrain antérieur à l'époque initiale de leur mouvement, l'âge ne peut être coté approximativement que d'après l'observation minutieuse et le rapprochement des indices les plus indifférents en apparence, relatifs à des circonstances de contemporanéité, de composition, de localités qu'il est très difficile, mais non pas impossible de saisir.

Ne pouvant encore être en mesure de présenter un travail complet sur l'âge individuel de chaque colonne d'éruption comparée à la série des terrains qu'elle a parcourus, nous allons examiner d'ensemble, et par nature de roches, celles qui peuvent être regardées comme contemporaines des grands soulèvements constatés.

39. En France, le granite le plus ancien se trouve au cœur du plateau central compris dans les régions montagneuses de l'Auvergne et du Limousin. C'est une roche à petits grains de quartz gris et pailletée de mica noir, associée au gneiss qu'elle a soulevé; elle a précédé tous les terrains de transition, même les terrains cumbriens. Ce groupe de montagnes pourra donc être pris pour point de repère, si l'on veut tracer dans la contrée occidentale de l'Europe une ligne de plissement originel sur la pellicule du globe en voie de consolidation.

Cette première masse fondamentale est traversée par des filons d'un autre granite, des variétés nommées pegmatite, syénite, etc., en même temps que par des crêtes saillantes de granites porphyroïdes à gros cristaux épars d'orthose laminaire, d'un rose pâle, comme on le voit dans les départements de la Creuse et de la Lozère.

Ces granites de formation postérieure au granite primitif s'intercalent entre les feuillets, les couches et les strates des terrains cumbriens, siluriens, dévoniens, dans le Cotentin et la Bretagne, dans les Vosges et les Pyrénées, dans plusieurs contrées de l'Angleterre et de l'Allemagne, en Hongrie et en Norwége. Ils répondent aux cinq soulèvements qui ont suivi la formation du système cumbrien de la Vendée, et qui ont constitué les systèmes du Finistère, de Longmynd, du Morbihan, du Hundsruck et des Vosges.

Le granite du Morvan, formé de cristaux de feldspath rougeâtre et de paillettes de mica vert, ne remonte qu'au système de la Côte-d'Or, qui est le douzième de la série et qui a soulevé les terrains jurassiques; certains granites des Alpes peuvent être rapportés à la même époque.

Enfin les granites de la Toscane et de l'île d'Elbe, épanchés par-dessus les terrains tertiaires, doivent être contemporains du dix-huitième soulèvement, qui est celui des Alpes occidentales.

40. Les granites se modifient et s'altèrent en traversant les terrains de sédiment ancien : ainsi les voit-on se métamorphoser en porphyres quartzeux et argileux dans les Vosges septentrionales, dont ils viennent d'occasionner l'intumescence (sixième soulèvement), dans le Beaujolais et le Forez, durant la dislocation du milstone grit, ou système du Forez (septième soulèvement). Mais, dans le plus grand nombre des cas, ils sont remontés beaucoup plus haut, sous cette forme empruntée, aussi bien que les porphyres venus tout formés de la pyrosphère; car ils ont ensemble traversé le terrain houiller, et ils sont arrivés jusqu'au grès rouge (neuvième époque, système des Pays-Bas). Ils s'y épanchent en nappes, et même y forment des plateaux considérables, comme on le voit en diverses contrées de l'Allemagne. On les retrouve encore dans les grès bigarrés de Fréjus (onzième époque, système du Thuringerwald) et dans les calcaires jurassiques du Morvan (douzième époque, système de la Côte-d'Or).

41. Il en est des diorites comme des granites : d'abord infiltrées ou violemment poussées dans les terrains de première formation sédimentaire, elles ne s'arrêtent, sous forme d'ophites ou de porphyres dioritiques diversement constitués, que dans la craie de Sournia (quatorzième époque, système des Pyrénées), en soulevant les landes, aux environs de Bayonne, et métamorphosant, par leur contact, en dolomies cristallines, les escarpements columnaires du défilé de Pancorbo, en Espagne; plus tard, à l'époque du dix-neuvième soulèvement auquel nous devons les Alpes occidentales, elles ont brisé les terrains tertiaires déposés entre Vittoria et Briviesca.

42. De même, la serpentine et l'euphotide remontent des dépôts siluriens, en prenant quelquefois la forme de trapps,

comme à Noyant, département de l'Allier (huitième époque, système du nord de l'Angleterre).

La serpentine se montre au jour, sous forme de buttes isolées à Firmy (Aveyron), pendant la onzième époque, système du Thuringerwald. D'un autre côté, associée à l'euphotide, elle s'intercale entre les assises du calcaire jurassique, comme on le voit dans les environs de Gênes et dans toute la rivière du Levant, jusqu'à la Spezzia ; ailleurs, elles arrivent à la craie, la traversent et s'épanchent dans les terrains tertiaires des Apennins, à l'époque du dix-neuvième soulèvement, qui a constitué le système des Alpes occidentales.

C'est pendant la durée du même mouvement que l'euphotide a formé la crête qui sépare la vallée de Viège de celle de Saas, dans le grand cirque du Mont-Rosa ; elle s'est épanchée en même temps à la base du Breithorn, roche de micaschite redressée par la force du courant ascensionnel sur les hauteurs du mont Cervin. Le Zobtenberg, dans les Riesengebirge de Silésie, est encore une montagne d'euphotide s'appuyant sur des masses contemporaines de serpentine. On les retrouve encore en Norwége, dans la chaîne de Trongebirge, entre Roëraas et Foldal (dix-huitième époque, système des Alpes occidentales).

43. Les trapps, qui en Suède se mêlent aux mouvements des terrains les plus anciens, sont très abondants en France, au milieu de la formation houillère (huitième époque). En Angleterre, dans le Yorkshire, ils traversent les dépôts jurassiques (douzième époque) ; en Irlande, ils s'intercalent en bancs épais entre les divers étages du terrain crétacé, et le couronnent enfin en larges plateaux qui indiquent un épanchement terminal (quatorzième et quinzième époque, système des Pyrénées et de Corse et Sardaigne).

44. Les mélaphyres, enfin, peu distincts dans les terrains anciens, où ils doivent cependant se trouver, ne fût-ce que

sous la forme de porphyres argileux, ont de même parcouru toute l'échelle des formations successives, jusque dans les terrains subapennins du crag (dix-neuvième époque, système des Alpes principales). Ils ont, en passant, soulevé les calcaires jurassiques du Tyrol, en même temps que ceux qui séparent les lacs d'Orta et de Lugano; mais c'est principalement dans les Vosges (sixième époque) qu'ils se manifestent avec le plus d'évidence entre les bancs du grès rouge.

45. Quant aux trachytes et aux basaltes, le chapitre précédent renferme tout ce que nous avons à en dire; nous n'avons rien à y ajouter. Et l'on peut maintenant comprendre d'une manière logique ce que signifie cette expression : ***Le basalte paraît n'avoir commencé qu'à l'époque de la craie***, qu'on est étonné de trouver dans des ouvrages très estimés d'ailleurs.

CHAPITRE VI.

DES FILONS.

46. La théorie des soulèvements ne laisse aucun doute sur la nature des filons dont la connaissance, branche accessoire de la géologie, constitue néanmoins, en raison de la multiplicité des détails qu'elle embrasse et de l'influence qu'elle a nécessairement sur la richesse publique, une des sciences les plus importantes dont l'étude soit offerte à l'intelligence de l'homme et à l'esprit de progrès.

Lorsque la masse fluide de la pyrosphère se heurte à l'écorce qui l'emprisonne, et qu'elle se trouve encombrée sur un point, d'où elle ne peut s'écouler en vertu de sa quantité de mouvement, elle brise l'obstacle qui l'empêche de se faire jour et de se mettre en équilibre, et, par toutes les fentes, fissures et débouchés qu'elle s'ouvre ainsi de vive force, elle pénètre en jaillissant, en s'infiltrant, en s'épanchant même dans tous les sens, en vertu de la force latérale qui la pousse entre les joints des strates contigus, suivant les lois générales de la dynamique des fluides.

47. On voit qu'il ne peut être ici question, si ce n'est dans des cas tout particuliers, de ces fumaroles souterraines avec cheminées qui s'engorgent de sublimations, et auxquelles certains esprits superficiels rapportent trop souvent l'existence des filons, malgré les enseignements très positifs que renferment sur ce point nombre d'ouvrages spéciaux. S'ils se donnaient la peine d'ouvrir les yeux, ils reconnaîtraient bien vite la différence de densité qui distingue un minerai métallique de toute espèce de *suie*, provenant de matière volatilisée.

Il ne s'agit pas davantage de fentes extérieures et superficielles remplies de haut en bas par des matières de sédiment. Mais n'insistons pas sur ces idées surannées.

48. On appelle *filon* la masse de matière qui, à l'état de fluidité ignée, a été poussée de bas en haut et intercalée, lorsque la fente qu'elle remplit, et qu'elle a souvent occasionnée elle-même, est perpendiculaire à l'axe longitudinal des strates rompus et divisés.

Veine, lorsque la fente est parallèle à cet axe, et n'intéresse qu'un petit nombre de couches. Une veine est souvent contemporaine de la roche elle-même, quand celle-ci est composée de matières hétérogènes mélangées et distribuées d'une manière inégale.

Couche, lorsque la matière fluide a été simplement épanchée entre deux strates distincts.

Un *dycke* peut être considéré comme un filon d'une espèce particulière, provenant des éruptions les plus modernes : on en trouve qui ont jusqu'à 25 mètres de puissance.

49. Les matières qui ont rempli les filons sont de toute nature de substances fusibles, mélangées en toutes proportions. Les filons sont appelés *stériles*, quand ils ne contiennent aucune substance métallique.

Les filons métallifères sont rarement composés de la seule substance qui leur donne son nom ; cette substance y est presque toujours accompagnée de matières hétérogènes qu'on appelle *matières de filon*, et qui sont généralement en assez petit nombre. Parmi les principales, on distingue les suivantes :

Quartz hyalin et quartz jaspe ;
Chaux carbonatée, sulfatée, phosphatée et fluatée ;
Baryte sulfatée, compacte ou saccharoïde.

50. Les filons proprement dits de quartz ne se trouvent que dans les granites, masses d'intumescence qui ont plissé, fracturé, disloqué même en quelques endroits, la pellicule du premier refroidissement ; le quartz y est à peu près pur, et à l'état de simple mélange mécanique, associé à l'étain oxydé, au molybdène sulfuré, au schéelin ferrugineux ou calcaréo-magnésien, au titane rutile. A toutes les autres époques, soit qu'il s'introduise dans les gneiss, les calcaires anciens et les psammites, soit qu'il fasse partie des masses de granite, le quartz en filons est presque toujours accompagné de chaux carbonatée et de baryte sulfatée ; les autres combinaisons acides de la chaux n'y sont presque jamais que des accessoires accidentels, si ce n'est dans les filons d'étain les plus anciens.

Le quartz des filons se modifie souvent au contact des roches qu'il traverse ; quelquefois même il entraîne d'énormes quantités de gaz qui, venant à se condenser par le refroidissement, laissent dans la masse consolidée une multitude de vides orbiculaires plus ou moins réguliers, mais toujours à surfaces courbes, que l'on nomme *géodes*, et qui se tapissent intérieurement de cristaux de silice pure.

51. Lorsqu'il pénètre, ce qui est assez rare, dans les terrains de structure trappéenne, le quartz perd sa transparence, en se chargeant de substances métalliques, mises une seconde fois en fusion; car il ne serait pas absurde, en beaucoup de circonstances, de considérer les trapps comme des roches serpentineuses de première formation remaniées par le feu. Le quartz alors simplement translucide et diversement coloré se métamorphose en agate. Une petite observation qu'on me permettra de citer m'a fait naître cette idée. J'ai recueilli, à la fonderie d'Allemont, en 1838, une scorie provenant de minerai de plomb (galène) fondu avec sa gangue de quartz : cette scorie boursouflée en forme de géode renfermait une masse globulaire bleue ayant la translucidité, le poli et toutes les apparences de l'agate.

Les agates géodiques d'Oberstein, dans le Palatinat (Hundsruck), présentent des phénomènes analogues; elles proviennent d'éruptions volcaniques anciennes. Dans les trachytes de la Hongrie, le quartz prend une texture qui lui donne un facies résinoïde, et on le nomme conséquemment quartz résinite ou opale.

Lorsqu'il s'est épanché en couches pénétrées d'effluves métalliques ordinairement ferrugineux, il prend les formes zonaires et rubanées du jaspe, une de ses variétés; en s'associant au carbone qui lui donne une teinte noire, il se métamorphose en quartz lydien, ou pierre de touche.

52. La chaux carbonatée, cristallisée sous la forme de spath calcaire, forme souvent des filons dans les roches granitoïdes et porphyriques; mais elle s'y rencontre rarement seule, elle accompagne presque toujours le quartz; il en est de même de la baryte sulfatée.

J'ai connu cependant, et je me permettrai encore de citer

des exemples, un pour chacune, où ces deux substances de filons se rencontrent seules, indépendantes l'une de l'autre, comme de toute substance étrangère :

1° Au pied de la montagne des Challanches, en face et au-dessus de l'endroit où l'Eau d'Olle se jette dans la Romanche, à l'extrémité de la plaine de l'Oysans, parmi les roches dioritiques, se trouve le filon des Ruissons, uniquement composé de spath calcaire, et qui fournissait cette substance à la fonderie d'Allemont, pour rendre plus fusible le minerai de galène, trop chargé de quartz, qu'on jetait dans le fourneau à manche sans triage préalable.

2° Au Grand-Clot, dans les environs de la Grave, en Oysans, près des sources de la Romanche, le filon de Fèche-Ronde, situé sur la rive gauche, s'interrompait quelquefois et devenait stérile, n'étant rempli que de baryte sulfatée, qu'on expédiait à Marseille, je ne sais plus pour quel usage, si ce n'est pour la falsification de la céruse ou blanc d'Espagne.

C'est aussi la baryte saccharoïde qui forme la gangue du filon plombifère de Pesay, en Savoie, dont celui du Grand-Clot paraît être la continuation ; on la trouve également seule en filons dans les roches granitiques de Royat en Auvergne.

53. La plupart des filons qu'on trouve dans les gneiss, micaschistes et psammites, roches soulevées, ont l'air d'être la continuation de ceux qui ont traversé les granites, roches de soulèvements.

On en trouve peu dans les roches serpentineuses ; la ténacité de leur pâte magnésienne hydratée et hydratifère, diminuant la mobilité des molécules intégrantes, paraît avoir fait obstacle, d'abord à la rupture des masses, et ensuite à l'intrusion de la substance étrangère.

D'un autre côté, ces roches serpentineuses semblent provenir d'une formation distincte dans l'intérieur de la pyrosphère, où la magnésie tendait à s'isoler en repoussant toute association. Cependant les gaz, dont la force d'élasticité se trouvait portée à son maximum par l'élévation de la température, y pratiquaient des géodes où la silice en excès, rendue libre par l'intervention d'un autre acide ou par la décomposition spontanée du silicate transformé en magnésie native, se concentrait et se cristallisait en agates. On trouve également de ces géodes dans l'intérieur des roches talqueuses, où se sont revêtus de la forme cristalline divers silicates, soit alumineux, soit magnésiens, qu'on pourrait appeler naturels, eu égard à la roche, tandis que les premiers seraient considérés comme subreptices.

Les principaux filons qui se rencontrent dans les serpentines sont de magnésie carbonatée; on y trouve le platine avec les métaux qui l'accompagnent ordinairement, dans les montagnes de la Colombie, du Brésil et de l'Oural.

CHAPITRE VII.

GISEMENT DE QUELQUES MINÉRAUX UTILES QUE FOURNISSENT LES ROCHES ANOTHISIQUES.

SECTION Ire. — Cristaux.

54. C'est dans les roches anothisiques (d'épanchement et d'éruption) que se trouvent la plupart des gites, filons ou amas, renfermant des substances que l'homme a coutume de s'approprier pour se faire des conditions d'existence moins précaires et plus commodes. On y trouve aussi, comme nous l'avons vu, par suite de la condensation des gaz entraînés dans le flux incandescent, des géodes tapissées de cristaux dont

plusieurs sont considérés comme richesses réelles et auxquels on attache un grand prix, en les désignant sous le nom de *gemmes* ou *pierres précieuses*. Nous n'avons rien à ajouter sur leur mode de formation aussi évident que simple. Il est de la même évidence que ce mode de formation exige un concours de circonstances qui ne peut se rencontrer bien fréquemment; il exclut même toute idée de filons réguliers qui puissent être poursuivis avec quelques chances de succès : renfermés dans des géodes éparses et comme perdues à l'intérieur des masses, ils ne peuvent venir au jour que par suite de la décomposition de ces masses, à titre de débris entraînés par les courants, à une distance plus ou moins grande du lieu de leur origine.

Si l'on veut se former une idée approximative de leur distribution dans les roches qui leur ont servi de matrice, qu'on jette un coup d'œil sur la marche des bulles d'air qui s'élèvent du fond à la surface d'un vase plein d'eau où l'on fait dissoudre une substance très poreuse, comme du sucre : il me semble que c'est une image qui reproduit assez fidèlement ce qui se passe à l'égard des gaz entraînés dans l'intérieur d'une masse fluide par ignition, sauf la condensation de ces gaz par le refroidissement qui ne leur permet pas toujours de monter jusqu'à la surface.

55. A l'exception du diamant, carbone pur,
— du cristal de roche, améthyste et agate, silice,
— du corindon et de ses variétés, alumine,
— de la marcassite, sulfure de fer,
— des spinelle et cymophane, aluminates de magnésie et de zinc,
— de la turquoise, phosphate d'alumine,
— de la malachite et de l'azurite, carbonates de cuivre,

toutes les pierres employées dans la joaillerie sont des silicates d'alumine plus ou moins complexes. Nous allons entrer dans quelques détails sur leur gisement : tous ont leur origine dans les roches cristallisées d'épanchement ou d'éruption ; mais le plus grand nombre ne peuvent se recueillir aujourd'hui que dans les alluvions, comme nous venons de le dire, et dans les sables actuels des ruisseaux et rivières qui ont lavé le pied des roches où était contenu leur gîte originel.

Les expériences faites à Sèvres par Ebelmen, si éminent métallurgiste enlevé trop tôt à la science, ne laissent aucun doute possible sur le milieu où s'est opérée la cristallisation de ces pierres, considérées comme si précieuses.

56. Le diamant, carbone pur, cristallisé, est la plus dure, la plus brillante, la plus recherchée des substances que nous nous proposons d'examiner dans ce chapitre. La roche où il s'est originairement formé n'est pas connue d'une manière positive ; mais il est permis de croire, par analogie, que le carbone, sous quelque forme qu'on veuille l'imaginer, doit en être un élément essentiel. On ne comprendrait pas, en effet, que les molécules constituantes du carbone se fussent réunies, pour cristalliser, dans un milieu où elles n'auraient pas existé.

57. C'est sans doute en s'appuyant sur cette idée à laquelle on ne peut refuser le mérite de se déduire logiquement des faits connus, que pas un géologue ne consent à regarder comme la matière originelle du diamant la roche nommée *itacolumite* où on l'a trouvé quelquefois empâté avec d'autres substances cristallisées. Cette roche, découverte en 1843 par M. Lomonof, dans la Serra de Grammago, dans la province de Tejuco ou Diamantina, au Brésil, est de même nature que le quartzite des Alpes, et, comme lui, prend souvent la forme des grès les plus anciens.

Elle se compose de grains de quartz hyalin, assez faiblement agrégé ; elle est, par conséquent, assez friable. On l'a exploitée pendant quelque temps, mais il ne paraît pas que les produits de l'opération aient été assez avantageux pour faire renoncer au lavage des cascalhos, poudingue grossier, agglutiné par un ciment ferrugineux dont il est assez facile de détruire la cohérence, et qui est commun dans la province de Minas Geraës. Cette roche d'itacolumite paraît s'être formée des débris d'un micaschiste, où le mica était remplacé en partie par le fer oligiste.

58. Avant les cascalhos, on a exploité les sables ferrugineux d'anciennes alluvions dans l'Inde; et c'est le diamant qui a rendu si fameux les royaumes de Golconde et de Visapour, comprenant les plaines et les vallées qu'arrosent le Godavéri, la Krichna et leurs affluents, qui descendent de la chaîne des Ghates, dont le soulèvement se rapporte à la quatorzième époque (système des Pyrénées).

59. Dans les cascalhos du Brésil, le diamant est accompagné de paillettes et grains d'or et de platine, d'écailles et débris de fer oligiste et de fer magnétique, de rutile, de zircon et autres silicates reconnus pour être des éléments accessoires de l'itacolumite. Cette exploitation ne remonte qu'au XVIIIe siècle.

En 1829, le diamant a été trouvé dans le sable des rivières qui sillonnent les flancs de l'Oural occidental, et dans les dolomies carbonisées qui n'y sont pas rares.

Dans la grande île de Bornéo, le diamant se trouve mêlé à des débris de roches serpentineuses, avec l'or et le platine.

60. Nous nous abstiendrons de répéter ce qu'on trouve dans tous les livres spéciaux sur la forme, la grosseur et le prix du diamant en général, aussi bien que quelques particularités concernant les diamants les plus fameux; mais peut-être ne nous saura-t-on pas mauvais gré de remémorer une anecdote assez curieuse sur le diamant nommé *le Régent*, qui n'est pas le plus gros, mais le plus beau de ceux que l'on connaît.

Cette anecdote se trouve ensevelie dans les Mémoires du célèbre duc de Saint-Simon (année 1717), où elle n'a pas été assez remarquée, bien qu'elle soit caractéristique. C'est le duc lui-même qui parle, et je me garderai bien de changer un mot à son récit : on voudra bien se souvenir que le duc, au milieu de la cour du régent Philippe d'Orléans, se piquait d'une austère moralité.

« Par un événement extrêmement rare, un employé aux » mines de diamants du Grand Mogol trouva le moyen de s'en » fourrer un dans le fondement, d'une grosseur prodigieuse; » et, ce qui est le plus merveilleux, de gagner le bord de la » mer et de s'embarquer, sans la précaution qu'on ne manque » jamais d'employer à l'égard de tous les passagers dont le » nom et l'emploi ne les en garantit pas, qui est de les purger » et de leur donner un lavement pour leur faire rendre ce » qu'ils auraient pu avaler, ou se cacher dans le fondement. » Il fit apparemment si bien qu'on ne le soupçonna pas d'avoir » approché des mines ni d'aucun commerce de pierreries. » Pour comble de fortune, il arriva en Europe avec son dia- » mant.

» Il le fit voir à plusieurs princes dont il passait les forces, » et le porta enfin en Angleterre, où le roi l'admira sans pou- » voir se résoudre à l'acheter. On en fit un modèle de cristal » en Angleterre, d'où l'on envoya l'homme, le diamant et le » modèle parfaitement semblable à Law, qui le proposa au » régent, pour le roi; le prix en effraya le régent, qui refusa » de le prendre.

» Law, qui pensait grandement en beaucoup de choses, » vint me trouver, consterné, et m'apporta le modèle. Je » pensai comme lui qu'il ne convenait pas à la grandeur du » roi de France de se laisser rebuter par le prix d'une pièce » unique dans le monde et inestimable, et que, plus il y avait » de potentats qui n'avaient osé y penser, plus on devait se

» garder de la laisser échapper. Law, ravi de me voir parler » de la sorte, me pria d'en parler à monseigneur le duc d'Or- » léans.

» L'état des finances fut un obstacle sur lequel le régent » insista beaucoup ; il craignait d'être blâmé de faire un achat » si considérable, tandis qu'on avait tant de peine à subvenir » aux nécessités les plus pressantes, et qu'il fallait laisser tant » de gens dans la souffrance.

» Je louai ce sentiment, mais je lui dis qu'il n'en devait pas » user pour le plus grand roi de l'Europe comme pour un » simple particulier, qui serait très répréhensible de jeter » 100,000 fr. pour se parer d'un beau diamant, tandis qu'il » devrait beaucoup et ne se trouverait pas en état de satis- » faire ; qu'il fallait considérer l'honneur de la couronne, et » ne lui pas laisser manquer l'occasion unique d'un diamant » sans prix, qui effaçait tous ceux de l'Europe ; que c'était » une gloire pour la régence qui durerait à jamais ; qu'en » quelque état que fussent les finances, l'épargne de ce refus » ne les soulagerait pas beaucoup ; et que la surcharge ne » serait pas très perceptible ; enfin, je ne quittai point mon- » seigneur le duc d'Orléans que je n'eusse obtenu que le dia- » mant serait acheté.

» Law, avant de me parler, avait tant représenté au mar- » chand l'impossibilité de vendre son diamant au prix qu'il » l'avait espéré, le dommage et la perte qu'il souffrirait en le » coupant en divers morceaux, qu'il le fit venir enfin à » 2,000,000 fr., avec les rognures, en outre, qui sortiraient » de la taille. Le marché fut conclu de la sorte. On lui paya » l'intérêt des 2,000,000 fr., jusqu'à ce qu'on pût lui donner » le principal, et, en attendant, pour 2,000,000 fr. de pier- » reries en gage, qu'il garderait jusqu'à entier paiement.

» Monseigneur le duc d'Orléans fut agréablement trompé » par les applaudissements que le public donna à une acqui-

» sition si belle et si unique. Ce diamant fut appelé le Régent. » Il est de la grosseur d'une prune de reine-Claude, d'une » forme presque ronde, d'une épaisseur qui répond à son » volume, parfaitement blanc, exempt de toute tache, nuage » et paillette, d'une eau admirable; il pèse plus de 500 grains.

» Je m'applaudis d'avoir résolu le régent à une emplète si » illustre. »

Les réflexions viennent en foule à ce récit, mais elles ne sont pas de notre sujet; disons seulement que la *Sapho* de Pradier vient d'être achetée 17,000 fr., mais elle n'a pas été volée dans l'Inde.

61. Voici, au reste, une description exacte de ce diamant illustre :

Il pèse $140^{k},90$, ou $29^{gr},89$ (le karat vaut en gramme 0,212). Il est sans aucun défaut, et le plus parfait des diamants; il a coûté 2,250,000 fr., les frais de la taille compris, et vaut le double. Il a en millimètres 31,514 de longueur, et 23,892 d'épaisseur; il vient des mines de Partéal, situées au pied des Ghates, à 45 lieues au sud de Golconde, 20 lieues à l'ouest de Mazulipatnam, à l'endroit où la Kissna se jette dans la Krichna.

62. Le quartz hyalin, ou cristal de roche, se trouve tantôt dans les fentes irrégulières des terrains de cristallisation remplis par des filons de quartz, tantôt dans d'énormes géodes, où les cristaux sont groupés de mille manières différentes; il en vient de Madagascar qui sont de dimensions énormes. Les gisements de la dernière espèce abondent dans les Alpes de la Savoie et de l'Oysans; ils ont fourni, il y a quelques années, la matière première à une industrie productive aujourd'hui passée de mode, et dont la ville de Briançon a été assez longtemps le centre. Le cristal de roche se taillait en coupes, en vases, en girandoles de lustre, d'un assez bel effet, mais qu'on remplace aujourd'hui, à bien meilleur marché, par un sili-

cate artificiel plus aisé à manier sous toutes les formes, et dont les fabriques en France sont établies à Saint-Louis et à Baccarat, dans les Vosges et à Lyon, arrondissement de la Guillotière.

L'*améthyste* en est une variété colorée en violet par l'oxyde de manganèse. Elle est recherchée pour les bagues épiscopales; on l'emploie aussi de diverses manières, pour marqueterie et placage de meubles d'ornement.

L'*œil-de-chat* en est encore une autre, modifiée par des houppes d'asbeste (silicate de magnésie) à fibres parallèles. Cette pierre est d'un prix assez élevé.

Les terrains sédimentaires ne renferment que rarement du cristal de roche en petits cristaux qui tapissent les géodes où se sont formées des calcédoines.

63. La *calcédoine* se trouve plus particulièrement dans les roches d'épanchement porphyrique, surtout dans celles qu'on nomme *amygdaloïdes*, auxquelles elles donnent leur caractère principal, traduit par l'étymologie. Suivant quelques uns, la matière siliceuse s'est coulée dans la cavité géodique, en s'épanchant le long des parois, comme une colle, en couches successives accusées par des zones ou bandes parallèles à la forme de ces parois. Le centre est quelquefois occupé par un cristal de quartz hyalin; le conduit d'introduction est facile à reconnaître dans la plupart de ces pierres. Cette explication pourrait être contestée en beaucoup de points; mais c'est une affaire de détail assez peu importante.

64. La calcédoine présente un grand nombre de variétés, qu'on nomme aussi généralement *agates*, lorsqu'elles sont translucides, quoique toujours nuageuses. Telles sont:

L'onyx, distinguée par de larges zones blanches et noires: on l'emploie à la gravure des camées;

La calcédoine proprement dite, gris de perle et demi-transparente;

La cornaline, rouge de sang ondulé, ou brun jaunâtre clair;

La sardoine, rouge brun foncé, ou rouge orangé;

La saphirine, bleu de ciel vif et poli, teinte uniforme, fortement translucide;

La chrysoprase, vert-pomme, clair, vif, uniforme et translucide;

L'héliotrope, vert-poireau foncé, pointillé de rouge, faiblement translucide;

Le plasma, vert-pré ou vert-poireau, fortement translucide;

L'œil-de-chat, qu'il faut distinguer du quartz hyalin de même nom, et dont le chatoiement est dû au miroitage des matières colorantes;

L'agate rubanée et l'agate arborisée, qui portent leur signalement dans leur nom même;

La calcédoine complétement opaque reçoit le nom de *jaspe*.

65. Le quartz résinite, ou opale, est originaire des terrains trachytiques. On le trouve autour du Mont-Dor, en Auvergne, dans les Siebengebirge de Hongrie, dans les monts Euganéens, près de Vicence. Il forme des filons dans les serpentines et diallages du Mussinet et de Baldissero, en Piémont; à l'île d'Elbe et en Silésie. Il se rencontre aussi en rognons dans les couches marneuses du terrain tertiaire qui couronnent les gypses des environs de Paris, comme à Ménilmontant, d'où lui vient le nom de *ménilite*.

Les opales nommées *hyacinthes* et *girasol* du Mexique sont couleur de feu. Celles de Hongrie, à reflets irisés, très recherchées par les joailliers, se nomment *opales arlequines*.

66. Le corindon, alumine pure cristallisée, tient, après le diamant, le second rang pour la dureté. Il provient des silicates d'alumine décomposés et dissous par l'acide boracique, comme l'ont démontré les expériences d'Ebelmen à Sèvres.

Son gisement primitif se trouve dans les granites qui, à l'état de roches d'éruption, l'ont introduit dans les basaltes et les dolomies. Il se présente sous un grand nombre d'aspects que leur couleur distingue spécifiquement, et dont la collection forme le genre extra-minéralogique des gemmes ou pierres précieuses proprement dites. Les plus estimées viennent du Malabar, du Thibet, de la Chine et du Pégu, contrées où l'existence de lacs nombreux, d'où s'extrait le borate de soude ou borax, explique parfaitement la fréquence des cristaux d'alumine pure, par la décomposition des silicates. On en trouve quelques unes dans les granites des Alpes, dans les dolomies du Saint-Gothard, et dans les sables du ruisseau d'Expailly, près du Puy en Velay (Haute-Loire), qui sont le détritus des roches volcaniques de la contrée. L'acide boracique, sous forme de sassoline, ne peut être étranger à ces localités, si l'on s'en rapporte aux indices fournis par les Soffioni de Toscane, qui le fournissent assez abondamment pour remplacer le borax de l'Inde.

67. On distingue parmi les gemmes :

Le saphir blanc, ou corindon hyalin, parfaitement diaphane et incolore ;

Le rubis oriental, d'un rouge cramoisi plus ou moins foncé ;

Le saphir oriental, d'un bleu transparent, tantôt d'azur, tantôt d'un bel indigo ;

La topaze orientale, d'un jaune éclatant, dont la transparence varie les teintes ;

L'émeraude orientale, du plus beau vert connu : c'est la plus rare ;

L'améthyste orientale d'une couleur violette veloutée.

Le rubis, lorsqu'il est d'une teinte de feu éclatante, est plus estimé que le diamant ; le saphir, d'un riche azur foncé, a aussi une très grande valeur. Un rubis de 10 grains, ou 0,53 grammes, a été vendu 14,000 fr. plus cher que la *Sapho.*

Un diamant brut du même poids ne vaut guère que 300 fr.

68. Le spinelle, aluminate de magnésie, qu'on nomme rubis spinelle quand il est d'un beau rouge, et rubis balai quand il est d'une teinte pâle, affecte les mêmes gisements que les corindons.

Le cymophane, aluminate de glucine, recherché par les joailliers sous le nom de chrysolite ou de topaze orientale, et confondu ainsi avec le corindon jaune, s'en distingue pourtant par une teinte verdâtre qui lui est propre. On le trouve disséminé dans les pegmatites de l'Amérique septentrionale. Les cristaux de même espèce recueillis dans les sables de Ceylan et du Brésil ont sans doute leur origine dans une roche analogue.

69. Les grenats, silicates polybasiques d'alumine unie à diverses autres substances, se trouvent en grande abondance au milieu de tous les terrains de cristallisation, calcaires pyrotixiques, gneiss, micaschistes, pegmatites, schistes argileux, serpentines et calcaires en contact. Plusieurs, d'une belle couleur de feu, d'un aspect velouté, portent les noms d'almandine, de grenat styrien, de grenat oriental : on présume qu'ils représentent l'escarboucle ou pyrope des anciens. Les hyacinthes s'approchent plus ou moins du rouge orangé, et se nomment aussi grossulaires. L'ouwarowite est d'un vert d'émeraude qu'il doit à une teinture d'oxyde de chrome ; la spessartine, de couleur brune, et la mélanie, entièrement noire, doivent leur coloration au manganèse. — Les grenats pyropes de Bohême se recueillent sur les terrains basaltiques de cette contrée, dans une matière argileuse qui remplit les intervalles de sphéroïdes concentriques entassés dans la plaine de Leutmeritz, sur l'Elbe, au pied des Mittelgebirge. C'est aux environs de Méronitz et de Trziblitz qu'on les trouve plus nombreux, mêlés aux zircons, chrysolites ou péridots, saphirs d'eau et rognons de fer magnétique.

70. Le saphir d'eau, nommé aussi cordiérite, se rencontre dans les porphyres en décomposition de la baie de San-Pedro et du cap de Gates en Espagne, à Bodenmaïs en Bohême. Elles se présentent en petites masses cristallines, d'un aspect vitreux, engagées dans la chaux carbonatée lamellaire, mélangée d'amphibole. La cordiérite est un silicate bibasique d'alumine et de magnésie.

Dans les mêmes roches que le grenat, sans aucune exception, se trouve l'émeraude du Pérou, silicate d'alumine et de glucine coloré par l'oxyde de chrome; on l'appelle aigue-marine, et on l'estime assez cher quand elle a une légère teinte bleuâtre. Le béril qui tire sur le jaune a peu de valeur.

Le péridot, silicate de magnésie et de fer, caractérise le basalte; on en distingue deux espèces, l'olivine et la chrysolite, suivant que la teinte verte domine sur le jaune, ou réciproquement. On ne le rencontre ni dans les trachytes, ni dans les granites; mais il a été reconnu dans les masses de fer météoriques de Sibérie, et l'on en a trouvé plusieurs grains dans quelques pierres de même origine.

Le zircon, silicate de zircone, appelé autrefois jargon de Ceylan, a pour gisement la syénite, dans le voisinage des gneiss qu'elle a soulevés. Il n'est pas rare dans les basaltes et tufs basaltiques, il l'est davantage dans les trachytes; il est de couleur très variable, rouge, jaune, bleu; il a peu de valeur.

71. La topaze (3e espèce), silico-fluate d'alumine, est jaunâtre; elle tapisse les fissures des pegmatites, ou s'éparpillant dans la masse, est mêlée à la gangue des minerais d'étain. Elle se recueille dans les sables du Brésil. En lui faisant subir l'action de la chaleur, on lui fait prendre une teinte rosâtre, et on la nomme *topaze brûlée.*

La tourmaline, silico-borate alcalin d'alumine, est bleue, verte, rouge ou noire. Elle provient de la désagrégation des pegmatites décomposées par l'acide borique, d'où elle est entraînée dans les sables d'alluvion, à Ceylan et au Brésil; on la rencontre également dans la dolomie du Saint-Gothard. On lui a donné autrefois le nom de *schorl électrique*, parce qu'elle se polarise par une élévation de température, prenant l'électricité vitreuse à l'une de ses extrémités et l'électricité résineuse à l'autre. La tourmaline noire, qui est la plus commune, se trouve disséminée dans toutes les roches de cristallisation; la bleue et la verte appartiennent plus particulièrement aux pegmatites. Celles qui sont d'un beau vert clair proviennent exclusivement des dolomies du Saint-Gothard. Ces pierres sont assez peu estimées en général, à cause de leurs teintes sombres; mais elles acquièrent de la valeur, lorsque enrichies de nuances plus vives, elles offrent de la ressemblance avec quelques-unes des variétés du corindon.

La turquoise, phosphate hydraté d'alumine, se trouve dans certaines argiles fortement alumineuses des plaines de Nichapour, en Perse : elle est alors *turquoise* de vieille roche, d'un bleu verdâtre, assez recherchée dans la joaillerie. Celle de *nouvelle roche* n'est qu'un fossile de même aspect, qui provient de la désagrégation des ossements de quelques mammifères.

72. La marcassite, pyrite de fer non altérable, se trouve avec les minerais de fer, dans les terrains de toute espèce et de toute époque. On en faisait autrefois des objets d'ornement qu'on remplace aujourd'hui par le travail de l'acier. On en a trouvé des plaques polies dans les tombeaux des anciens Péruviens qui s'en servaient comme d'ostensoirs pour le culte du soleil, cherchant ainsi à multiplier les images de leur Dieu, et de là ces plaques ont été appelées *miroirs des Incas*.

73. Le lapis lazuli, substance précieuse nommée aussi outremer, est un silicate sulfurifère d'alumine, de chaux et de soude, qui se trouve dans les terrains granitiques des monts Altaï, aux environs du lac de Baïkal; dans la petite Boukharie,

et même au Thibet et en Chine. Il est d'un prix élevé lorsqu'il présente des dimensions un peu remarquables en superficie. Les tables de lapis sont d'un bel effet, surtout lorsqu'il s'y joint des plaques de marcassite, dont la couleur d'or tranche sur le bleu du fond. C'est en Russie qu'on trouve les plus beaux échantillons de cette substance.

74. Enfin, la malachite et l'azurite sont deux espèces de carbonate de cuivre. La première, de couleur verte, est un carbonate simple hydraté; on la trouve en assez grande abondance dans les mines de cuivre de la chaîne ouralienne. L'autre, d'une riche couleur bleue, est un bicarbonate uni à un hydrate de cuivre; elle a été pendant quelque temps assez abondante à Chessy et à Saint-Bel, mines de cuivre aux environs de Lyon. Son gisement était dans le grès bigarré. On emploie ces deux substances en ornements intérieurs d'un bel effet pour les habitations de luxe.

SECTION II. — Métaux.

75. *Mines d'or.* — L'or ne se trouve qu'à l'état natif en paillettes, en grains, en pépites. Sous les deux premières formes, on l'obtient en lavant les sables qui proviennent de la désagrégation des roches d'où il tire son origine. Les lavages les plus productifs se trouvent dans les vallées encaissées par des roches où dominent les micaschistes et les phyllades qui en dérivent; il y est disséminé dans un quartz désagrégé, riche en fer oxydulé.

Il se rencontre quelquefois dans les filons de quartz qui traversent les roches les plus anciennes, comme on le voit à la Gardette en Oysans, où il a été quelque temps exploité par M. Schreiber, autrefois directeur des fonderies d'Allemont; mais le produit de cette entreprise n'a jamais été considérable : le filon a toujours donné beaucoup moins d'or que de cristal de roche. M. Gaymard, inspecteur divisionnaire des mines à Grenoble, a voulu encourager la reprise de cette exploitation en 1838, mais on a été obligé d'y renoncer; l'or y était en grains mêlés aux groupes de cristaux dont il faisait quelquefois partie, en ce sens qu'un grain ou une paillette d'or se voyait dans l'intérieur d'un cristal.

76. Les sables de l'Afrique centrale ont toujours fourni une grande quantité de poudre d'or, que les nègres de l'intérieur apportent sur la côte comme objet d'échange.

Les placers de la Californie et les mines récemment découvertes à la Nouvelle-Hollande ont beaucoup agité les esprits dans ces derniers temps; mais les renseignements reçus de ces deux localités sont encore trop incertains et trop incomplets pour être consignés, même sommairement, dans un ouvrage de la nature de celui-ci.

Les mines ouvertes sur le penchant oriental de la chaîne ouralienne sont en plein rapport, et comptent parmi les revenus effectifs de l'empereur de Russie.

Une autre exploitation régulière est celle de Congo-Songo, dans la province de Minas Geraës, au Brésil. Elle se fait principalement dans un massif composé de quatre espèces de roches, dont les deux principales sont siliceuses, et les deux autres, à l'état de métamorphisme par contact, sont des schistes, l'un talqueux, l'autre argileux, bleuâtre et satiné, et semblent subordonnées aux deux premières.

La roche inférieure, nommée *iacotinga*, est un quartz compacte, rougeâtre, de structure laminaire, dans lequel la séparation des feuillets est marquée par du fer oligiste noirâtre et pailleteux, tel qu'on le trouve dans les anciennes roches d'éruption, et entrelacé de petits filets d'or, souvent nombreux. Ne dirait-on pas d'une roche ayant fait partie de la première pellicule consolidée au moment de la formation des couches initiales?

Sur l'iacotinga est superposé un grès à grains de quartz cristallin translucide, et contenant, parallèlement aux feuillets qui le constituent, du fer oligiste et du carbonate de manganèse, au milieu desquels se sont formés des géodes où l'or s'est rassemblé. Ce métal court aussi en dendrites dans l'intervalle et dans la substance des feuillets. Cette roche est évidemment formée du détritus de l'iacotinga, agglutiné de nouveau par un coup de feu.

Dans les schistes subordonnés, l'or forme des lames qui ont quelquefois 0,001 d'épaisseur et jusqu'à 0,25 de longueur.

L'or n'est pas toujours pur dans ses divers gisements; il est assez souvent associé par voie de mélange ou d'alliage avec l'argent, comme à Zméof ou Schlangenberg en Sibérie, et dans les mines de l'Amérique méridionale (Pérou, Colombie, Nouvelle-Grenade); avec le palladium et le rhodium, dans l'iacotinga.

77. *Mines de platine.* — Ce métal, originaire des roches serpentineuses et dioritiques, dont les fragments en contiennent quelquefois une quantité notable, se trouve aussi en grains et en pépites dans des sables analogues à ceux qui fournissent l'or. Il est presque toujours mélangé avec le fer, le rhodium, le palladium, l'iridium et l'osmium. On le trouve en veines mêlées d'or dans une syénite de la Colombie, au Choco et à Barbacoas; il a été découvert pour la première fois au commencement du XIXe siècle, dans les montagnes de Matto-Grosso et d'Itacolumi, province de Minas-Geraës, au Brésil, dans des micaschistes dont les couches supérieures ont été désagrégées et forment un grès. On l'a rencontré en 1826 dans les montagnes de Sibao, les plus élevées d'Haïti, et un peu plus tard dans la chaîne ouralienne, d'abord sur le versant oriental, ensuite sur le versant opposé : c'est cette dernière localité qui en fournit le plus. On le recueille également dans les dépôts diamantifères de Bornéo, matière argileuse

remplie de fragments de quartz, et provenant de la décomposition des serpentines, euphotides et diorites.

Son insolubilité dans les acides, à l'exception de l'eau régale, son inaltérabilité au feu le plus violent, le rendent précieux pour la chimie, qui en fait des vases d'une grande résistance, où elle peut traiter les dissolvants les plus énergiques. Cependant il y a encore des précautions à prendre : lorsque, par exemple, on concentre l'acide sulfurique pour l'amener à 66 degrés, il arrive souvent que les arséniures dont l'acide des chambres de plomb n'a pas été complétement dépouillé par une concentration préparatoire, rongent le fond du vase ; un grain de plomb qu'on y laisse tomber occasionne un trou. Malgré son inaltérabilité, le platine se ramollit au moins à la flamme du chalumeau à double courant d'oxygène et d'hydrogène ; on profite de cette propriété pour le souder au moyen de l'or, qui est fusible à la flamme du chalumeau simple.

Le prix commercial du platine est à peu près un tiers de celui de l'or.

78. *Mines d'argent.* — Si on laisse à l'écart le platine, qui n'est employé jusqu'ici qu'à des usages exceptionnels, l'argent est après l'or le plus précieux des métaux. Il est moins rare, et affecte un plus grand nombre de formes variées qui viennent de ses associations avec plusieurs substances, telles que le mercure, l'antimoine, le sélénium, l'arsenic, le soufre et le chlore. L'argent natif qu'on rencontre en assez grande abondance est presque toujours le résidu de la décomposition des minerais où il s'est trouvé à l'état de combinaison.

Les principaux sont le chlorure et le sulfure.

Celui-ci, nommé aussi argyrose, gît en filons et en amas dans les terrains de cristallisation et dans les sédiments en contact avec eux ou traversés par eux : les montagnes de Hongrie et de Transylvanie, la chaîne scandinave, le Hartz de Westphalie, le Thuringerwald et l'Erzebirge de Saxe, le Boehmischerwaldau, sont les principales contrées d'Europe où on le trouve en plus grande abondance. Les Andes du Pérou et la Cordilière du Mexique en renferment des quantités immenses qui ne peuvent être exploitées faute de bras, d'eau et de combustibles. La fameuse montagne de Potosi, dont le nom proverbial a remplacé le Pactole des anciens, se trouve sous le tropique du Capricorne, dans la province de la Paz; la montagne des Challanches, en Oysans, longtemps exploitée par M. Schreiber, offre des traits étonnants de ressemblance avec cette montagne de Potosi; elle est aujourd'hui abandonnée.

Le chlorure ou kérargyre, c'est-à-dire argent corné, est assez rare en Europe, mais très commun au Mexique et au Pérou, parmi des amas de fer oxydé hydraté, argiles ferrugineuses nommées *colorados*, dans la première de ces deux contrées, et *pacos* dans la seconde; il contient 75 pour 100 d'argent, moins riche que le sulfure qui en donne 80 pour 100.

Les autres minerais d'argent, moins abondants et moins riches, ne se trouvent que dans des terrains comparativement modernes.

79. *Mines de cuivre.* — Les associations du cuivre sont encore plus nombreuses que celles de l'argent : on en compte jusqu'à 32; il existe en outre de véritables mines de cuivre natif dans les montagnes qui bordent le lac Supérieur (Amérique septentrionale, 45e degré de latitude nord). Il a été poussé en haut par une roche trappéenne qui remplit de larges dyckes dans un terrain de grès rouge et de conglomérats; c'est aussi dans des trapps qu'il se trouve à Oberstein dans le Palatinat, dans les archipels de Shetland et de Feroë. On cite comme échantillons deux blocs erratiques entièrement composés de cuivre, et d'un volume considérable : l'un, de 1,360 kilog., a été trouvé dans les plaines qui bordent la rivière d'Onon-

taya, l'un des affluents du lac Supérieur : il paraît provenir des serpentines de l'Ile-Royale (partie N.-E. du lac); l'autre, de 2,616 kilog., a été trouvé au Brésil.

Les mines de cuivre les plus répandues, les plus abondantes et les plus riches, sont les sulfures, parmi lesquels on distingue la pyrite cuivreuse, la chalkosine, la phillipsite ou cuivre panaché, la panabase fahlerz ou cuivre gris, et les carbonates, malachites, etc.

De tous ces minerais, le plus régulièrement exploité et le plus facile à traiter, parce qu'il est moins mélangé de substances étrangères, est la pyrite cuivreuse ou chalkopyrite, qui domine partout, dans les amas comme dans les filons. Ceux-ci se trouvent communément dans les grès des différents âges, où ils ont été poussés par des afflux de quartz en fusion; les amas irréguliers se sont formés dans le voisinage des roches d'ignition, et sont quelquefois enclavés dans la stratification d'un terrain schisteux. Ainsi, dans la mine de Fahlun en Dalécarlie (Suède), si célèbre, au point de vue historique, par le séjour de Gustave Wasa, proscrit et préparant son retour au trône, le gîte de cuivre est un amas de pyrites associées à l'amphibole qui les a intercalées avec elle entre les couches du gneiss qui fait le fond du terrain. C'est encore l'amphibole qui, en montant avec la serpentine, a déposé le cuivre sulfuré entre les bancs de craie de la Toscane, mais sous la forme de phillipsite.

Relativement aux rognons, nodules et autres minerais de cuivre formant des amas dans les grès, et qu'on regarde aussi comme postérieurs à la formation des terrains, on dit qu'on ne conçoit pas le procédé employé par la nature. Mais n'est-ce pas se créer à plaisir des difficultés pour les donner comme insolubles? Est-on bien sûr que ces amas soient postérieurs aux terrains qui les renferment? est-il impossible qu'ils aient été formés en même temps, comme les couches de silex dans la craie? Pour moi, je ne trouve rien d'étonnant à ce que certains grès aient été formés du détritus de roches préexistantes contenant des filons de pyrite cuivreuse; je ne trouverais rien de merveilleux non plus à ce que d'autres eussent été agglutinés par un liquide tenant des sels de cuivre en dissolution, comme des sulfates; rien d'incompréhensible dans une sublimation. Toutes ces hypothèses ont été admises, tantôt l'une, tantôt l'autre, à l'endroit du manganèse : qui empêche de les vérifier à l'égard du cuivre? Rien n'est plus fâcheux pour la science que de pareilles incertitudes; un peu de hardiesse en pareil cas aurait moins d'inconvénients.

Un des gîtes les plus remarquables du minerai de cuivre est un banc de calcaire bitumineux dépendant de la formation du grès rouge, masse imprégnée de cuivre sulfuré, chalkosine et phillipsite, qui forme une couche de 0,40 d'épaisseur moyenne, et s'exploite aux environs de Mansfeld (Thuringe). Le dépôt du cuivre est postérieur à celui du schiste calcaire qui contenait des empreintes de poissons et de végétaux sur lesquelles le cuivre s'est précipité par une influence électro-chimique, dit-on. Électro-chimique, soit! puisqu'on laisse de côté toute idée d'infiltration; mais pourquoi ne dit-on pas en quoi consiste cette action électro-chimique, que les gens qui aiment les déductions précises sont exposés à prendre pour un procédé Ruolz? Où est en ce cas le liquide dissolvant? et les éléments de la pile? et les mille conducteurs qui ont distribué le cuivre sur toutes ces empreintes? Quand on est sévère pour les hypothèses, on ne devrait pas s'exposer à de pareilles questions : j'avoue qu'un grès filtrant me paraîtrait quelque chose de plus simple.

Ce n'est que dans les Andes (Mexique, Pérou et Chili) qu'on trouve le cuivre chloruré, nommé aussi *atakamite*, en combinaison avec l'oxyde de cuivre; c'est dans les mêmes contrées qu'on rencontre l'argent chloruré, et ce rapprochement peut fournir l'indication de quelque fait géologique.

80. *Mines de plomb.* — Les minerais de plomb sont au nombre de 32, comme ceux de cuivre, et c'est encore le sulfure appelé *galène*, qui fournit aux exploitations les plus nombreuses et les plus abondantes; il est presque toujours argentifère. Quand la proportion d'argent est de 0,003, le plomb d'œuvre est propre à la coupellation; il est considéré comme riche, quand elle s'élève à 0,005. Cette proportion est d'autant plus considérable que la galène est d'un tissu plus serré, d'un grain plus fin et plus égal; la galène à lamelles de dimensions un peu larges contient à peine 0,001 d'argent et ne produit que de la perte à la coupelle.

La galène s'exploite en filons dans les terrains de transition du Hartz et de l'Erzgebirge, de la Bretagne et du Cornouailles, du Derbyshire et du Northumberland; les filons de galène sont encaissés dans le calcaire jurassique, à Bleyberg, en Carinthie. Les amas irréguliers sont dans les gîtes de contact, où, au lieu de former une seule colonne jaillissant des profondeurs, la galène enlace en quelque sorte les fragments des roches cristallisées où elle est empâtée, comme dans le Hartz, l'Erzgebirge et les Alpes de l'Isère, vallées du Drac et de la Romanche.

Sur le pourtour du plateau central de la France, ces amas irréguliers fournissent dix fois plus de plomb que tous les filons réglés du reste de la contrée; ils y sont dans le granite, et montent jusque dans le calcaire jurassique inférieur (lias), souvent métamorphosé en dolomie; ils y forment quelquefois des couches d'épanchement qui tendraient à faire croire qu'ils sont contemporains de la formation neptunienne, tandis qu'ils y ont été injectés à des époques bien postérieures. Les coquilles qu'on y rencontre sont assez fréquemment métamorphosées en silice ou en galène; métamorphisme de la molécule constituante dont nous avons cherché à rendre compte dans le livre précédent. L'Angleterre fournit à elle seule plus de la moitié du plomb qui s'exploite en Europe.

81. *Mines de zinc.* — Le zinc s'exploite sous deux formes différentes : le sulfure ou blende qui accompagne souvent la galène, et n'a guère d'autre gisement ; et le carbonate, ou calamine, longtemps confondu avec le silicate et l'oxyde. La minéralogie l'en distingue aujourd'hui sous le nom de *smithsonite;* celle-ci forme de grands amas ou stockwerks dans les terrains secondaires, depuis le terrain carbonifère jusqu'au lias.

Les principales exploitations de calamine se trouvent : 1° Dans la chaîne des calcaires magnésiens de Mendips' Hill, qui s'étendent de From, sur le canal de Bristol, jusqu'au centre de l'Angleterre. 2° Dans les terrains anthraxifères d'Aix-la-Chapelle et de Juliers (Prusse rhénane), gîte de la Vieille-Montagne ; elle y est associée à des minerais de fer très abondants, à des argiles de bonne qualité (terre de pipe) et à quelques rares lignites. 3° A Tarnowitz, dans les Riesengebirges de Silésie. Ce gîte se trouve intercalé entre deux calcaires d'origine et d'époque différentes. Le sohlenstein, plan inférieur qu'on nomme aussi le *mur*, est un muschelkalk souvent schisteux, en couches horizontales; le dachstein, ou toit, est une dolomie souvent très dure et quelquefois friable, en couches ondulées et tourmentées. La couche de minerai est une halloïsite, argile provenant de précipitation chimique. Il est évident ici que la dolomie en état de fusion s'est épanchée et a coulé comme une lave sur le muschelkalk, entraînant avec elle la calamine qui s'est déposée dans la couche inférieure, en vertu de sa densité plus grande : celle de la dolomie étant de 29,20, celle de la calamine est de 44,50.

Le sulfure de zinc s'exploite dans plusieurs provinces de la Belgique ; il y en a des gîtes considérables dans les Alpes, au lieu dit *les Ruines*, entre Vizille et Séchillière.

Le zinc s'emploie surtout en alliage avec le cuivre (proportion de 35 zinc et 65 cuivre) pour le convertir en laiton ou cuivre jaune, dont l'usage est très répandu.

Le carbonate, ou blanc de zinc, a des tendances à remplacer, dans la grosse peinture, la céruse ou carbonate de plomb, dont l'usage compromet la santé des ouvriers.

82. *Mines d'étain.* — L'étain ne s'exploite qu'à l'état d'oxyde, en filons, amas ou stockwerks, dans les granites les plus anciens et les terrains de transition qui les avoisinent; il y est souvent accompagné de molybdène et de schéelin ferrugineux qui en sont regardés comme des indices caractéristiques. Les filons d'étain sont les plus anciens que l'on connaisse; ils sont coupés et rejetés par tous les autres et n'en coupent aucun. Les gîtes les plus remarquables sont ceux du Cornouailles, îles des Cassitérides, où les Phéniciens allaient chercher l'étain; puis ceux d'Altemberg, en Saxe, et de Zinnwal, en Bohême. L'étain qu'on tire de Banca, à l'extrémité de l'Asie (presqu'île de Malaca), provient de lavages : c'est le plus pur. L'oxyde d'étain se trouve aussi en cailloux roulés dans le Cornouailles et sur la côte de Piriac, en Bretagne.

L'étain a peu d'usages : le principal est la fabrication du fer-blanc; l'étamage des glaces et la soudure des tuyaux et lames de plomb en emploient beaucoup moins.

83. *Mines de mercure.* — Le mercure ou vif-argent ne se trouve généralement qu'à l'état de sulfure, nommé aussi vermillon ou cinabre, dans les terrains siluriens, à l'approche des masses cristallisées. Il s'exploite à Idria, en Carniole, près de Trieste; à Almaden, en Espagne; dans le Palatinat de la rive gauche du Rhin (montagnes du Hundsruck); à Huanca-Velica, au Pérou.

Les mines les plus riches sont celles d'Almaden (terrain de transition), où la masse exploitable, sans aucune partie stérile, a de 12 à 15 mètres de puissance, donnant 10 pour 100 de mercure; elles en fournissent 32,000 quintaux par an. Le filon, exploité de temps immémorial, est aujourd'hui à 300 mètres de profondeur.

Le principal usage du mercure consiste dans l'amalgamation, espèce de dissolution de l'or et de l'argent au moyen de laquelle ces métaux précieux, dégagés de leurs associations avec les substances étrangères, sont obtenus dans toute leur pureté métallique. On sait assez ce que c'est que l'étamage des glaces.

84. *Mines de manganèse.* — On n'exploite que deux minerais de manganèse, presque toujours associés ensemble, soit en filons, soit en amas irréguliers dans les terrains anciens, dans les terrains de transition, dans les arkoses, à la séparation de ces deux terrains, dans les terrains secondaires qui les recouvrent immédiatement : l'un est la *pyrolusite*, peroxyde métalloïde; l'autre, la *psilomélane*, deutoxyde barytifère.

Les gîtes principaux, en France, sont les mines de Romanèche, près de Mâcon (Saône-et-Loire), dont le mur est une roche porphyroïde, tantôt cristalline, tantôt arénacée, où l'on rencontre quelquefois des noyaux ou fragments de granite disséminés dans une pâte rose, espèce d'argile durcie; le toit est formé d'une argile un peu calcarifère ou marneuse, mêlée de débris de la roche inférieure. Le minerai se trouve ordinairement en une seule masse compacte, plus rarement en rognons épars.

Le manganèse n'a aucun emploi comme métal; l'oxyde seul est en usage dans quelques industries, pour la production de l'oxygène, comme les blanchisseries où ce gaz est nécessaire à la préparation du chlore; les verreries s'en servent également pour effacer les teintes jaunes que le charbon donne quelquefois au verre blanc.

85. *Mines de fer.* — Dans cette rapide énumération, nous avons laissé le fer pour le dernier, parce qu'il est toujours en quantité notable dans toutes les espèces de terrains, depuis le gneiss de l'écorce primordiale, jusqu'aux alluvions les plus modernes. L'histoire complète des minerais de fer serait celle de toutes les métamorphoses que subissent les métaux connus dans leur marche ascensionnelle à travers toutes les couches dont se compose l'écorce du globe. La formation du fer météorique n'en serait pas le chapitre le moins curieux.

Le fer se trouve sous toutes les formes, depuis l'état natif jusqu'aux associations les plus complexes, avec une foule d'autres corps simples. Ainsi, on connaît le fer oxydé à tous les degrés, hydraté comme anhydre; il est en combinaison avec le carbone, le soufre, l'arsenic, le titane, le chrome, le tantale, le tungstène; avec les acides carbonique, sulfurique et même oxalique. Dans ce dernier cas, il est associé à des matières organiques décomposées par la combustion.

Dans plusieurs circonstances, le fer remplit les fonctions de roche de soulèvement, comme dans le gîte de Calamita (île d'Elbe); souvent aussi on le voit agir comme substance conglutinante dans les terrains provenant de la désagrégation ou même de la décomposition des roches cristallisées, primitives ou métamorphiques; dans ces derniers même, il semble avoir opéré la transformation par son contact.

Si le fer, sous le point de vue purement géologique, a une si grande importance comme agent de phénomènes si multipliés et d'ordres si divers, il n'en a pas moins comme instrument du progrès civilisateur, sous les formes si nombreuses qu'il est susceptible de prendre, comme fer proprement dit ou fer forgé, comme fonte, acier, tôle et fil de fer: il triple, il décuple, il centuple la force et la puissance de l'homme, au moyen de tous les appareils les plus simples comme les plus composés, auxquels il prête sa dureté, sa souplesse, son élasticité, depuis le soc de la charrue jusqu'à la machine à vapeur la plus ingénieuse et la plus colossale.

Il y a enfin toute une série de rapprochements et de recherches intéressant la théorie à faire sur l'isomorphisme de l'oxyde de fer avec l'alumine ou oxyde d'aluminium, comme sur les relations connexes du fer avec les phénomènes électro-magnétiques; mais chacun de ces objets exigerait un traité spécial.

CHAPITRE VIII.

DES ROCHES SÉDIMENTAIRES ET DE QUELQUES DÉPÔTS ADVENTIFS QU'ELLES RENFERMENT.

86. Les diverses espèces et variétés de roches sédimentaires, sans distinction préalable de dépôts par précipité chimique de substances en dissolution, ou par précipité mécanique de corpuscules tenus en suspension, peuvent se grouper sous un petit nombre de chefs, qui sont les suivants :

1° Dépôts siliceux : sables et grès ;

2° Dépôts alumineux : argiles et schistes dérivés ;

3° Dépôts calcareux : dolomies, calcaires, gypses ;

4° Dépôts carboneux : graphite, anthracite, houille ;

5° Dépôts polycrasiques ou mélanges divers : cailloux roulés, blocs erratiques, brèches et poudingues.

87. Nous avons vu (livre III) que, dès le lendemain du premier refroidissement, les feuillets superficiels formant comme l'épiderme de la pellicule initiale à peine consolidée, exposés à des chocs violents, brusques, irrésistibles, puis à l'action de liquides jouissant d'une grande énergie dissolvante, ont été rompus, brisés, broyés et même décomposés.

Nous avons vu également que ces feuillets épidermiques se

composaient essentiellement de roches ayant pour éléments principaux la silice et les silicates d'alumine, de magnésie, de potasse et de soude.

Une première trituration grossière a séparé d'abord la silice des silicates ; déposant d'un côté les grains quartzeux, de l'autre les pâtes argileuses que nous pouvons appeler primitives. Parlons d'abord des premiers.

SECTION Ire. — Sables et grès.

88. Les sables quartzeux primitifs n'existent nulle part d'une manière générale et n'embrassent de grandes étendues de terrains; rien ne nous autorise, en effet, à considérer comme de première formation ceux qui couvrent sur une si forte épaisseur les immenses déserts de l'Afrique centrale et de la Libye, les plateaux de l'Arabie, de la Perse, du désert de Cobi : nous ne connaissons pas encore les roches sur lesquelles ils reposent et dont ils représentent les couches superficielles désagrégées. Une étude approfondie de ces vastes contrées serait de nature à jeter une vive lumière sur quelques points encore obscurs de l'histoire du globe ; en attendant, nous répéterons que les sables quartzeux primitifs se trouvent cantonnés dans quelques amas épars à la surface des strates de gneiss et de micaschistes. Dans le plus grand nombre des cas, ils ont été remplacés par les quartzites et grès qui en ont été formés par une prompte agglutination; et il est évident que cette agglutination a eu lieu sans nouvel épanchement extérieur de la matière incandescente; car partout, lorsque cet épanchement a eu lieu, les quartzites et grès sont redevenus gneiss et micaschites, nommés pour cette raison métamorphiques. Sera-t-il permis de croire que c'est par influence de température à travers le gneiss que s'est produite cette nouvelle agglutination de sables changés en quartzites?

Deux raisons s'opposent à cette conclusion : la première, c'est que les gneiss et micaschistes sont mauvais conducteurs du calorique ; la seconde, qu'une substance, même conductrice, chargée d'une masse liquide, n'entre point en fusion, ne se ramollit point et ne peut s'agglutiner.

D'ailleurs, l'aspect des quartzites et des grès éloigne toute idée de soudure et d'agglutination par ramollissement ; on est donc forcé d'admettre l'existence d'un ciment siliceux. Mais où prendra-t-on ce ciment? la décomposition des silicates nous l'indique. Si l'on s'attache en effet à l'idée d'une dissolution de la silice dans un acide, il faut rendre compte de la potasse dont la présence est nécessaire pour rendre la silice soluble dans cet acide, puis de cet acide lui-même ; or, le concours du fluor et du chlore, deux corps simples dont l'existence dans les matières primitives en fusion ne laisse aucune prise au doute, suffit pour expliquer tous les phénomènes, et voici comment : Le fluor, s'emparant de la silice des silicates, forme le gaz fluo-silicique suffisant pour agglutiner les sables quartzeux ; et les silicates décomposés abandonnant leur potasse et leur soude au chlore qui les rend solubles dans l'eau, il ne reste plus que l'alumine, qui de son côté se convertit bientôt en argile, par de nouvelles réactions chimiques où l'eau intervient pour en faire un hydrate. Le fluor enfin, se dégageant à son tour de sa combinaison gazeuse avec la silice, se porte sur la chaux qui se trouve dans son voisinage et forme la fluorine, etc., assez commune tant dans les terrains granitiques que dans les dépôts de sédiment qui en sont voisins (Beudant).

Les quartzites ont été désagrégés à leur tour et convertis de nouveau en sables qui, réunis plus tard par un ciment de nature diverse, ont été soulevés d'étage en étage par les roches d'ignition jusque dans les terrains tertiaires et les alluvions modernes, en passant presque autant de fois par cette alternative de désagrégation et d'agglutination, restant sables quand le ciment nécessaire venait à manquer.

89. Ainsi, dans la formation silurienne, nous avons les grès de Caradoc à la base du terrain, et des quartzites non décomposés à l'étage supérieur.

Le vieux grès rouge (*old red sandstone* des Anglais) est de même à la base du terrain dévonien, avec les débris non métamorphosés du terrain silurien (*tilstone*); le grès de Condros représente cette formation en Belgique. Ces grès, comme on l'a vu (livre III), forment des dépôts d'une puissance et d'une étendue immenses en Angleterre, depuis le Cornouailles jusqu'aux monts Grampians, sur la frontière de l'Écosse; on les suit encore dans cette contrée jusqu'à l'archipel des Shetland. En Russie, ils recouvrent toutes les provinces septentrionales, ils forment une ceinture autour du groupe des montagnes scandinaves. Ils ont été agglutinés par une matière ferrugineuse en dissolution dans les bassins où ils ont été déposés, probablement un chlorure de fer.

90. Dans les terrains carbonifères, on trouve encore des grès inférieurs, sans nom spécifique, mais analogues à ceux de l'étage qui les recouvre, et qui forment des couches d'une grande étendue dans le Northumberland, aux environs d'Édimbourg, dans le bassin du Donetz (Russie méridionale, à peu de distance des Palus-Méotides), et sur le versant oriental des Alleghany (Amérique du Nord, bassin de la Delaware).

Le terrain houiller est principalement formé de grès; accumulation de grains de quartz et de feldspath réunis par un ciment argileux, plus ou moins micacé, très rarement empâté de chaux, ce grès paraît ainsi d'une autre formation que les précédents, comme s'il résultait de la désagrégation d'un granite au minimum de mica. (Durocher, cité § 22.)

91. A la base du terrain permien, nous trouvons le pséphite, ou nouveau grès rouge; au sommet, le grès vosgien. Le pre-

mier est le *rothcliegende* de la Thuringe et le *lower new red sandstone* des Anglais. Il renferme souvent des fragments de granite, de porphyre et de quartz, liés par une pâte argilo-ferrugineuse, qui lui font un certificat d'origine.

Cette roche couvre une grande partie de l'Europe orientale, jusqu'au pied des monts Ourals, d'où lui vient le nom de permien, qui a été donné ensuite à la formation tout entière.

Le grès vosgien est entièrement formé de grains de quartz provenant d'un granite et quelquefois d'un gneiss désagrégé, dont il renferme quelques fragments ou galets en voie de décomposition ; il est généralement friable, n'étant que faiblement cimenté par un enduit d'hydrate de fer oxydé rouge.

92. Le grès bigarré, quartzeux, à grains fins, fortement agrégé par une pâte argileuse calcarifère, se trouve à l'étage inférieur du terrain de trias, où il ne forme que des dépôts isolés, à de grandes distances les uns des autres, sur toute la surface de la France méridionale, des Pyrénées à la Loire.

93. L'étage du lias, dans le terrain jurassique, repose sur un grès particulier qui dérive de l'arkose, et qui conserve les caractères de cette roche dans toutes les localités où il touche immédiatement le granite, dont il a réuni les éléments désagrégés. On trouve également des sables et des oolites ferrugineuses à la base de la grande oolithe, dans le groupe d'Oxford, comme entre les bancs calcaires de cette formation.

94. Arrivant au terrain crétacé, nous trouvons les sables wealdiens, alternant avec les bancs de calcaire et d'argile, dans l'étage néocomien ; à l'étage suivant, c'est le grès vert (*green sand* des Anglais, *quadersandstein* des Allemands) agglutiné par le silicate de fer qui lui donne sa couleur ; puis des grès calcarifères dont le ciment ne laisse aucun doute sur leur composition, et auxquels succède un calcaire, où les éléments quartzeux deviennent de plus en plus rares ; la craie

pure couronne tout le système, et la silice des terrains précédents s'y trouve accumulée en couches minces, sous les formes les plus variées, entre les bancs du carbonate, qui en est complétement dépouillé.

Ces couches de silex se sont déjà rencontrées, sous le nom de *chert*, entre les bancs purement calcaires du terrain jurassique, et l'on ne peut leur attribuer une autre origine que rend encore plus évidente la Randanite des grès verts de Vouziers (Ardennes), que quelques uns attribuent à des infusoires. Mais ce n'est pas ici le lieu d'entrer dans ces détails.

95. Dans la formation supercrétacée ou palæothérienne, nous trouvons de nouveaux sables qui proviennent du détritus de grès plus anciens, ou même de roches d'éruption des derniers soulèvements; et nous distinguons d'abord ceux du terrain parisien, qui alternent avec des calcaires très sableux, et forment encore des lits ou couches au-dessus du calcaire grossier.

Puis les mollasses, puis des grès argilo-calcaires, et quelques autres grès mêlés de coquilles.

Les terrains parisiens sont peu répandus à la surface du globe, et semblent circonscrits dans des limites assez étroites. En dehors du bassin de Paris, où ils sont développés d'une manière assez large, outre quelques lambeaux détachés qui arrivent jusqu'en Belgique, on ne les a reconnus jusqu'à présent que dans les environs de Londres et de Southampton, et le long de la Gironde, aux approches de Bordeaux.

96. Il n'en est pas de même des mollasses : non seulement ce grès couvre toutes les crêtes des deux rives de la Seine, de Paris à Elbeuf et à Nogent; mais encore il s'étend à l'est et au sud, jusqu'aux limites de la bande jurassique, le long des bords de la Loire. On le retrouve de l'autre côté de cette crête, dans le bassin de la Garonne, remontant les vallées de tous les affluents, sur la pente des Pyrénées du nord ; on remarque

seulement qu'il est masqué par des alluvions dans les parties les moins élevées, tant du bassin principal que des vallées. Il est également visible dans une partie de la vallée du Rhône, parmi les lambeaux du grès vert.

Mais il n'est pas borné à la France, il constitue toute la vallée de l'Aar et de ses affluents (vallée centrale de la Suisse). Il y est, en quelques endroits, recouvert par des poudingues appelés *nagelflue*, comme au Righi près de Lucerne (rive N.-E. du lac des Quatre-Cantons). On le trouve également dans toute la vallée du Danube, dans les sables de Pohl (plaines de Pologne), comme sur la rive gauche du Pô, le long des Alpes et dans le val d'Arno ; il constitue enfin les collines qui bordent, dans la partie inférieure de leur cours, les fleuves de la péninsule ibérique.

97. Ce sont encore des sables qui, avec des cailloux siliceux, forment le crag, terrain subapennin, terrain de la Bresse.

En Italie, le crag s'étend de la rive droite du Pô, de Turin à Ancône, recouvrant la base des Apennins, qu'il prolonge par des collines, à l'embouchure de chaque vallée.

En France, il forme d'abord deux systèmes distincts : l'un en Bourgogne, de Dijon à Châlon-sur-Saône, suivant les deux rives de la Saône ; l'autre, de Besançon à Verdun, sur les deux rives du Doubs, qui en cet endroit se réunit avec la Saône. De ce point il se prolonge sur la rive gauche de la Saône, formant les terrains de la Bresse jusqu'à Lyon, d'où, accompagnant le Rhône jusqu'à Valence, à travers les plaines du bas Dauphiné, il forme une suite de collines, buttes et tumulus, qui de toute cette contrée, à partir de Dijon et de Besançon, font un des pays les plus accidentés qu'il y ait en France.

98. Le sable forme un des éléments les plus considérables du diluvium et des alluvions modernes.

99. En procédant comme nous venons de le faire, il est fa-

cile de se rendre compte de la plupart des faits reconnus, et de voir par quelle succession d'alternatives, qui dérivent des soulèvements, chaque formation de sables et de grès résulte nécessairement du détritus des terrains précédents, antérieur au précipité chimique ou mécanique des éléments tenus en dissolution ou en simple suspension dans le liquide qui, après une certaine durée d'agitation violente et de mouvements brusques, reprenait son niveau d'équilibre. Pendant les longues périodes de calme entre les bouleversements plus ou moins généraux, les sables s'agglutinaient et se constituaient en grès servant de base aux dépôts ultérieurs, jusqu'à ce qu'une nouvelle catastrophe vînt de nouveau les briser, les triturer et les porter à un niveau supérieur, après en avoir modifié la nature par l'accession de nouveaux éléments.

SECTION II. – Argiles, schistes.

100. Comme dans la section précédente, pour les grands déserts de sables, nous ferons ici nos réserves pour les grands déserts d'argile, dont l'étude est aussi à faire : tels sont les *karrows* de l'Afrique méridionale, les steppes, au pied de l'Altaï, dans l'Asie septentrionale; les savanes de la grande vallée du Mississipi, au pied des Rocky mountains, et les Pampas de l'Orénoque et du fleuve des Amazones, en Amérique. Cela dit, nous rentrons dans notre sujet.

101. Tandis que le quartz des granites et du gneiss désagrégés parcourait toutes les phases de transformation sommairement exposées dans la section qui précède, les silicates alumineux, qui ne lui étaient plus associés, suivaient, de terrain en terrain, de formation en formation, une marche parallèle.

Agglutinés de nouveau, sous forme de schistes, par des causes analogues à celles qui ont constitué les quartzites et grès contemporains, ils ont passé successivement aux schistes argileux, aux schistes bitumineux, aux schistes houillers, aux argiles et aux marnes.

102. Nous trouvons d'abord dans les terrains de transition, les grauwackes plus ou moins mélangés de sables quartzeux, et dont la structure schistoïde ou feuilletée est due, d'un côté, à la nature chimique des silicates, de l'autre à des causes purement mécaniques, telles que l'interposition de quelques feuillets de mica, le dessèchement plus ou moins brusque, le coup de feu, au contact des roches d'ignition.

Puis viennent les schistes luisants et satinés de Belle-Isle, de la Vilaine, du pays de Galles, etc.; les schistes noirs d'Angers, les ardoises de la Meuse, des Ardennes, du Hundsruck, etc.

Quelques uns de ces silicates, après avoir été désagrégés, se sont imprégnés de bitume, et plusieurs sont restés argiles, formant des lits plus ou moins épais, au centre desquels le carbone, soit pur, soit combiné à l'hydrogène, s'est condensé en lentilles de toute forme et de toute dimension; d'autres, comme aux environs d'Autun, au Creusot, à Moncenis (Saône-et-Loire), se sont consolidés en schistes bitumineux, en schistes houillers.

103. On rencontre ensuite, dans le terrain permien, les schistes bitumineux de Mansfeld (Thuringe). Dans la formation suivante, celle du trias, la chaux s'est mêlée à l'alumine argiliforme, et a constitué les marnes irisées du keuper, qui partout accompagnent le grès bigarré. Ces argiles sont remarquables par les immenses dépôts de sel gemme (chlorure de sodium) qu'elles renferment de la même manière que les argiles bitumineuses contiennent les lentilles de houille (salines de Dieuze, de Vic, de Château-Salins).

104. Si, en montant un étage, nous pénétrons dans le calcaire jurassique, par les argiles du lias, nous trouvons, em-

pâtées dans une argile marneuse, les nombreuses coquilles dont cette pierre semble uniquement composée ; puis encore des argiles salifères, comme à Bex, à l'entrée du Valais, à Saltzbourg, au pied des Alpes.

A la base de la grande oolithe, on rencontre les argiles smectiques, ou terres à foulon, solubles dans les acides, puis des marnes feuilletées, où la proportion de chaux augmente progressivement, puis des alternatives d'argiles, de marnes, de calcaires marneux ; les argiles d'Oxford, en couches puissantes mêlées de marnes, et celles de Kimmeridge, où se trouvent, comme dans celles d'Oxford, quelques petits amas carbonifères.

105. Remarquons, avant d'aller plus loin, que depuis l'étage permien, ce ne sont plus exclusivement les granites ou gneiss qui fournissent le silicate d'alumine ; les porphyres amphiboliques y mêlent en grande proportion la chaux qui est un de leurs éléments.

106. Nous retrouvons encore l'argile parmi les sables wealdiens du terrain crétacé, comme à Boulogne et dans le pays de Bray, au confluent de la Seine et de l'Oise ; elle monte encore pour s'épancher dans les dépôts néocomiens, où elle enveloppe de grandes lentilles calcaires remplies de coquilles; dans l'étage suivant, le départ du calcaire ayant cessé d'avoir lieu, elle reste marne bleue (*gault* des Anglais) : outre le chlorure de chaux qui s'est concentré en lentilles calcaires, sous l'influence de l'acide carbonique, cette argile contient encore du chlorure de sodium qui s'y est cristallisé en masses d'une grande puissance, comme à Orthez, dans les Basses-Pyrénées; à Cardone, dans la Catalogne; à Vieckliska, en Pologne.

107. C'est l'argile plastique, celle qui ne s'est pas associée à la chaux, qui forme la base des terrains parisiens ; et, dans les couches supérieures, elle alterne, sous forme de marne,

avec les gypses, abandonnant l'excès de son calcaire à des afflux d'acide sulfurique dont l'origine peut se concevoir de plusieurs manières.

L'argile devient grossière, impure, mêlée de sables plus ou moins ferrugineux dans le crag subapennin et dans les terrains semblables à celui de la Bresse; le long de la Saône, du Doubs et du Rhône, elle devient glaise et ne sert plus qu'à faire des tuiles, des briques et de la poterie grossière.

SECTION III. — Dolomies, calcaires, gypses.

108. Ce ne sont plus les éléments désagrégés du granite et du gneiss qui ont fourni la matière des dépôts calcareux, ni même ceux des porphyres proprement dits, où la silice est encore en quantités appréciables; ce sont ceux des roches où dominent l'amphibole et le pyroxène, silicates de magnésie, de chaux et de fer; la pierre calcaire a dû se former aussitôt que les roches où dominent ces deux substances se sont décomposées, et que leur élément calcareux s'est trouvé en contact avec l'acide carbonique, tandis que leurs autres silicates se transformaient en argiles hydratées et en chlorures. Il n'est pas absurde de penser que cette décomposition remonte aux syénites et aux diorites, roches de soulèvement et d'épanchement qui ont été poussées en haut presque en même temps que les granites, et où l'amphibole entre comme élément de la molécule intégrante. De cette époque, sans doute, on peut faire dater l'apparition des carbonates de chaux, de magnésie et de fer, qui, formés à l'état de fusion et avant tout refroidissement, ont dû constituer des masses cristallines, quand ils sont arrivés dans un milieu d'une température suffisamment abaissée.

109. Nous sera-t-il permis d'appeler ici l'attention des géologues sur un fait important qui peut servir à expliquer

plusieurs difficultés qui n'ont pas encore reçu de solution complétement satisfaisante? et ce fait est celui-ci, à savoir: que les roches d'épanchement et d'éruption se refroidissent d'autant plus promptement qu'elles contiennent proportionnellement moins de chaux ou de soude, et que, par conséquent, celles qui arrivent au jour à travers des épaisseurs de plus en plus considérables doivent, pour rester fluides jusque-là, contenir une plus grande proportion de ces deux substances, à moins que l'acide boracique n'arrive pour y suppléer. Il résultera évidemment de ce fait que les calcaires cristallins ne le sont pas toujours devenus par simple contact; mais qu'il y en a certainement qui, faisant partie de la masse d'éruption ou d'épanchement, ont cristallisé de prime abord et sans avoir été roches de sédiment.

110. Cette conclusion, toute naturelle qu'elle doit paraître, ne peut manquer de trouver des contradicteurs parmi les géologues exclusifs, s'il y en a encore de cette opinion, qui ne veulent reconnaître que les calcaires de sédiment, et frappent de métamorphisme, en quelque position qu'ils le rencontrent, tout calcaire qui leur offre la texture cristalline la mieux prononcée. Nous discuterons tout à l'heure cette doctrine; en attendant, voici leur objection capitale :

On conçoit parfaitement la formation des sables et des argiles, par la simple désagrégation mécanique des granites et du gneiss; il n'y a là qu'une affaire de trituration à laquelle se prête merveilleusement l'agitation tumultueuse et les mouvements énergiques du liquide chargé du transport des débris. Mais, pour la production de la chaux, il ne peut être question de recourir au même expédient; il y a véritablement décomposition de l'amphibole et du pyroxène; et où se trouve l'agent de cette décomposition?

J'ai dû exposer l'objection telle qu'elle se présente; mais ceux qui ont suivi avec quelque attention l'enchaînement des idées que j'ai tâché de développer dans ce livre, ne seront pas embarrassés pour trouver l'agent qu'on réclame et qui doit transformer le silicate de chaux en chaux pure. Jetons, en effet, les yeux autour de nous, et nous ne tarderons pas à y apercevoir des filons de fluorine qui nous mèneront droit à cet agent : c'est l'acide fluorique, beaucoup plus abondant que ne le fait supposer son absence complète sous la forme de corps simple, et qui, s'emparant de la silice, a mis en liberté la chaux, la magnésie et le fer, pour les abandonner aux autres acides qui accompagnent la roche d'épanchement, comme les acides carbonique, sulfurique et hydrochlorique ; et il en saisit lui-même une partie pour former cette fluorine, chaux fluatée ou fluorure de calcium, suivant quelques uns, dont les filons semblent avoir été placés là tout exprès, parmi les terrains granitiques et les terrains de transition les plus voisins, pour nous indiquer l'agent indispensable.

111. Pour comprendre l'action dont il s'agit, il suffit de ne pas oublier que le fluor est le quatrième dans la série électro-chimique des corps simples, et que le silicium n'arrive que le vingt et unième. On ne doit donc pas être étonné que la présence du fluor détermine facilement la décomposition des silicates de chaux et de magnésie ; on ne doit pas l'être davantage de voir le fluor céder sa place au soufre, qui est le deuxième de la même série, et qui lui enlève ainsi de la chaux, pour former des gypses associés aux porphyres amphiboliques. On trouve encore l'apatite, combinaison de chaux phosphatée et de fluo-chlorure de calcium, associée à l'amphibole et au pyroxène dans les filons de fer oxydulé d'Arendal, en Norwége. Mais il est inutile de multiplier les exemples, pour constater l'action de l'acide fluorique sur les roches anothisiques dont nous ferons dériver la chaux et la magnésie, passant bientôt à l'état de carbonates, soit associés, soit indépendants ; et si l'on nous demande d'où vient cet acide fluorique,

nous prendrons la liberté de demander à notre tour d'où vient l'acide fluorique ou le fluor qui entre dans la composition des diverses espèces de mica.

112. Venons maintenant à la doctrine exclusive du calcaire de sédiment. Un mot suffit pour la pousser dans une impasse : Comment nommez-vous la roche de première formation, ou contemporaine d'un soulèvement quelconque, dont les débris ont fourni la matière de vos sédiments? Quand on aura répondu à cette question, nous pourrons discuter.

Nous ne disons pas qu'il ne se rencontre jamais, dans les Alpes et ailleurs, des carbonates calcaires plus ou moins purs, plus ou moins dolomitiques ou magnésiens, qui, de terreux qu'ils étaient primitivement, sont devenus cristallins par métamorphisme, au contact des roches d'ignition. Dieu nous préserve de nier l'évidence! Mais, que *tous* les marbres saccharoïdes soient des échantillons de métamorphisme, c'est une autre affaire : pour soutenir une pareille doctrine avec l'autorité que donne une conviction basée sur la logique aussi bien que sur les faits, il faut prendre l'engagement de faire voir la roche d'ignition en contact avec chacun des massifs de marbres taxés de métamorphisme; et ce n'est pas chose facile, à notre avis. Que dirait-on, effectivement, en présence d'une falaise dont le milieu, de texture saccharoïde, se fondrait, par degrés insensibles, en couches continues et repliées, jusqu'à l'état terreux à ses extrémités, sans qu'on pût indiquer la roche d'ignition qui aurait opéré le soulèvement? Ne sera-t-on pas forcé de conclure que c'est le calcaire saccharoïde lui-même qui a été l'agent de métamorphisme? Et si les couches de calcaire non cristallin contournées dans tous les sens alternent avec des couches de feldspath exactement parallèles, laquelle de ces deux roches est la roche d'ignition? laquelle d'origine sédimentaire? M. Cordier a déposé dans la galerie du Musée un échantillon remarquable de ce phénomène qu'il a constaté près du Vigan, département du Gard. S'il m'est permis de citer ma propre observation, j'en ai vu un autre exemple dans les Alpes de l'Oysans : sur la rive droite de la Romanche, entre le village de l'Isle et le bourg d'Oysans, se dresse, sur une longueur d'environ 2,000 mètres et une hauteur de 100 mètres environ, une énorme roche coupée à pic, présentant ses couches en zones alternatives, les unes blanches, les autres bleuâtres, qui ressemblent complétement à la roche du Vigan ; en face, sur l'autre rive de la Romanche, à l'endroit où vient s'y jeter le torrent de Lapante, et qu'on nomme le Bas-des-Roches, s'élève un massif qu'on prend de loin pour un cristal rhomboédrique posé sur un de ses angles aigus, et qui surplombe jusque vers le milieu de sa hauteur; il se termine aussi par un angle qu'on reconnaît plus difficilement sous les buissons épais qui le recouvrent. Cette masse se compose réellement de grands cristaux également rhomboédriques, également posés sur leurs angles et dont les rangées successives forment, par décroissement régulier, des saillies en corniches où sont tracés les sentiers par lesquels on monte en spirale jusqu'au sommet.

113. M. Dufrénoy cite, sur la côte de Bayonne, au sud de Biaritz, un amas de gypse autour duquel se plie et se replie en mille manières le calcaire à nummulites de la craie. Ce gypse renferme des masses d'ophite, et des fragments de calcaire crayeux compacte dont quelques uns ont une texture saccharoïde à la surface, mais pénétrant peu avant dans l'épaisseur; ce qui prouve, en passant, le peu d'efficacité du métamorphisme par simple contact. Le gypse a poussé jusqu'en haut les couches de calcaire. Même phénomène à Dax, dans les Landes, dans le terrain tertiaire moyen. Suivant la direction des buttes d'ophite, il est contemporain du soulèvement qui a produit les Alpes principales (dix-neuvième époque). Le gypse des Alpes se trouve dans des circonstances analogues. Nous pourrions citer encore les porphyres désagrégés de la baie de San-Pedro et du cap de Gates, en Espagne, au milieu desquels la chaux carbonatée, encore associée à l'amphibole, se concentre sur quelques points en cristaux de cordiérite.

114. Mais en voilà assez de cette discussion, qui n'a pour nous qu'un intérêt théorique très secondaire, puisque, sans nier la cristallisation par métamorphisme, nous nous bornons à affirmer qu'il doit y avoir et qu'il y a des calcaires cristallins de formation ignée; nous ne repoussons que ce qu'il y a d'exclusif dans la doctrine contraire. Ainsi, nous distinguons :

1° Les calcaires cristallisés de formation primitive ;

2° Les calcaires cristallisés par métamorphisme de contact;

3° Les calcaires cristallisés, venus au jour avec les roches d'ignition ;

4° Les calcaires de sédiment.

Ce que nous disons du carbonate calcaire, nous l'appliquons *in extenso*, et sans restriction, au carbonate magnésien ou dolomie, qui doit souvent l'accompagner et même s'y mêler par nuances proportionnelles, à cause de la communauté d'origine, et au gypse qui en dérive par décomposition et recomposition chimique.

115. Les dépôts calcareux sont de toutes les époques, depuis les terrains les plus anciens jusqu'aux incrustations qui se forment sous nos yeux. Parmi les sédimentaires, il s'en trouve en grande quantité qui paraissent uniquement formés de débris organiques, produits d'une sécrétion spéciale et particulière à certains animaux placés au plus bas de l'échelle; il y en a aussi de bitumineux.

Les calcaires coquillers, de toutes les formations sédimentaires, constituent des masses énormes de montagnes à la surface du globe ; ils attestent l'immense population des mers de cette époque, et peut-être aussi la longue durée des époques de calme entre les soulèvements successifs ; on s'explique par là sans peine comment il se fait que le chlorure de chaux soit aujourd'hui en si faible proportion dans la dissolution dont est saturée l'eau des océans, comme nous l'avons vu au livre III, § 85.

La fluorine est très commune dans les granites et autres terrains de cristallisation ignée, où elle accompagne les gîtes métalliques les plus anciens, tels que les filons d'étain ; elle n'est pas moins commune dans les filons plus modernes de plomb et de zinc.

Les dolomies sont souvent associées au carbonate de chaux ; mais il est impossible d'admettre qu'elles ne doivent la magnésie qui les caractérise qu'à leur contact avec les roches en ignition, si l'on n'admet pas en même temps que ces roches étaient amphiboliques et en état de décomposition chimique ; ce ne peut être une simple élévation de température qui a associé la magnésie à la chaux, à moins que la première de ces deux substances ne se soit trouvée libre dans la masse fluide. Il est donc tout à fait inexact de dire, sans autre explication, qu'elles résultent de l'altération du calcaire jurassique, soit au Saint-Gothard, soit dans les Pyrénées. Signaler, comme à Sournia, le passage insensible de la dolomie au calcaire à hippurites de la craie inférieure, c'est trop s'arrêter à la superficie des choses, pour y appuyer une théorie ; c'est donner une apparence extérieure, réelle, je le veux bien, pour un fait fondamental.

Nous aurions les mêmes observations à faire, relativement aux gypses, qui ont dû se former toutes les fois que le carbonate calcaire, quelle qu'en fût l'origine, ou la chaux elle-même, s'est trouvée en contact avec l'acide sulfurique ; ils forment des couches puissantes dans quelques terrains secondaires de la formation jurassique inférieure. Ils accompagnent presque toujours les amas de sel gemme, dans les marnes irisées du keuper de la formation triasique. Ils se rencontrent aussi dans les terrains tertiaires.

Quant aux carbonates calcaires, nous n'avons qu'à citer :

Les marbres saccharoïdes ou cristallisés, primitifs et métamorphiques ;

Les cipolins, ophicalces, calciphyres, cristallisés par métamorphisme ;

Les lumachelles coquillières, et les muschelkalk du terrain de trias, le lias, les oolithes et pisolites de la formation jurassique sédimentaires ; les divers étages de la période crétacée, et quelques uns des terrains tertiaires où l'on trouve les calcaires grossiers de l'époque parisienne.

SECTION IV. — Dépôts carboneux.

116. Il en est du carbone comme du calcium : on ne veut pas reconnaître un carbone primitif, et les timides avances de M. Dufrénoy ne peuvent décider les géologues ennemis des hypothèses à admettre que « les dégagements de l'acide » carbonique doivent, dans beaucoup de circonstances, être » des produits de la nature inorganique. »

Bien que la cristallisation du diamant n'ait pu avoir lieu que dans l'intérieur d'une masse carboneuse, comme celle du quartz hyalin dans un milieu siliceux, celle du corindon dans un milieu feldspathique et alumineux, il semble que le gîte primitif de ce cristal précieux soit encore un lieu plein de mystères, dont on ne puisse parler sans irriter le grand dragon à crête d'escarboucles et le roc des *Mille et une nuits*. Mais, en nous appuyant sur les déductions que fournit l'analogie, et à qui leur enchaînement logique donne à nos yeux un caractère de certitude, nous serons moins circonspect, ou, si l'on veut, plus téméraire.

117. Il existe donc pour nous des amas ou roches de car-

bone plus ou moins pur, qui ont servi de matrice au diamant. On reconnaît déjà le graphite à titre de roche, comme formant des amas et des filons dans les terrains anciens et dans les terrains de transition, à Borowdale, dans le Cumberland, et à Passau, en Bavière. On trouve l'anthracite en massifs et en bancs épais dans les terrains de sédiment les plus voisins des terrains de cristallisation, ou enclavée au milieu de ceux-ci; elle appartient surtout à la formation dévonienne, quoique les Alpes offrent quelques gîtes plus modernes; mais ceux-ci paraissent dérivés des plus anciens, brisés et transportés loin de leur origine, étant mêlés de lits alternatifs, de détritus arénacés, et de fragments schisteux, au milieu desquels se rencontrent des résidus végétaux, encore peu nombreux et mal caractérisés, de l'ordre des fougères et des équisétacées.

118. Dans la formation superposée aux terrains dévoniens, le carbone, mêlé d'hydrogène, prend le caractère bitumineux et s'insinue entre les feuillets des calcaires et des schistes.

Si l'on monte encore un étage, le bitume devient partie accessoire des grès, séparés par des argiles qui se divisent en couches originairement imprégnées de ce même bitume, et qui par un effet de filtration chimique se trouvent envelopper de grandes lentilles d'une substance susceptible de brûler au lieu de se fondre, plus ou moins fortement bitumineuse, et qu'on appelle *houille*. Parce qu'on y a trouvé des débris de fougères, de prêles, de lycopodes, entremêlés de quelques tiges d'aroïdes, de cycadées et de conifères analogues à l'araucaria actuel du Chili, on n'a pas hésité un instant à supposer *à priori* d'immenses entassements de végétaux, dont on veut que cette houille soit uniquement formée. En vertu d'analogies qui ne portent que sur l'apparence, on a décidé que l'anthracite avait été formée de la même manière, bien qu'elle ne contienne pas un atome de bitume, et que les empreintes de végétaux y soient très rares; bien que l'analyse n'y ait pu reconnaître qu'une masse de carbone presque pur, et mêlé seulement d'une très minime proportion de silice, tout au plus 6 pour 100 avec 2 pour 100 d'oxygène et autant d'hydrogène, proportion insuffisante pour constituer la molécule organique; bien qu'elle ne brûle qu'à une très haute température, et que, de ce côté, elle se rapproche du diamant. Je ne comprends pas pourquoi, une fois engagé dans cette voie, on n'a pas poussé l'analogie jusqu'au bout, et déclaré que le diamant, et surtout le graphite, étaient aussi des combustibles organiques. Mais passons.

119. Pour expliquer ces dépôts de végétaux, les uns ont imaginé des radeaux, que d'autres ont jugés impossibles; quelques uns ont attribué le bitume de la houille à des myriades de poissons décomposés; d'autres ont trouvé plus simple de comparer les gisements carboneux à nos tourbières actuelles, oubliant de nous dire que les zamias, fougères et araucarias, qu'on nous avait d'abord laissé prendre pour les souches fondamentales des amas, ne s'y trouvaient qu'à titre d'exceptions et comme accidents.

Cette formation, disent-ils, n'exige que du temps, et ils s'appuient sur l'autorité de M. Élie de Beaumont qui a calculé que si l'on faisait coupe blanche de nos forêts actuelles, la quantité de carbone qu'elles produiraient formerait à peine, en se répartissant sur tous les dépôts connus, une épaisseur de $0^m,00016$: or, comme il faudrait, au minimum, un siècle pour reproduire ces forêts, on peut affirmer que ce chiffre de $0^m,00016$ exprime l'épaisseur de la couche déposée pendant la durée d'un siècle, et il faudrait 10,000 siècles ou un million d'années pour produire une couche de $1^m,6$.

D'un autre côté, l'hypothèse que nous admettons ici, d'un renouvellement séculaire, est tout à fait gratuite, même avec les conditions de vigueur qu'on attribue à l'ancienne végétation en la comparant à celle de notre zone torride actuelle.

Du reste, pendant un million d'années, chaque couche déposée avait cent millions de chances de s'éparpiller immédiatement, de se dissiper, de s'évanouir sous les influences de l'atmosphère, de l'Océan, des roches d'éruption, au lieu de s'accumuler en couches. M. Élie de Beaumont nous paraît beaucoup plus près de la vérité lorsqu'il ajoute : « Qu'on est conduit à » penser que la terre, à l'époque de ces formations, laissait » dégager de son sein beaucoup d'acide carbonique, et que » la fixation du carbone par les plantes se faisait beaucoup » plus rapidement. » Tout cela est très ingénieux pour suppléer au temps qui semble un peu long ; mais nous qui ne voyons pas là une affaire de temps, quoique nous n'ayons pas peur qu'il nous manque, d'après ce que nous avons vu précédemment (livre III), nous demandons pourquoi on ne veut pas tenir compte de l'hydrogène carboné, carbure d'hydrogène, gaz oléifiant, qui est l'élément essentiel des bitumes, qui se dégage encore aujourd'hui des houillères, sous le nom de *grisou*, et qu'on retrouve en mille endroits différents, sous les formes les plus variées, comme à Bakou, au bord de la mer Caspienne, en Chine, etc.

120. Encore un mot sur cette nature purement végétale de la houille. On ne fait pas attention à une chose qui a pourtant bien son importance : c'est que, dans cet étalage qu'on nous fait des forêts tropicales, on nous cite un araucaria, arbre véritable et pouvant fournir du carbone, contre vingt espèces herbacées, ou tout au plus demi-ligneuses, comme mousses, prêles, fougères, cicadées, fournissant à peine quelques fibres éparses, presque totalement dépourvues de carbone. Ainsi, ce n'est plus par millions, mais peut-être par milliards d'années que M. de Beaumont aurait dû faire son calcul, et encore où aboutirait-il ? Ce n'est pas que nous soyons effrayé de la durée des périodes, nous l'avons déjà dit ; mais c'est cette absence presque totale du carbone dans les matières enfouies qui

nous jette dans la stupeur, quand nous réfléchissons que personne n'a l'air d'y penser.

121. Les dépôts de véritables combustibles d'origine végétale ne manquent pas cependant pour servir de terme de comparaison; et l'état où le tronc des grands arbres se trouve dans les couches de lignite plus ou moins anciens, et les forêts sous-marines, est assez différent de la houille pour qu'on fasse sur ce point de sérieuses réflexions.

122. En résumé, nous admettons, d'un côté, que le carbone, corps simple, formé dans la pyrosphère, comme tous les autres, a constitué aussi des masses *sui generis*, comme celles où le diamant s'est cristallisé, et qui nous sont encore inconnues, comme le graphite, comme l'anthracite, peut-être comme les houilles les plus maigres; de l'autre, qu'en se combinant avec l'hydrogène, il s'est converti en bitumes qui ont imprégné tantôt les masses d'anthracite, tantôt les masses d'argile; qu'il s'y est mêlé des débris végétaux dans certaines localités, au fond de certains bassins où les courants en ont charrié des amas, et qu'enfin, au contact des roches d'épanchement, il a subi une espèce de distillation en vase clos, laissant pour résidu un charbon plus ou moins brillant, plus ou moins boursouflé.

123. Suivant M. Beudant, on commence à trouver les bitumes en globules dans les dépôts siluriens; ils deviennent de plus en plus abondants, à mesure qu'on remonte. Je n'insisterai pas davantage, quoiqu'il soit facile de faire une longue énumération de faits particuliers qui viennent à l'appui de l'opinion soutenue dans ce chapitre. J'en ai dit assez pour éveiller l'attention des hommes qui veulent sérieusement le progrès de la géologie, *science en construction*, comme dit M. Élie de Beaumont. Ce mot, d'ailleurs, est mon excuse.

SECTION V. — Brèches, poudingues, cailloux roulés, blocs erratiques.

124. On appelle *brèche* une roche formée de fragments polyédriques d'une roche préexistante, unis par un ciment siliceux, calcaire ou ferrugineux. Quelques unes sont uniquement composées d'ossements fossiles, comme à Gibraltar et dans la Nouvelle-Hollande.

125. Un poudingue est une espèce de brèche où les fragments ont perdu leurs angles et leurs arêtes vives, pour avoir été roulés, charriés, transportés par les courants. Les plus remarquables sont les nagelflues de la Suisse, qui se trouvent en couches très inclinées sur les flancs du Righi et du mont Pilat, au bord du lac des Quatre-Cantons; on doit citer aussi ceux de Valorsine, dans le ravin de Trient, par lequel on passe du bas Valais dans le bassin montagneux de Chamouny. Il ne s'y trouve que des fragments de gneiss et de micaschiste, ayant jusqu'à 20 centimètres de diamètre, et empâtés, au moyen d'un gluten quartzeux, dans une argile schisteuse; ils forment un mur dressé verticalement et de 50 mètres d'épaisseur sur une longueur (N.-S.) d'environ 5,000 mètres; ils disparaissent sous des couches d'ardoises qui les recouvrent.

126. Les cailloux roulés ou galets sont les débris des montagnes dont les torrents déchirent les flancs dans toutes les directions, en courant vers les rivières et fleuves qui en baignent le pied. Les amas de ces cailloux se forment à la jonction des vallées que sillonnent les torrents, surtout lorsque la fonte des neiges, ou des orages diluviens augmentent le volume et l'impétuosité de leurs eaux.

Les cailloux roulés sont toujours de même nature que les roches dont les érosions à divers niveaux attestent l'action des torrents qu'elles ont encaissés ou dont elles ont brisé les flots;

leurs angles sont plus ou moins émoussés, ils sont plus ou moins complétement arrondis, en raison composée de la distance qu'ils ont parcourue, du nombre des fragments emportés ensemble par le torrent, et de la durée des tourbillonnements qu'ils ont eu à subir dans les anfractuosités des ravins à travers lesquels ils ont été précipités. Les dépôts de ce genre les plus remarquables sont ceux que forme le Rhône en se bifurquant au-dessous d'Arles, à savoir : la Camargue entre les deux branches du fleuve, la Crau sur la rive gauche de la branche orientale.

128. La question des blocs erratiques s'agite encore vivement aujourd'hui; mais la doctrine des soulèvements lui a fait perdre plus de la moitié de son importance.

Nous pourrions entrer dans quelques détails à ce sujet, et même ajouter ici plus d'un chapitre sur les phénomènes de l'époque géologique où nous vivons; mais nous sortirions du cadre des généralités que nous nous sommes tracé, et les compilations ne manquent pas où l'on peut trouver tout ce qu'il est essentiel de savoir sur ce point.

FIN.

ERRATA.

Page 4	ligne. . 13	reproduire, *lisez :* se produire.
— 16	— 1	divisées, *lisez :* dérivées.
— 27	— 2	distincte, *lisez :* distincts.
— 59	— 19	gouvernement, *lisez :* mouvement.
— 68	— 9 et 10	5°,5 et 1°,38, *lisez :* 5,5 et 1,38.
— 73	— 9	dans, *lisez :* dont.
— 83	— 24	de même qu'aucun, *lisez :* ni lui, ni aucun.
— 83	— 25	il n'a pu, *lisez :* n'a pu.
— 102	— 9	comme si elle avait, *lisez :* comme s'ils avaient.
— 110	— 21-23	et non, *lisez :* au lieu de.
— 154	— 25	qui produisent, *lisez :* qu'y.
— 154	— 26	et se répercutent, *lisez :* et qui.
— 165	— 3	électro-négatives, *lisez :* électro-positives.
— 177	— 9	modules, *lisez :* nodules.
— 184	— 29	colmars, *lisez :* calmars.
— 206	— 28	de, *lisez :* du.
— 208	— 26	Eifel, *lisez :* Eiffel.
— 252	— 3	Elles se présentent, *lisez :* Il se présente.
— 279	— 25	repliées, *lisez :* répétées.

TABLE DES MATIÈRES.

AVERTISSEMENT 1

LIVRE Ier. DE L'UNIVERS 9

CHAP. Ier. Prolégomènes métaphysiques 9
CHAP. II. De la matière 15
CHAP. III. De la formation des amas nommés corps célestes 22
CHAP. IV. Des mouvements harmoniques des corps célestes 31
CHAP. V. De la constitution moléculaire des corps célestes. . . . 33
CHAP. VI. Notions générales sur la matière pondérable 41
CHAP. VII. Sur les transformations de la matière pondérable. . . . 46

LIVRE II. DU SYSTÈME PLANÉTAIRE 51

CHAP. Ier. Lieu relatif et mouvements de la terre 51
CHAP. II. Vue générale du système planétaire. 55
CHAP. III. Constitution physique du soleil; ses mouvements. 63
CHAP. IV. Des planètes principales. 69
Mercure 70
Vénus. 73
Mars. 75
Jupiter 77
Saturne. 78
Uranus. 82
Éléments calculés de Neptune. 83
CHAP. V. De la lune. 84
CHAP. VI. Astéroïdes ou petites planètes, étoiles filantes, météorites, comètes. 87

LIVRE III. DE LA TERRE. 100

CHAP. Ier. Forme générale du globe terrestre 100
CHAP. II. De l'atmosphère terrestre. 108
CHAP. III. De la zone fluide incandescente, ou pyrosphère, comprise entre le noyau central et l'écorce du globe 119
CHAP. IV. Forme extérieure de l'écorce qui recouvre le globe. . . . 136
CHAP. V. Des mers. 146

CHAP. VI. Des substances dont se compose l'écorce du globe; leur constitution moléculaire. 156
CHAP. VII. Age relatif de la molécule constituante dont est formé chacun des corps simples. 163
CHAP. VIII. De quelle manière s'associent les molécules des corps simples 166
CHAP. IX. Formation successive des couches dont se compose l'écorce du globe 172
CHAP. X. De l'organisation (animale et végétale) à la surface du globe 178
CHAP. XI. Des soulèvements. 187
CHAP. XII. Désignation géographique des terrains et soulèvements. 202

LIVRE IV. SPÉCIMENS DE GÉOLOGIE PRATIQUE. 211

CHAP. Ier. Observations générales. 211
CHAP. II. Roches des terrains primitifs. 214
CHAP. III. Des roches d'épanchement. 220
CHAP. IV. Des roches d'éruption. 227
CHAP. V. De l'âge des roches d'épanchement et d'éruption. . . . 231
CHAP. VI. Des filons 236
CHAP. VII. Gisement de quelques minéraux utiles. 241
Section I. Cristaux. 241
Section II. Métaux 254
Or. 254
Platine. 256
Argent. 257
Cuivre. 258
Plomb. 261
Zinc. 262
Mercure. 263
Manganèse 264
Fer 265
CHAP. VIII. Des roches sédimentaires. 266
Section I. Sables et grès. 267
Section II. Argiles et schistes. 273
Section III. Dolomies, calcaires, gypses. 276
Section IV. Dépôts carboneux 283
Section V. Brèches, poudingues, cailloux roulés, blocs erratiques. 288

FIN DE LA TABLE DES MATIÈRES.

www.ingramcontent.com/pod-product-compliance
Ingram Content Group UK Ltd.
Pitfield, Milton Keynes, MK11 3LW, UK
UKHW020438200726
13857UKWH00002B/482

9 782011 916808